超嗜热微生物资源与应用

周顺桂　余　震　编著

科学出版社

北　京

内 容 简 介

本书主要介绍了超嗜热微生物的系统分类与生长代谢，系统阐述了超嗜热菌和超嗜热酶的耐热机制与生态功能，以及它们在环境修复、能源制备、食药产品开发等领域的广阔应用前景。全书共分9章。第1~3章系统归纳了全球已发现的约160株超嗜热微生物种质资源，详细描述了它们的生长环境与代谢类型，并总结了超嗜热微生物的分离、鉴定方法；第4~6章分析了超嗜热微生物的高温适应机制与超嗜热酶的生化特征，并探讨了超嗜热酶的工程应用；第7~9章重点介绍了超嗜热微生物在生物能源制备、超高温堆肥、环境污染修复等多个领域的应用技术和案例。

本书图文并茂，内容翔实，为超嗜热微生物种质资源的挖掘与工程应用提供了基本遵循，既可作为高等院校环境微生物学相关专业本科生、研究生的教材，也可供从事相关领域研究的科技工作者参考使用。

图书在版编目（CIP）数据

超嗜热微生物资源与应用/周顺桂，余震编著. —北京：科学出版社，2024.5

ISBN 978-7-03-077620-4

Ⅰ. ①超… Ⅱ. ①周… ②余… Ⅲ. ①嗜热微生物–生物资源–研究 Ⅳ. ①Q939

中国国家版本馆 CIP 数据核字（2024）第 016690 号

责任编辑：李秀伟 刘 晶 / 责任校对：周思梦
责任印制：肖 兴 / 封面设计：无极书装

科 学 出 版 社 出版
北京东黄城根北街 16 号
邮政编码：100717
http://www.sciencep.com

北京建宏印刷有限公司印刷
科学出版社发行 各地新华书店经销

*

2024 年 5 月第 一 版 开本：787×1092 1/16
2024 年 5 月第一次印刷 印张：16 1/4
字数：382 000

定价：218.00 元
（如有印装质量问题，我社负责调换）

前　　言

　　《超嗜热微生物资源与应用》一书是我们打的一场旷日持久的"仗"。如今手捧成稿，我追忆万千。最初萌生对嗜热微生物的兴趣，可以追溯到 1998 年我的硕、博士学习期间，当时我跟随导师周立祥教授，在南京农业大学卫岗校区的简易堆肥场做市政污泥好氧堆肥试验。从晾晒污泥、切割辅料到物料起堆、堆体鼓风升温的全过程，至今我都历历在目。当时，我就惊叹，在短短的 2～3 天时间内，堆体温度就从 10～20℃（甚至<0℃）升高至 60～70℃，这些闷在热气腾腾的堆肥之中的微生物，似乎温度越高越是活跃，究竟是怎样的机制驱使这些勤劳的小精灵们在高温闷热的条件下如此高效地工作？

　　我的科研生涯可以说"千里之行始于堆肥"。2005 年，我从北京大学环境科学与工程学院博士后出站后，来到广东省科学院生态环境与土壤研究所工作，当年就在李定强所长的支持下创建了市政污泥资源化工程研究中心。此后，我带领团队经过十年的工程实践发明了"超高温好氧堆肥技术"，将有机固体废物堆肥的温度提高至最高 103℃，定义了"超高温期（≥80℃）"为堆肥新阶段。目前，超高温好氧堆肥工艺已在全国 10 余个省份推广应用，尤其是 2012 年获得广东省科学技术奖一等奖，这些成果极大地鼓舞了我，让我这个有点自卑的科研"青椒"找到一些自信。这种自信，弥足珍贵。学术如登山，山峰之巅也许风光无限。但是，巅峰不是人人都能到达的。毕竟，大多数人在大多数时候，面对的是云山雾罩不知处，面对的是山外有山不见路。

　　此后，我们团队几乎走遍全国的所有省份，采集了 1000 余份水土样品，分离保藏（超）嗜热微生物 1000 余株，建立了国内首个堆肥嗜热菌种资源库；发现并命名嗜热微生物新属、新种 20 余个，其中堆肥芽孢杆菌（*Compostibacillus*）新属被收录至国际微生物分类权威手册——《伯杰氏古菌与细菌系统学手册》。我们从污泥堆肥中分离获得超嗜热菌 *Calditerricola satsumensis* FAFU012，其最适生长温度是 80℃；我们以污泥浸提液为基质，辅以少量淀粉和蛋白质，在无须灭菌的简易曝气发酵池中培养24h，FAFU012 的活菌数达到 $2×10^9$ CFU/mL 以上，据此研制出了超嗜热发酵菌剂系列产品。

　　再后来，我们团队对于（超）嗜热微生物的研究慢慢扩展开来，从技术应用至基础机理，又从机理至应用，反反复复。超嗜热微生物高温适应机理，没什么重要突破或理论建树；超嗜热微生物的创新应用，仍然任重而道远。回首过去，超嗜热微生物的神秘面纱仍在那里，"未减却增"，不禁深感羞愧！但是，缘于我自己对（超）嗜热微生物研究的执念，也出于对团队 10 余名青年教师以及几十位硕博士研究生 25 年接续工作的感恩，终于不揣浅陋、整理成文，现终形成完整的手稿，将以《超嗜热微生物资源与应用》著作的形式与广大读者朋友们正式见面。

　　我坚信超嗜热微生物在未来具有极大的研究与应用价值，它们将在众多行业中发挥"魔法般"的神奇作用。我们期待本书的出版能够抛砖引玉，唤起相关行业的广泛兴趣，并鼓励更多对超嗜热微生物感兴趣的同仁们，联合开发出更多样、更高效的创新性技术，利用超嗜热微生物的特性造福人类社会。

　　此书出版前的最终校对正值 2024 年春节之际，新旧交接，感慨良多。愿各位同仁能在各自探索的领域，始终追随着自己的兴趣和热爱，足够坚持，哪怕旷日持久，终将是给自己青春的献礼。

　　耐得严苛环境的不只有微生物，还有对"热爱"坚持的我们！愿大家"向热而生、向光而行"。

周顺桂

福建农林大学

2024 年正月十五

目　　录

第一章 超嗜热微生物概述

根据最适生长温度的不同，可将微生物分为嗜冷（＜20℃）、嗜温（20～50℃）和嗜热（＞50℃）微生物。其中，嗜热微生物（thermophiles）还包括最适生长温度分别为65～80℃和＞80℃且低于特定温度时停止生长的极端嗜热微生物（extreme thermophiles），以及超嗜热微生物（hyperthermophiles）。实际上，极端嗜热和超嗜热微生物并没有严格的界限，一些能在80℃以上环境中生长且能正常发挥生态功能的极端嗜热微生物，在本书中也被称为超嗜热微生物。迄今为止，嗜热微生物领域的先驱学者Thomas D. Brock和Karl O. Stetter等已从火山、热泉和海洋热液喷口等地热区自然生境和堆肥等人工高温生境中分离到上百株超嗜热微生物。

在系统进化树上，超嗜热微生物主要集中于古菌和细菌根部的短分枝上，其特有的基因和生理机制使其具有极强的耐热性能，最适生长温度最高可达106℃，大部分能够耐受80～100℃高温，甚至能够在121℃下存活（Stetter，1996，2006，2013）。超嗜热微生物也因此成为各种超嗜热酶和代谢产物的重要来源，被广泛应用于生物、食品、采矿、能源和环保等多个行业的特定高温环境中。本章简要概述了现有超嗜热微生物的发现历程、进化位置、栖息生境、种质资源及应用前景等，以期为超嗜热微生物的系统研究和广泛应用提供更坚实的基础。

第一节 超嗜热微生物的发现

一、超嗜热微生物的发现历程

嗜热微生物的发现与研究简史实质上就是生命的温度上限不断被刷新的过程（图1.1）。1879年，Miquel首次在土壤中发现了能在72℃条件下生长的嗜热细菌，后于1888年自法国塞纳河分离出了第一株能够在70℃条件下生长的嗜热芽孢杆菌（Sharp et al.，1992；Jenkins，2005）。然而，直到20世纪60年代，研究者们开始关注到在热泉等一些极端高温环境中存在的生命，才真正开始极端（超）嗜热微生物的相关研究。

1965年，Thomas D. Brock及其研究小组在美国黄石国家公园研究光合微生物的不同温度梯度分布时，首次在温度高达90℃以上的热泉溢出液中发现了大量能够迅速生长的丝状微生物，并成功分离出了第一株极端嗜热细菌——生长温度为40～79℃（最适生长温度70～72℃）的 *Thermus aquaticus*，以及第一株超嗜热好氧古菌——生长温度为55～85℃（最适生长温度70～75℃）的 *Sulfolobus acidocaldarius*（Brock and Freeze，1969；Brock et al.，1972）。随后，包括最适生长温度为70～75℃的 *Thermomicrobium roseum* 在内的一批极端嗜热微生物在黄石公园热泉中被分离出来（Jackson et al.，1973）。尽管这些极端嗜热微生物能在75℃的环境中迅速生长，但大部分在100℃时会被杀灭（Stetter，

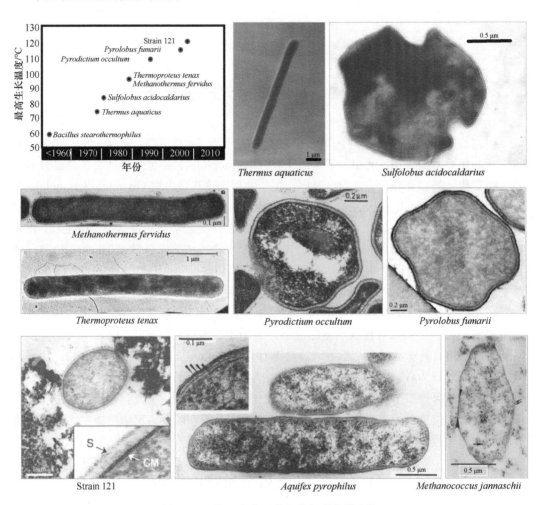

图 1.1　早期研究发现的部分超嗜热微生物

Fig. 1.1　Some hyperthermophiles discovered in the early stage

2013）。为此，研究者们开始走访世界各地温度高达 100℃以上的低海拔热/沸泉、深海热液区等，试图从中发现更多超嗜热微生物（Brock，1995）。

　　1981 年，Stetter 和 Zillig 从冰岛热泉中分离出第一株超嗜热产甲烷菌——生长温度高达 65～97℃（最适生长温度 83℃）的 *Methanothermus fervidus* 和第一株最适温度达到 90℃的超嗜热厌氧古菌——能在 80～96℃下生长的 *Thermoproteus tenax*（Stetter et al.，1981；Zillig et al.，1981）。随后，Stetter 等又从意大利武尔卡诺火山下的海底硫质喷气口发现了最适生长温度高达 105℃的 *Pyrodictium occultum*（Stetter，1982；Stetter et al.，1983）。1997 年，Blöchl 等从深海热液喷口黑烟壁分离出 *Pyrolobus fumarii*，生长温度高达 90～113℃，生命的最适生长温度至此被刷新至 106℃（Blöchl et al.，1997）。2003 年，Kashefi 和 Lovley 发现分离自深海热液喷口水样的 Strain 121（与 *Pyrodictium occultum* 的 16S rRNA 序列相似性为 96%）能够在高达 121℃的沸水中存活，该菌也是目前在自然界中发现的生长温度最高的微生物。

　　此外，科研人员还陆续从深海热液沉积物中分离得到生长温度为 70～103℃（最适生长温度 100℃）的 *Pyrococcus furiosus*、84～110℃（最适生长温度 98℃）的 *Methanopyrus kandleri*、85～108℃（最适生长温度 95～106℃）的 *Hyperthermus butylicus*、67～95℃（最适生长温度 85℃）的 *Aquifex pyrophilus*、68～102℃（最适生长温度 95℃）的 *Stetteria hydrogenophila* 和 55～94℃（最适生长温度 83～85℃）的 *Thermococcus thioreducens*（Fiala and Stetter，1986；Kurr et al.，1991；Zillig et al.，1991；Huber et al.，1992；Jochimsen et al.，1997；Pikuta et al.，2007）。Jones 等（1983）从高温高压的 2600 m 深海热液口分离出的超嗜热产甲烷古菌 *Methanococcus jannaschii*，最适生长温度为 85℃，也是第一个完成全基因组测序的古菌（Bult et al.，1996）。进入 21 世纪以来，超嗜热微生物研究在诸如系统分类学、微生态学、基因组学、酶学和生物地球化学等多个学科中都得到了快速发展。

二、超嗜热微生物的进化位置

嗜热微生物的系统分类学始于 1977 年，Carl R. Woese 根据 16S rRNA 序列在分子水平上将原核生物分为真细菌（Eubacteria）和古细菌（Archaebacteria）两个类群，随后又提出由真核生物域（Eukarya）、古菌域（Archaea）和细菌域（Bacteria）构成的生命二域进化系统（图 1.2）。超嗜热微生物出现在古菌域和细菌域中，且绝大多数为古菌，处于系统发育树根部，分支较短。此外，由于其生存的极端环境（如高温、高压、缺氧和富含还原性气体等）与地球的原始环境相似，科学家们提出超嗜热微生物可能是生命

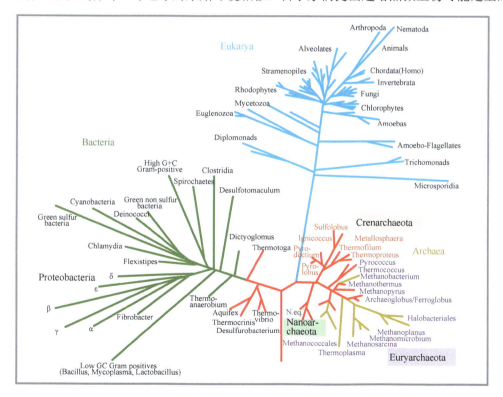

图 1.2 基于小亚基 rRNA 的进化树（Stetter，2006）

Fig. 1.2 Small subunit rRNA-based universal phylogenetic tree

红色谱系为超嗜热微生物

最早起源的假说（Woese et al.，1990）。化石证据也表明，嗜热微生物可能在 32 亿年前就已经存在（Rasmussen，2000）。

然而，一些实验证据却与该假说相悖（Forterre，1996）。例如，通过分析常温微生物 *Escherichia coli* 的 DNA 聚合酶 I 和来源于 *Thermus aquaticus* 的 *Taq* 聚合酶的结构与功能，发现超嗜热的 *Taq* 聚合酶可能起源于常温微生物。因此，有的学者认为地球上最早的生命形式可能是常温微生物，超嗜热微生物的耐热特性可能是通过水平基因转移获得的（Korolev et al.，1995；López-Garcia et al.，2015）。目前，关于地球上最早生命形式的研究尚未有定论（曾静等，2015），但有关超嗜热微生物基因组学、蛋白质组学及生理生化性质等的研究将有助于揭示地球生命的起源。

第二节　超嗜热微生物的生境

嗜热微生物生长、繁殖并组成群落的特异性环境被称为热生境，其热能主要来自地热、自热、光照和人为加热等。其中，地热生境是最为典型的嗜热微生物栖息地，其热量来源于地球内部刚性岩石圈之下流动的高温地幔物质。一般情况下，地幔物质虽然无法到达地表，但能够加热周围的大片岩石区域；还能通过与渗入地下的大气降水、深海冷水间形成对流，以热液、蒸汽的形式上升溢出地表，形成热泉、喷气口和热液喷口等特殊生境（图 1.3）；甚至能在地壳薄弱或断裂处以熔浆的形式喷发从而形成火山。

图 1.3　超嗜热微生物的典型生境

Fig. 1.3　Habitat of hyperthermophiles

A. 美国黄石国家公园热泉；B. 弥漫硫磺蒸汽的意大利武尔卡诺火山；C. 深海热液喷口的黑烟囱（Dick，2019）；
D. 北京顺义超高温堆肥工厂

　　无论是在陆地还是海洋，都能产生诸如此类的地热景观，随之产生的热量和涌出的各种矿质元素也塑造了各种独特的热生境。此外，微生物学家推测，在地壳深处的油井、地热工厂热井中，也存在主要由嗜热、超嗜热微生物构成的地下微生物群落及地下生物圈（Deming and Baross，1993；Takai et al.，2001）。热生境的多样性孕育了嗜热微生物的多样性和微生物代谢的多样性，而新的热生境的发现往往能推动嗜热微生物新菌种的发掘与研究。

一、陆地地热生境

　　陆地地热生境以热泉和喷气口为主，其中，喷气口又分为硫质喷气口和沸泥池等，通常位于火山附近。由于大气压的限制，陆地地热生境的温度一般不会高于该地区水的沸点，从中分离出来的超嗜热微生物最适生长温度大多处于 80～90℃。例如，在美国黄石国家公园 82～88℃的热泉泄水渠上部发现的 *Thermosphaera aggregans* 和 *Thermocrinis ruber*，最适生长温度分别为 85℃和 80℃（Huber et al.，1998）。

　　地热温度梯度大于 30℃/km 的地区被称为"热斑"。全球范围内具有明显热斑特征的区域主要分布在环太平洋地热带、地中海–喜马拉雅地热带、大西洋中脊地热带和红海–亚丁湾–东非大裂谷地热带。我国境内的地热区主要分布在 4 个水热活动密集带，包括藏南–川西–滇西密集带（含近 60 处沸泉）、东南沿海地区密集带、胶辽半岛密集带、台湾及其邻近岛屿密集带（含 8 处沸泉），主要为温泉、热泉，最高温度为 120℃（喷气口）（汪集肠和孙占学，2000）。一般而言，陆地地热生境中含有丰富的硫元素，从中分离的超嗜热微生物通常还具有嗜酸性。例如，在温度高达 100℃、pH 1.7～6.5 的冰岛酸性热泉中发现的 *Thermoproteus tenax*，其最适生长温度和 pH 分别为 90℃和 5.0（Zillig et al.，1981）。在日本箱根大涌谷酸性温泉分离出的 *Sulfurisphaera ohwakuensis*，其最佳生长条件为 85℃、pH 2.0（Kurosawa et al.，1998）。

二、海洋地热生境

　　海洋地热生境以海底热液喷口为主，一般具有高温、高盐分、高静水压、酸性，且富含硫化物、H_2、CH_4、CO_2、金属物质等特点。深海冷水与熔融岩浆在将近 1000℃的条件下相互反应，形成富含各种还原态有机物和 CH_4、H_2、H_2S、S 等无机物，以及含 Fe、Mg、Zn 等重金属和含 Si 的高温流体（Dick，2019）。这些高温流体在喷出地壳时，与低温且富含氧化态物质的海水混合，促使多金属硫化物颗粒或者硫酸盐颗粒析出并沉积，通常形成能喷发 300～400℃热液的"黑烟囱"或"白烟囱"，有时也形成喷发速度和热液温度相对较低的喷穴或热液卤池。

　　在全球海洋系统中，纵贯大西洋、印度洋、太平洋的三条洋脊彼此连接成环，在整体上构成全球的洋脊开裂系统，地下的岩浆从谷底涌出并不断向两侧流溢，形成海洋的扩张中心，而海底热液喷口主要分布在这些洋脊上（张心齐，2009）。迄今为止，全球海底勘探已经定位了超过 200 个热液喷口，但由于海底岩层的年龄、组成和构造差异，不同喷口的热液及其沉积物的物化性质各不相同，因此形成的海洋地热生境也有所差异。从海洋地热生境中分离的超嗜热微生物大多可耐受 85℃ 以上的高温。例如，在太平洋深海热液喷口发现的 *Pyrococcus glycovorans* 的最适生长温度高达 95℃，而 *Geogemma barossii* 甚至在 130℃ 条件下培养 2h 后仍能在适宜环境中存活（Barbier et al.，1999；Kashefi and Lovley，2003）。此外，我国南海海盆中有 3 条扩张脊，同时还有西沙海槽和中沙海槽，都具有生成海底热液喷口的地质条件及发现新的超嗜热微生物的可能。

三、人工高温生境

超嗜热微生物的人工高温生境主要包括高温堆肥、酸性矿山废水、高温反应器和热水管道等。高温堆肥是一种典型的自热生境，其热量来源于短时间内微生物氧化分解有机物释放的代谢热，堆体最高温度可达 80～100℃。在选矿过程中发生的金属硫化反应，同样能释放大量反应热，使酸性矿山废水的温度提高至 70℃ 以上，从中分离的超嗜热微生物通常也具有嗜酸的特点。人工高温生境还出现在一些需要进行高温操作的工业生产过程中，如热交换系统、高温反应器及早期的制糖工艺等。然而，上述这些高温环境一般难以保持稳定的温度，与自然栖息地相比，分离自人工生境中的超嗜热微生物最适生长温度相对较低，大多处于 70～85℃。例如，从高温堆肥中分离出来的 *Calditerricola yamamurae* 和 *Thermus composti*，最适生长温度分别为 80℃ 和 75℃（Moriya et al.，2011；Vajna et al.，2012）。

第三节　超嗜热微生物资源及应用前景

一、超嗜热微生物资源概述

真菌、藻类和原生动物等真核生物的生长温度上限约为 60℃，最适生长温度大于 65℃ 的极端嗜热微生物主要为原核生物，分属古菌和细菌两域。迄今为止，从各种热生境中分离到的最适生长温度大于 70℃ 的超嗜热微生物约 160 个种，其中古菌和细菌分别约占 60% 和 40%。图 1.4 展示了这些超嗜热微生物基于 16S rRNA 序列的系统发育树。此外，最适生长温度达到 80℃ 以上的超嗜热微生物约 100 个种，其中古菌和细菌分别约占 90% 和 10%，说明地球上最耐热的生物主要集中在古菌域。

已分离的超嗜热古菌主要分布在广古菌门（Euryarchaeota）和泉古菌门（Crenarchaeota）。其中，热球菌属（*Thermococcus*，共 23 个种，最适生长温度为 75～88℃）、火球菌属（*Pyrococcus*，共 8 个种，最适生长温度为 95～103℃）、甲烷暖球菌属（*Methanocaldococcus*，共 4 个种，最适生长温度为 80～85℃）和古丸菌属（*Archaeoglobus*，共 4 个种，最适生长温度为 80～83℃）是 Euryarchaeota 门中菌种数量最多的 4 个属；火棒菌属（*Pyrobaculum*，共 8 个种，最适生长温度为 85～100℃）、硫还原球菌属（*Desulfurococcus*，共 6 个种，最适生长温度为 82～92℃）、热网菌属（*Pyrodictium*，共 4 个种，最适生长温度为 97～105℃）、硫化叶菌属（*Sulfolobus*，共 6 个种，最适生长温度为 70～87℃）和嗜酸菌属（*Acidianus*，共 6 个种，最适生长温度为 70～90℃）是 Crenarchaeota 门中菌种数量最多的 5 个属。目前，泉古菌是地球上最为嗜热的生物群体之一，其中以 *Pyrodictium* 属的生长温度最高。

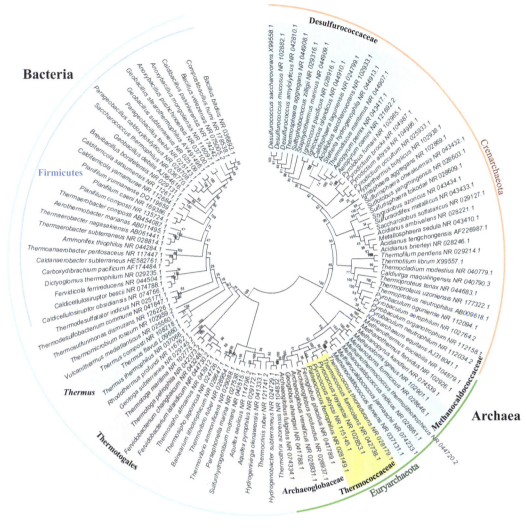

图 1.4 基于 16S rRNA 序列的超嗜热微生物（最适生长温度大于 70℃）系统发育树

Fig. 1.4 Phylogenetic tree of 16S rRNA sequence of hyperthermophiles with optimum growth temperature higher than 70℃

　　已分离的超嗜热细菌主要分布在厚壁菌门（Firmicutes）的嗜热纤维素降解菌属（*Caldicellulosiruptor*，共 7 个种，最适生长温度为 70～80℃）和嗜热气杆菌属（*Thermaerobacter*，共 3 个种，最适生长温度为 70～76℃）、异球菌-栖热菌门（Deinococcus-Thermus）的栖热菌属（*Thermus*，共 6 个种，最适生长温度为 65～75℃）、热袍菌门（Thermotogota）的热袍菌属（*Thermotoga*，共 5 个种，最适生长温度为 70～80℃）和热脱硫杆菌门（Thermodesulfobacterium）的热脱硫杆菌属（*Thermodesulfobacterium*，共 3 个种，最适生长温度为 70～83℃）。其中，生长温度最高的超嗜热细菌是 *Aquifex pyrophilus*，其最适生长温度为 85℃。

　　上述超嗜热细菌中，已完成全基因组测序的有 *Thermococcus barossii*（最适生长温度 82.5℃，下同）、*Thermococcus gammatolerans*（88℃）、*Methanothermus fervidus*

（83℃）、*Methanococcus jannaschii*（85℃）、*Candidatus Korarchaeum cryptofilum*（85℃）、*Pyrococcus abyssi*（96℃）、*Pyrococcus horikoshii*（98℃）、*Pyrococcus furiosus*（100℃）、*Desulfurococcus amylolyticus*（91℃）和 *Caldicellulosiruptor kristjanssonii*（98℃）等（Bult et al.，1996；Lecompte et al.，2001；Elkins et al.，2008；Ravin et al.，2009；Zivanovic et al.，2009；Blumer-Schuette et al.，2011；Susanti et al.，2012；Verma et al.，2022）。此外，在纳古菌门（Candidatus Nanoarchaeota）中，寄生在极端嗜热古菌 *Ignicoccus hospitalis* 表面的 *Nanoarchaeum equitans*（最适生长温度 90℃）是目前已知最小的超嗜热微生物，也已公布了全基因组序列（Waters et al.，2003）。这些超嗜热微生物所具有的独特遗传因子和代谢类型，赋予了其重要的科学研究价值和工业应用前景。

二、超嗜热微生物的应用前景

（一）超嗜热微生物的应用

近年来，超嗜热微生物在污染治理、生物采矿、生物能源制备等领域均有广泛应用（图 1.5）。例如，*Clostridium* sp. N-4（最适生长温度 96℃）具有高效产气、产酸和产生

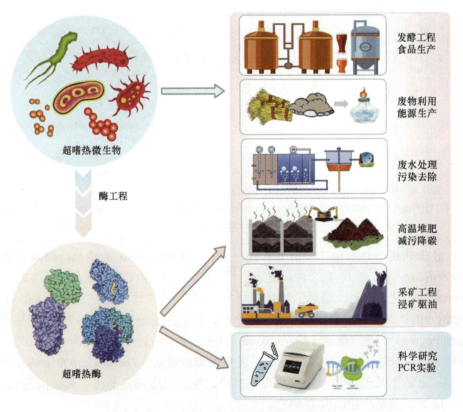

图 1.5　超嗜热菌和超嗜热酶的应用

Fig. 1.5　Application of hyperthermophiles and hyperthermophilic enzymes

物表面活性剂的能力，可用于提高地下油井中原油的采收效率（Arora et al.，2019）。向污泥好氧堆肥中接种 *Calditerricola yamamurae*（最适生长温度 80℃）和 *Thermus thermophilus*（最适生长温度 72℃）等超嗜热细菌，可使堆体快速升温至 80～100℃，明显加快了有机物降解、促进了堆肥腐熟，不仅对抗生素抗性基因、微塑料和芳烃类有机物等污染物表现出良好的去除效果，还有利于甲烷和氧化亚氮等温室气体减排（余震和周顺桂，2020）。此外，超嗜热微生物在生物浸矿、煤炭脱硫等工业生产中同样发挥着重要作用，能够显著提高生物浸矿和脱硫效率，大幅降低生产成本。

（二）超嗜热酶的应用

分离自超嗜热微生物的多种酶具有 80～100℃ 的最适酶活温度，热稳定性极高，且 pH 适应范围广。与常温酶相比，超嗜热酶还具有催化效率高的显著优势，被广泛应用于生物工程、发酵工程、环境修复等多个领域（图 1.5）。例如，分离自 *Thermus aquaticus* 的 *Taq* DNA 聚合酶是第一个成功获得产业化应用的超嗜热酶，推动了 PCR 技术的飞跃式发展（Saiki et al.，1988）。在食品工业中，α-淀粉酶可在极高温度下快速水解淀粉，提高原料利用率和产品回收率；在造纸工业中，超嗜热 1,4-β-木聚糖内切酶可高效去除木浆中的木质素，大幅减少化学漂白剂用量；在污染治理领域，超嗜热蛋白酶、脂肪酶等可用于高效降解蛋白、去除油脂，以及实现芳香族化合物等多种有机污染的生物修复（Kanno，1986；Winterhalter and Liebl，1995；Hanzawa et al.，1996；Teeri et al.，1998；Pantazaki et al.，2002；Bala and Singh，2019；Sun et al.，2019）。

尽管在多种工业生产中超嗜热酶都具有提高底物转化效率、降低生产成本、减少污染等多重优势，然而，作为超嗜热酶主要来源的超嗜热微生物仍存在规模化培养难度大的缺点，极大地阻碍了超嗜热酶的大规模工业化应用，利用 *Bacillus*、*E. coli* 和 *Saccharomyces cerevisiae* 等中温、常温宿主的重组过表达技术可成功克服这一障碍。此外，随着利用基因组、转录组、蛋白质组、代谢组等多组学技术挖掘超嗜热微生物功能酶相关研究的深入，超嗜热酶的开发和工业应用前景也将不断拓宽。

参 考 文 献

陈志，周顺桂，韦丹，等. 2021. 一种极端嗜热菌协同发酵生产复合超高温堆肥菌剂的方法[P]. CN107937303B，2021-11-30.

李再兴，马骏，武肖莎，等. 2022. 接种高温嗜热菌剂加快牛粪秸秆堆肥发酵进程[J]. 植物营养与肥料学报，28(5): 953-960.

刘永跃，周顺桂，许宜北，等. 一种极端嗜热菌 UTM801 及其应用. CN102851247A[P]. 2013-09-11.

刘永跃，周顺桂，许宜北，等. 一种嗜热栖热菌 UTM802 及其应用. CN102851246B[P]. 2013-08-21.

汪集旸，孙占学. 2000. 神奇的地热[M]. 北京：清华大学出版社.

邢睿智，艾超凡，王梦怡，等，2021. 畜禽粪便超高温好氧堆肥工程案例[J]. 农业环境科学学报，40(11): 2405-2411.

余震，周顺桂. 2020. 超高温好氧发酵技术：堆肥快速腐熟与污染控制机制[J]. 南京农业大学学报，43(5): 781-789.

曾静，郭建军，邱小忠，等. 2015. 极端嗜热微生物及其高温适应机制的研究进展[J]. 生物技术通报，

31(9): 30-37.

张心齐. 2009. 陆地热泉及深海热液沉积物生境中的嗜热菌多样性研究[D]. 杭州: 浙江大学博士学位论文.

Arora P, Kshirsagar P R, Rana D P, et al. 2019. Hyperthermophilic *Clostridium* sp. N-4 produced a glycoprotein biosurfactant that enhanced recovery of residual oil at 96℃ in lab studies[J]. Colloids and Surfaces B, Biointerfaces, 182: 110372.

Bala A J, Singh B. 2019. Cellulolytic and xylanolytic enzymes of thermophiles for the production of renewable biofuels[J]. Renewable Energy, 136: 1231-1244.

Barbier G, Godfroy A, Meunier J R, et al. 1999. *Pyrococcus glycovorans* sp. nov., a hyperthermophilic archaeon isolated from the East Pacific Rise[J]. International Journal of Systematic and Evolutionary Microbiology, 49(4): 1829-1837.

Blöchl E, Rachel R, Burggraf S, et al. 1997. *Pyrolobus fumarii*, gen. and sp. nov., represents a novel group of Archaea, extending the upper temperature limit for life to 113℃[J]. Extremophiles: Life Under Extreme Conditions, 1(1): 14-21.

Blumer-Schuette S E, Ozdemir I, Mistry D, et al. 2011. Complete genome sequences for the anaerobic, extremely thermophilic plant biomass-degrading bacteria *Caldicellulosiruptor hydrothermalis*, *Caldicellulosiruptor kristjanssonii*, *Caldicellulosiruptor kronotskyensis*, *Caldicellulosiruptor owensensis*, and *Caldicellulosiruptor lactoaceticus*[J]. Journal of Bacteriology, 193(6): 1483-1484.

Bott T L, Brock T D. 1969. Bacterial growth rates above 90℃ in Yellowstone Hot Springs[J]. Science, 164: 1411-1412.

Brock T D. 1978. Thermophilic Microorganisms and Life at High Temperatures[M]. New York: Springer-Verlag.

Brock T D. 1995. The road to Yellowstone-and beyond[J]. Annual Review of Microbiology, 49: 1-28.

Brock T D, Brock K M, Belly R T, et al. 1972. *Sulfolobus*: a new genus of sulfur-oxidizing bacteria living at low pH and high temperature[J]. Archiv Für Mikrobiologie, 84(1): 54-68.

Brock T D, Freeze H. 1969. *Thermus aquaticus* gen. n. and sp. n., a nonsporulating extreme thermophile[J]. Journal of Bacteriology, 98(1): 289-297.

Bult C J, White O, Olsen G J, et al. 1996. Complete genome sequence of the methanogenic archaeon, *Methanococcus jannaschii*[J]. Science, 273(5278): 1058-1073.

Chen Z, Zhao W Q, Xing R Z, et al. 2020. Enhanced in situ biodegradation of microplastics in sewage sludge using hyperthermophilic composting technology[J]. Journal of Hazardous Materials, 384: 121271.

Choi A R, Kim M S, Kang S G, et al. 2016. Dimethyl sulfoxide reduction by a hyperhermophilic archaeon *Thermococcus onnurineus* NA1 via a cysteine-cystine redox shuttle[J]. Journal of Microbiology, 54(1): 31-38.

Deming J W, Baross J A. 1993. Deep-sea smokers: windows to a subsurface biosphere?[J]. Geochimica et Cosmochimica Acta, 57(14): 3219-3230.

Dick G J. 2019. The microbiomes of deep-sea hydrothermal vents: distributed globally, shaped locally[J]. Nature Reviews Microbiology, 17(5): 271-283.

Elkins J G, Podar M, Graham D E, et al. 2008. A korarchaeal genome reveals insights into the evolution of the Archaea[J]. Proceedings of the National Academy of Sciences of the United States of America, 105(23): 8102-8107.

Fiala G, Stetter K O. 1986. *Pyrococcus furiosus* sp. nov. represents a novel genus of marine heterotrophic archaebacteria growing optimally at 100℃[J]. Archives of Microbiology, 145(1): 56-61.

Forterre P. 1996. A hot topic: the origin of hyperthermophiles[J]. Cell, 85(6): 789-792.

Hanzawa S, Hoaki T, Jannasch H W, et al. 1996. An extremely thermostable serine protease from a hyperthermophilic archaeum, *Desulfurococcus* strain SY, isolated from a deep-sea hydrothermal vent[J]. The Journal of Marine Biotechnology, 4: 121-126.

Huber R, Eder W, Heldwein S, et al. 1998. *Thermocrinis ruber* gen. nov., sp. nov., A pink-filament-forming hyperthermophilic bacterium isolated from Yellowstone National Park[J]. Applied and Environmental Microbiology, 64(10): 3576-3583.

Huber R, Wilharm T, Huber D, et al. 1992. *Aquifex pyrophilus* gen. nov. sp. nov., represents a novel group of marine hyperthermophilic hydrogen-oxidizing bacteria[J]. Systematic and Applied Microbiology, 15(3): 340-351.

Jackson T J, Ramaley R F, Meinschein W G. 1973. *Thermomicrobium*, a new genus of extremely thermophilic bacteria[J]. International Journal of Systematic Bacteriology, 23(1): 28-36.

Jenkins J. 2005. Thermophilic microorganisms [M]//Joseph C. Jenkins. Humanure Handbook. White River Junction: Chelsea Green Publishing.

Jochimsen B, Peinemann-Simon S, Völker H, et al. 1997. *Stetteria hydrogenophila*, gen. nov. and sp. nov., a novel mixotrophic sulfur-dependent crenarchaeote isolated from Milos, Greece[J]. Extremophiles: Life Under Extreme Conditions, 1(2): 67-73.

Jones W J, Leigh J A, Mayer F, et al. 1983. *Methanococcus jannaschii* sp. nov., an extremely thermophilic methanogen from a submarine hydrothermal vent[J]. Archives of Microbiology, 136(4): 254-261.

Kanno M A. 1986. *Bacillus acidocaldarius* α-amylase that is highly stable to heat under acidic conditions[J]. Agricultural and Biological Chemistry, 50(1): 23-31.

Kashefi K, Lovley D R. 2003. Extending the upper temperature limit for life[J]. Science, 301(5635): 934.

Korolev S, Nayal M, Barnes W M, et al. 1995. Crystal structure of the large fragment of *Thermus aquaticus* DNA polymerase I at 2.5-A resolution: structural basis for thermostability[J]. Proceedings of the National Academy of Sciences of the United States of America, 92(20): 9264-9268.

Kurosawa N, Itoh Y H, Iwai T, et al. 1998. *Sulfurisphaera ohwakuensis* gen. nov., sp. nov., a novel extremely thermophilic acidophile of the order *Sulfolobales*[J]. International Journal of Systematic Bacteriology, 48(2): 451-456.

Kurr M, Huber R, König H, et al. 1991. *Methanopyrus kandleri*, gen. and sp. nov. represents a novel group of hyperthermophilic methanogens, growing at 110°C[J]. Archives of Microbiology, 156(4): 239-247.

Laksanalamai P, Whitehead T A, Robb F T. 2004. Minimal protein-folding systems in hyperthermophilic archaea[J]. Nature Reviews Microbiology, 2(4): 315-324.

Lecompte O, Ripp R, Puzos-Barbe V, et al. 2001. Genome evolution at the genus level: comparison of three complete genomes of hyperthermophilic Archaea[J]. Genome Research, 11(6): 981-993.

Liao H P, Lu X M, Rensing C, et al. 2018. Hyperthermophilic composting accelerates the removal of antibiotic resistance genes and mobile genetic elements in sewage sludge[J]. Environmental Science & Technology, 52(1): 266-276.

López-García P, Zivanovic Y, Deschamps P, et al. 2015. Bacterial gene import and mesophilic adaptation in Archaea[J]. Nature Reviews Microbiology, 13(7): 447-456.

Moriya T, Hikota T, Yumoto I, et al. 2011. *Calditerricola satsumensis* gen. nov., sp. nov. and *Calditerricola yamamurae* sp. nov., extreme thermophiles isolated from a high-temperature compost[J]. International Journal of Systematic and Evolutionary Microbiology, 61(3): 631-636.

Niehaus F, Bertoldo C, Kähler M, et al. 1999. Extremophiles as a source of novel enzymes for industrial application[J]. Applied Microbiology and Biotechnology, 51(6): 711-729.

Pantazaki A, Pritsa A, Kyriakidis D. 2002. Biotechnologically relevant enzymes from *Thermus thermophilus*[J]. Applied Microbiology and Biotechnology, 58(1): 1-12.

Pikuta E V, Marsic D, Itoh T, et al. 2007. *Thermococcus thioreducens* sp. nov., a novel hyperthermophilic, obligately sulfur-reducing archaeon from a deep-sea hydrothermal vent[J]. International Journal of Systematic and Evolutionary Microbiology, 57(7): 1612-1618.

Rasmussen B. 2000. Filamentous microfossils in a 3,235-million-year-old volcanogenic massive sulphide deposit[J]. Nature, 405(6787): 676-679.

Ravin N V, Mardanov A V, Beletsky A V, et al. 2009. Complete genome sequence of the anaerobic, protein-degrading hyperthermophilic crenarchaeon *Desulfurococcus kamchatkensis*[J]. Journal of Bacteriology, 191(7): 2371-2379.

Saiki R K, Gelfand D H, Stoffel S, et al. 1988. Primer-directed enzymatic amplification of DNA with a thermostable DNA polymerase[J]. Science, 239(4839): 487-491.

Sharp R J, Riley P W, White D. 1992. Heterotrophic thermophilic bacilli[M]//Weerkamp A. Thermophilic Bacteria. Florida: CRC Press.

Stetter K O. 1982. Ultrathin mycelia-forming organisms from submarine volcanic areas having an optimum growth temperature of 105℃[J]. Nature, 300(5889): 258-260.

Stetter K O. 1988. *Archaeoglobus fulgidus* gen. nov., sp. nov.: a new taxon of extremely thermophilic Archaebacteria[J]. Systematic and Applied Microbiology, 10(2): 172-173.

Stetter K O. 1996. Hyperthermophilic procaryotes[J]. FEMS Microbiology Reviews, 18(2/3): 149-158.

Stetter K O. 2006. History of discovery of the first hyperthermophiles[J]. Extremophiles, 10(5): 357-362.

Stetter K O. 2013. A brief history of the discovery of hyperthermophilic life[J]. Biochemical Society Transactions, 41(1): 416-420.

Stetter K O, König H, Stackebrandt E. 1983. *Pyrodictium* gen. nov., a new genus of submarine disc-shaped sulphur reducing archaebacteria growing optimally at 105℃[J]. Systematic and Applied Microbiology, 4(4): 535-551.

Stetter K O, Thomm M, Winter J, et al. 1981. *Methanothermus fervidus* sp. nov., a novel extremely thermophilic methanogen isolated from an Icelandic hot spring[J]. Zentralblatt Für Bakteriologie Mikrobiologie Und Hygiene: I Abt Originale C: Allgemeine, Angewandte And Ökologische Mikrobiologie, 2(2): 166-178.

Sun L B, Huang D, Zhu L, et al. 2019. Novel thermostable enzymes from *Geobacillus thermoglucosidasius* W-2 for high-efficient nitroalkane removal under aerobic and anaerobic conditions[J]. Bioresource Technology, 278: 73-81.

Susanti D, Johnson E F, Rodriguez J R, et al. 2012. Complete genome sequence of *Desulfurococcus fermentans*, a hyperthermophilic cellulolytic crenarchaeon isolated from a freshwater hot spring in Kamchatka, Russia[J]. Journal of Bacteriology, 194(20): 5703-5704.

Takai K, Komatsu T, Horikoshi K. 2001. *Hydrogenobacter subterraneus* sp. nov., an extremely thermophilic, heterotrophic bacterium unable to grow on hydrogen gas, from deep subsurface geothermal water[J]. International Journal of Systematic and Evolutionary Microbiology, 51(4): 1425-1435.

Teeri T T, Koivula A, Linder M, et al. 1998. *Trichoderma reesei* cellobiohydrolases: why so efficient on crystalline cellulose?[J]. Biochemical Society Transactions, 26(2): 173-178.

Vajna B, Kanizsai S, Kéki Z, et al. 2012. *Thermus composti* sp. nov., isolated from oyster mushroom compost[J]. International Journal of Systematic and Evolutionary Microbiology, 62(7): 1486-1490.

Verma D, Kumar V, Satyanarayana T. 2022. Genomic attributes of thermophilic and hyperthermophilic bacteria and Archaea[J]. World Journal of Microbiology and Biotechnology, 38(8): 135.

Waters E, Hohn M J, Ahel I, et al. 2003. The genome of *Nanoarchaeum equitans*: insights into early archaeal evolution and derived parasitism[J]. Proceedings of the National Academy of Sciences of the United States of America, 100(22): 12984-12988.

Winterhalter C, Liebl W. 1995. Two extremely thermostable xylanases of the hyperthermophilic bacterium *Thermotoga maritima* MSB8[J]. Applied and Environmental Microbiology, 61(5): 1810-1815.

Woese C R, Kandler O, Wheelis M L. 1990. Towards a natural system of organisms: proposal for the domains Archaea, Bacteria, and Eucarya[J]. Proceedings of the National Academy of Sciences of the United States of America, 87(12): 4576-4579.

Zillig W, Holz I, Wunderl S. 1991. NOTES: *Hyperthermus butylicus* gen. nov., sp. nov., a hyperthermophilic, anaerobic, peptide-fermenting, facultatively H_2S-generating archaebacterium[J]. International Journal of Systematic Bacteriology, 41(1): 169-170.

Zillig W, Stetter K O, Schäfer W, et al. 1981. Thermoproteales: a novel type of extremely thermoacidophilic anaerobic archaebacteria isolated from Icelandic solfataras[J]. Zentralblatt Für Bakteriologie Mikrobiologie Und Hygiene: I Abt Originale C: Allgemeine, Angewandte Und Ökologische Mikrobiologie, 2(3): 205-227.

Zivanovic Y, Armengaud J, Lagorce A, et al. 2009. Genome analysis and genome-wide proteomics of *Thermococcus gammatolerans*, the most radioresistant organism known amongst the Archaea[J]. Genome Biology, 10(6): R70.

第二章 超嗜热微生物的生长与代谢

超嗜热微生物（hyperthermophiles）是指最适生长温度在80℃以上的一类极端环境微生物，它们具有较广的物种区系，且广泛分布于温泉、地热区土壤、火山地区、海底热液喷口及堆肥等多种自然和人工的极端高温环境中。在某些情况下，能够在80℃以上生长和繁殖，且最适生长温度大于65℃的极端嗜热微生物也被称为超嗜热微生物。本章主要总结了目前已报道的、可纯培养的各种超嗜热微生物的种质资源，详细介绍了它们的生长条件与能量代谢类型，以便该领域研究者能够更加深入地了解这类独特微生物的生长代谢特点与生态功能，为后续超嗜热微生物种质资源的开发与工业化应用提供参考。

第一节 超嗜热微生物的种质资源

目前，通过纯培养手段分离到的超嗜热微生物共有13门、18纲、23目、30科、67属、160种，分属古菌（Archaea）（表2.1）和细菌（Bacteria）（表2.2）两界。在属水平分类上，超嗜热古菌和超嗜热细菌的数量分别占超嗜热微生物总数的58.5%和41.5%。表2.3总结了目前分离到的超嗜热微生物的生长温度及分离源。

表 2.1 超嗜热菌的分类地位（古菌界）

Table 2.1 Classification of hyperthermophilic bacteria（kingdom Archaea）

界	门	纲	目	科	属
Archaea	Candidatus Korarchaeota	Korarchaeia	Korarchaeales	Korarchaeaceae	*Korarchaeum*
	Candidatus Nanoarchaeota	Nanoarchaeia	Nanoarchaeales	Nanoarchaeaceae	*Nanoarchaeum*
	Crenarchaeota	Thermoprotei	Acidilobales	Acidilobaceae	*Acidilobus*
				Caldisphaeraceae	*Caldisphaera*
			Desulfurococcales	Desulfurococcaceae	*Aeropyrum*
					Desulfurococcus
					Ignicoccus
					Staphylothermus
					Stetteria
					Sulfophobococcus
					Thermodiscus
					Thermosphaera
					Ignisphaera
				Pyrodictiaceae	*Hyperthermus*
					Pyrodictium
					Geogemma
					Pyrolobus

续表

界	门	纲	目	科	属
Archaea	Crenarchaeota	Thermoprotei	Sulfolobales	Sulfolobaceae	*Acidianus*
					Metallosphaera
					Stygiolobus
					Sulfolobus
					Sulfurisphaera
			Thermoproteales	Thermofilaceae	*Thermofilum*
				Thermoproteaceae	*Caldivirga*
					Pyrobaculum
					Thermocladium
					Thermoproteus
	Euryarchaeota	Archaeoglobi	Archaeoglobales	Archaeoglobaceae	*Archaeoglobus*
					Ferroglobus
					Geoglobus
		Methanobacteria	Methanobacteriales	Methanothermaceae	*Methanothermus*
		Methanococci	Methanococcales	Methanocaldococcaceae	*Methanocaldococcus*
					Methanotorris
				Methanococcaceae	*Methanococcus*
		Methanopyri	Methanopyrales	Methanopyraceae	*Methanopyrus*
		Thermococci	Thermococcales	Thermococcaceae	*Palaeococcus*
					Pyrococcus
					Thermococcus

表 2.2　超嗜热细菌的分类地位（细菌界）

Table 2.2　Classification of hyperthermophilic bacteria（kingdom Bacteria）

界	门	纲	目	科	属
Bacteria	Aquificota	Aquificae	Aquificales	Aquificaceae	*Aquifex*
					Hydrogenivirga
					Hydrogenobacter
					Thermocrinis
				Hydrogenothermaceae	*Persephonella*
					Sulfurihydrogenibium
			Desulfurobacteriales	Desulfurobacteriaceae	*Balnearium*
					Thermovibrio
	Deinococcus-Thermus	Deinococci	Thermales	Thermaceae	*Vulcanithermus*
					Thermus
	Dictyoglomi	Dictyoglomia	Dictyoglomales	Dictyoglomaceae	*Dictyoglomus*
	Firmicutes	Bacilli	Caryophanales	Bacillaceae	*Calditerricola*
					Saccharococcus
		Clostridia	Eubacteriales	Clostridiales Family XVII. Incertae Sedis	*Thermaerobacter*
			Thermoanaerobacterales	Thermoanaerobacteraceae	*Ammonifex*
					Caldanaerobacter

续表

界	门	纲	目	科	属
Bacteria	Firmicutes	Clostridia	Thermoanaerobac- terales	Thermoanaerobac- teraceae	*Carboxydibrachium*
					Thermoanaerobacter
					Caldicellulosiruptor
				Thermosediminibac- teraceae	*Fervidicola*
	Pseudomonadota	Betaproteobacteria	Burkholderiales	Burkholderiaceae	*Thermothrix*
	Rhodothermaeota	Rhodothermia	Rhodothermales	Rhodothermaceae	*Rhodothermus*
	Thermodesulfobacteria	Thermodesulfobac- teria	Thermodesulfobac- teriales	Thermodesulfobac- teriaceae	*Thermodesulfatator*
					Thermodesulfobacterium
					Thermosulfurimonas
	Thermomicrobiota	Thermomicrobia	Thermomicrobiales	Thermomicrobiaceae	*Thermomicrobium*
	Thermotogota	Thermotogae	Thermotogales	Fervidobacteriaceae	*Fervidobacterium*
					Thermosipho
				Thermotogaceae	*Thermotoga*

表 2.3 超嗜热种质资源一览表

Table 2.3 List of resources of hyperthermophiles

序号	属	种	生长温度（最适）/℃	模式种分离源	参考文献
1	*Acidianus*	*Acidianus ambivalens*	≤87（80）	意大利的温泉	Fuchs et al.，1996
		Acidianus infernus	65～96（90）	意大利那不勒斯火山的硫气孔	Segerer et al.，1986
		Acidianus sulfidivorans	45～83（74）	巴布亚新几内亚利希尔岛的一个硫气孔	Plumb et al.，2007
		Acidianus tengchongensis	55～80（70）	中国腾冲的酸热泉	He et al.，2004
		Acidianus brierleyi	45～75（70）	美国黄石公园热泉	Segerer et al.，1986
		Acidianus ambivalens			Zillig et al.，1987
2	*Acidilobus*	*Acidilobus saccharovorans*	60～90（80～85）	俄罗斯乌德拉火山口热酸池	Prokofeva et al.，2009
3	*Aeropyrum*	*Aeropyrum camini*	70～97（85）	日本伊豆博宁弧线深海热液喷口	Nakagawa et al.，2004
		Aeropyrum pernix	70～100（90～95）	日本盐酸盐喷口处的排空水和沉积物	Sako et al.，1996
4	*Ammonifex*	*Ammonifex thiophilus*	60～82（75）	俄罗斯堪察加乌苏火山口	Miroshnichenko et al.，2008a
5	*Aquifex*	*Aquifex aeolicus*	（85）	美国黄石国家公园温泉	Deckert et al.，1998
		Aquifex pyrophilus	67～95（85）	冰岛海脊浅层沉积物	Huber et al.，1992
6	*Archaeoglobus*	*Archaeoglobus fulgidus*	60～95（83）	意大利那不勒斯海洋热液	Stetter，1988
		Archaeoglobus lithotrophicus	63～89（80）	荷兰阿拉斯加永久冻土层的油藏	Stetter et al.，1993
		Archaeoglobus profundus	65～90（82）	墨西哥加利福尼亚湾瓜伊马斯盆地深海热液	Burggraf et al.，1990b
		Archaeoglobus veneficus	65～85（80）	大西洋中脊的深海热液喷口	Huber et al.，1997

序号	属	种	生长温度（最适）/℃	模式种分离源	参考文献
7	*Balnearium*	*Balnearium lithotrophicum*	45～80（70～75）	日本深海热液喷口	Takai et al.，2003
8	*Caldanaerobacter*	*Caldanaerobacter subterraneus*	40～80（70）	法国的油田	Fardeau et al.，2004
9	*Caldicellulosiruptor*	*Caldicellulosiruptor bescii*	42～90（78～80）	俄罗斯堪察加半岛的温泉	Yang et al.，2010
		Caldicellulosiruptor hydrothermalis	45～82（70）	俄罗斯堪察加半岛的温泉	Miroshnichenko et al.，2008b
		Caldicellulosiruptor kristjanssonii	45～82（78）	冰岛的温泉	Bredholt et al.，1999
		Caldicellulosiruptor kronotskyensis	45～82（70）	俄罗斯堪察加半岛的温泉	Miroshnichenko et al.，2008b
		Caldicellulosiruptor obsidiansis	55～85（78）	美国黄石国家公园黑曜石池	Hamilton-Brehm et al.，2010
		Caldicellulosiruptor owensensis	50～80（75）	美国加利福尼亚州欧斯湖	Huang et al.，1998
		Caldicellulosiruptor saccharolyticus	45～80（70）	新西兰陶波地热泉中的木材	Rainey et al.，1994
10	*Caldisphaera*	*Caldisphaera lagunensis*	45～80（70～75）	菲律宾马基林山温泉	Itoh et al.，2003
11	*Calditerricola*	*Calditerricola satsumensis*	56～83（78）	高温堆肥	Moriya et al.，2011
		Calditerricola yamamurae	56～81（72）	高温堆肥	Moriya et al.，2011
12	*Caldivirga*	*Caldivirga maquilingensis*	60～92（85）	菲律宾酸性温泉	Itoh et al.，1999
13	*Carboxydibrachium*	*Carboxydibrachium pacificum*	50～80（70）	日本深海热液喷口	Sokolova et al.，2001
14	*Desulfurococcus*	*Desulfurococcus amylolyticus*	91	俄罗斯堪察加半岛的温泉	Bonch-Osmolovskaya et al.，1988
		Desulfurococcus fermentans	63～89（82）	俄罗斯堪察加半岛的淡水温泉	Perevalova et al.，2005
		Desulfurococcus kamchatkensis	65～87（85）	俄罗斯堪察加半岛的淡水温泉	Kublanov et al.，2009
		Desulfurococcus mobilis	55～97（85）	冰岛酸性温泉	Zillig et al.，1982
		Desulfurococcus mucosus	（85）	冰岛酸性温泉	Zillig et al.，1982
		Desulfurococcus saccharovorans	（92）	俄罗斯堪察加半岛的淡水温泉	Stetter，1990
15	*Dictyoglomus*	*Dictyoglomus thermophilum*	51～80（73～78）	日本熊本县的温泉	Saiki et al.，1985
		Dictyoglomus turgidum	（75）	俄罗斯堪察加半岛乌宗火山口的温泉	Svetlichny and Svetlichnayá，1988
16	*Fervidicola*	*Fervidicola ferrireducens*	55～80（70）	澳大利亚海底热液喷口	Ogg and Patel，2009
17	*Fervidobacterium*	*Fervidobacterium changbaicum*	55～90（75～80）	中国长白山的温泉	Cai et al.，2007
		Fervidobacterium nodosum	40～80（65～70）	新西兰的温泉	Patel et al.，1985

续表

序号	属	种	生长温度（最适）/℃	模式种分离源	参考文献
18	Ferroglobus	Ferroglobus placidus	65～95（85）	意大利武尔卡诺的浅热水层	Hafenbradl et al.，1996
19	Geoglobus	Geoglobus ahangari	65～90（88）	墨西哥加利福尼亚湾瓜伊马斯盆地	Kashefi et al.，2002
20	Geogemma	Geogemma barossii	105～107	东太平洋胡安德富卡热液喷口	Kashefi and Lovley，2003
21	Hyperthermus	Hyperthermus butylicus	85～108（95～106）	北大西洋亚速尔群岛海底热沉积物	Zillig et al.，1991
22	Hydrogenivirga	Hydrogenivirga okinawensis	65～85（70～75）	日本深海热液喷口	Nunoura et al.，2008
23	Hydrogenobacter	Hydrogenobacter subterraneus	60～85（78）	日本大分县地热发电厂地下热水池	Takai et al.，2001
		Hydrogenobacter thermophilus	（70～75）	日本伊豆和九州的温泉	Kawasumi et al.，1984
24	Ignicoccus	Ignicoccus islandicus	70～98（90）	冰岛北部的科尔拜因西山脊海洋热液喷口	Huber H et al.，2000
		Ignicoccus pacificus	75～98（90）	太平洋的海底热液	Huber H et al.，2000
25	Ignisphaera	Ignisphaera aggregans	85～98（92～95）	新西兰罗托鲁瓦库鲁公园的中性沸泉	Niederberger et al.，2006
26	Korarchaeum	Candidatus Korarchaeum cryptofilum	（85）	中国云南蓝宝石池	Elkins et al.，2008
27	Metallosphaera	Metallosphaera sedula	50～80（75）	意大利那不勒斯的酸性热泉	Huber et al.，1989
28	Methanotorris	Methanotorris formicicus	55～83（75）	印度中部山脊的凯瑞气田	Takai et al.，2004
29	Methanothermus	Methanothermus fervidus	60～97（83）	冰岛温泉	Stetter et al.，1981
		Methanothermus sociabilis	55～97（88）	冰岛含硫水	Lauerer et al.，1986
30	Methanocaldococcus	Methanocaldococcus fervens	48～92（85）	墨西哥加利福尼亚湾瓜伊马斯盆地深海热液喷口岩芯	Jeanthon et al.，1999
		Methanocaldococcus indicus	50～86（85）	中印度洋的深海热液喷口	L'Haridon et al.，2003
		Methanocaldococcus infernus	55～91（85）	大西洋中脊深海热液喷口	Jeanthon et al.，1998
		Methanocaldococcus vulcanius	49～89（80）	东太平洋海隆深海热液喷口	Jeanthon et al.，1999
31	Methanopyrus	Methanopyrus kandleri	84～110（98）	墨西哥加利福尼亚湾瓜伊马斯盆地水热深海沉积物	Kurr et al.，1991
32	Methanococcus	Methanococcus igneus	45～91（88）	冰岛浅层海底喷口	Burggraf et al.，1990a
		Methanococcus jannaschii	50～86（85）	东太平洋海底热液喷口意大利斯图夫迪内罗内海滩的沙质地	Jones et al.，1983
33	Nanoarchaeum	Nanoarchaeum equitans	70～98（90）	冰岛副极地大洋中脊	Huber et al.，2002b
34	Persephonella	Persephonella marina	55～80（73）	太平洋海底热液喷口	Götz et al.，2002
35	Palaeococcus	Palaeococcus ferrophilus	60～88（83）	日本深海热液喷口	Takai et al.，2000b
36	Pyrolobus	Pyrolobus fumarii	90～113（106）	大西洋中脊的热液喷口	Hafenbradl et al.，1997

序号	属	种	生长温度（最适）/℃	模式种分离源	参考文献
37	Pyrobaculum	Pyrobaculum aerophilum	75～104（100）	意大利伊斯基亚马龙蒂海滩的沸腾海洋水井	Völkl et al.，1993
		Pyrobaculum arsenaticum	68～100	意大利那不勒斯的温泉	Huber R et al.，2000
		Pyrobaculum calidifontis	75～100（90～95）	菲律宾拉古纳	Amo et al.，2002
		Pyrobaculum ferrireducens	75～98（90～95）	俄罗斯堪察加半岛的温泉	Slobodkina et al.，2015
		Pyrobaculum islandicum	（100）	冰岛含硫地热水	Huber et al.，1987
		Pyrobaculum neutrophilum	（85～100）	冰岛科林加弗约尔温泉	Atricia et al.，2013
		Pyrobaculum oguniense	70～97（90～94）	日本熊本县陆地温泉	Sako et al.，2001
		Pyrobaculum organotrophum	78～102（100）	意大利索尔法塔拉油田	Huber et al.，1987
38	Pyrococcus	Pyrococcus abyssi	67～102（96）	斐济北部的超热液盆地	Erauso，1993
		Pyrococcus endeavori	80～110（98）	日本冲绳热液喷口	González et al.，1998
		Pyrococcus furiosus	70～103（100）	意大利武尔卡诺的地热海洋沉积物	Fiala and Stetter，1986
		Pyrococcus glycovorans	75～104（95）	东太平洋海的深海热液喷口	Barbier et al.，1999
		Pyrococcus horikoshii	80～102（98）	东太平洋深海	González et al.，1998
		Pyrococcus woesei	100～105（100～103）	意大利武尔卡诺的硫酸盐喷口沉积物	Zillig et al.，1987
		Pyrococcus yayanosii	80～108（95）	大西洋中的深海热液烟囱	Birrien et al.，2011
39	Pyrodictium	Pyrodictium abyssi	80～110（97）	墨西哥和冰岛的浅喷口	Pley et al.，1991
		Pyrodictium brockii	80～110（105）	意大利武尔卡诺的海底含盐田	Stetter et al.，1983
		Pyrodictium occultum	80～110（105）	意大利武尔卡诺的海底含盐田	Stetter et al.，1983
40	Rhodothermus	Rhodothermus profundi	55～80（70）	太平洋海底热液喷口	Marteinsson et al.，2010
41	Staphylothermus	Staphylothermus marinus	65～98（92）	意大利地热沉积物	Fiala et al.，1986
42	Stetteria	Stetteria hydrogenophila	68～102（95）	希腊米洛斯岛的海洋热液沉积物	Jochimsen et al.，1997
43	Sulfurihydrogenibium	Sulfurihydrogenibium rodmanii	55～80（75）	俄罗斯堪察加半岛的温泉	O'Neill et al.，2008
44	Sulfolobus	Sulfolobus acidocaldarius	55～85（70～75）	美国黄石国家公园的热泉	Brock et al.，1972
		Sulfolobus hakonensis	50～80（70）	日本箱根国家公园	Takayanagi et al.，1996
		Sulfolobus shibatae	≤86（81）	日本九州岛地热池	Grogan et al.，1990
		Sulfolobus solfataricus	50～87（87）	意大利	Zillig et al.，1980
		Sulfolobus tokodaii	70～85（80）	日本九州岛地热区	Suzuki et al.，2002
		Sulfolobus yangmingensis	65～95（80）	中国台湾的地热喷口	Jan et al.，1999
		Sulfolobus metallicus	50～75	冰岛熔岩场	Huber et al.，1991 Huber et al.，1991

续表

序号	属	种	生长温度（最适）/℃	模式种分离源	参考文献
45	*Stygiolobus*	*Stygiolobus azoricus*	57～89（80）	葡萄牙亚速尔群岛圣米格尔岛的盐碱田	Segerer et al.，1991
46	*Sulfurisphaera*	*Sulfurisphaera ohwakuensis*	63～92（84）	日本箱根大涌谷的酸性温泉	Kurosawa et al.，1998
47	*Sulfophobococcus*	*Sulfophobococcus zilligii*	70～95（85）	冰岛热碱泉	Hensel et al.，1997
48	*Thermococcus*	*Thermococcus acidaminovorans*	56～93（85）	意大利武尔卡诺的浅海热液喷口	Keller et al.，1998
		Thermococcus alcaliphilus	56～90（85）	意大利武尔卡诺的浅海热液喷口	Keller et al.，1995
		Thermococcus barophilus	48～95（85）	大西洋中脊的热液喷口	Marteinsson et al.，1999
		Thermococcus barossii	60～92（82.5）	东太平洋胡安德富卡热液喷口的岩石	Duffaud et al.，1998
		Thermococcus celer	93（88）	意大利武尔卡诺的海洋硫酸盐水洞	Zillig et al.，1983b
		Thermococcus celericrescens	50～85（80）	西太平洋绥约海山的热液喷口	Kuwabara et al.，2007
		Thermococcus chitonophagus	60～93（75）	墨西哥西海岸的热液喷口	Huber et al.，1995
		Thermococcus coalescens	57～90（87）	日本伊豆小笠原的热流	Kuwabara，2005
		Thermococcus fumicolans	73～103（85）	斐济盆地北部深海热液喷口	Godfroy et al.，1996
		Thermococcus gammatolerans	55～95（88）	墨西哥加利福尼亚湾瓜伊马斯盆地的水热烟肉	Jolivet et al.，2003
		Thermococcus gorgonarius	68～95（80～88）	新西兰鲸鱼岛潮汐带的地热喷口	Miroshnichenko et al.，1998
		Thermococcus guaymasensis	56～90（88）	墨西哥加利福尼亚湾瓜伊马斯盆地地热液喷口	Canganella et al.，1998
		Thermococcus hydrothermalis	55～100（85）	东太平洋的深海热液喷口	Godfroy et al.，1997
		Thermococcus kodakarensis	60～100（85）	日本鹿儿岛的硫气孔	Atomi et al.，2004
		Thermococcus litoralis	50～96（85）	意大利那不勒斯的海底浅层	Neuner el al.，1990
		Thermococcus pacificus	70～95（80～88）	新西兰普伦蒂湾的地热沉积物	Miroshnichenko et al.，1998
		Thermococcus peptonophilus	60～100（85）	西太平洋的海洋热液喷口	González et al.，1995
		Thermococcus profundus	50～90（80）	日本冲绳的深海热液喷口	Kobayashi et al.，1994
		Thermococcus sibiricus	40～88（78）	俄罗斯西伯利亚西部萨莫特洛尔高温油藏地层水	Magarita et al.，2001
		Thermococcus siculi	50～93（85）	日本冲绳的深海热液喷口	Grote et al.，1999
		Thermococcus stetteri	55～98（75～88）	俄罗斯北千岛的含硫酸盐田	Miroshnichenko et al.，1989
		Thermococcus thioreducens	55～94（83～85）	大西洋亚速尔群岛热液喷口处的沉积物	Pikuta et al.，2007
		Thermococcus zilligii	55～85（75～80）	新西兰陆地淡水热池	Ronimus et al.，1997
49	*Thermocrinis*	*Thermocrinis ruber*	44～89（80）	美国黄石国家公园的温泉	Huber et al.，1998

续表

序号	属	种	生长温度（最适）/℃	模式种分离源	参考文献
50	*Thermodiscus*	*Thermodiscus maritimus*	（85）	意大利热海水	Fischer，1983
51	*Thermosphaera*	*Thermosphaera aggregans*	67~90（85）	美国黄石国家公园黑曜石池	Huber et al.，1998
52	*Thermodesulfatator*	*Thermodesulfatator indicus*	55~80（70）	印度洋中海底热液喷口	Moussard et al.，2004
53	*Thermomicrobium*	*Thermomicrobium roseum*	65~85（70~75）	美国黄石国家公园温泉	Jackson et al.，1973
54	*Thermosipho*	*Thermosipho japonicus*	45~80（72）	日本深海热液喷口	Takai et al.，2000a
		Thermosipho melanesiensis *Thermosipho africanus*	45~80（70）	西南太平洋深海热液喷口 非洲吉布提海洋热液区	Antoine et al.，1997 Huber et al.，1989 Huber et al.，1989
55	*Thermaerobacter*	*Thermaerobacter marianensis*	50~80（74~76）	太平洋马里亚纳海沟	Takai et al.，1999
		Thermaerobacter subterraneus *Thermaerobacter composti*	55~80（70） 52~79（70）	澳大利亚大自流盆地 日本食物污泥堆肥	Spanevello et al.，2002 Yabe et al.，2009
56	*Thermoanaerobacter*	*Thermoanaerobacter pentosaceus*	50~80（70）	日本木糖和生活垃圾连续搅拌槽式反应器	Tomás et al.，2013
		Thermoanaerobacter tengcongensis	50~80（75）	中国腾冲的温泉	Xue et al.，2001
57	*Thermothrix*	*Thermothrix azorensis*	63~86（76~78）	葡萄牙亚速尔群岛圣米格尔岛的温泉	Odintsova et al.，1996
58	*Thermotoga*	*Thermotoga maritima*	55~90（80）	意大利和亚速尔群岛的地热海床	Huber et al.，1986
		Thermotoga naphthophila	48~86（80）	日本新潟的油藏中	Takahata et al.，2001
		Thermotoga neapolitana	55~90（80）	意大利卢克里诺的海底热源	Windberger et al.，1989
		Thermotoga petrophila	47~88（80）	日本新潟的油藏中	Takahata et al.，2001
		Thermotoga thermarum	55~84（70）	非洲吉布提低盐度的中性热水	Windberger et al.，1989
59	*Thermosulfurimonas*	*Thermosulfurimonas dismutans*	50~92（74）	太平洋深海热液喷口	Slobodkin et al.，2012
60	*Thermocladium*	*Thermocladium modestius*	45~82（75）	日本福岛的盐酸盐泥浆	Itoh et al.，1998
61	*Thermovibrio*	*Thermovibrio ammonificans*	60~80（75）	东太平洋深海热液喷口	Vetriani et al.，2004
		Thermovibrio ruber	50~80（75）	巴布亚新几内亚利希尔岛深海热液喷口	Huber et al.，2002a
62	*Thermodesulfobacterium*	*Thermodesulfobacterium commune*	45~85（70）	美国黄石国家公园墨水壶泉	Zeikus et al.，1983
		Thermodesulfobacterium geofontis	60~90（83）	美国黄石国家公园黑曜石池	Hamilton-Brehm et al.，2013
		Thermodesulfobacterium hydrogeniphilum	50~80（75）	墨西哥加利福尼亚湾瓜伊马斯盆地深海热液硫化物	Jeanthon et al.，2002
63	*Thermoproteus*	*Thermoproteus tenax*	80~96（90）	冰岛含硫温泉	Zillig et al.，1981
		Thermoproteus uzoniensis	74~102（90）	俄罗斯堪察加半岛的温泉和土壤	Bonch-Osmolovskaya et al.，1990

续表

序号	属	种	生长温度（最适）/℃	模式种分离源	参考文献
64	*Thermofilum*	*Thermofilum librum*	85	冰岛的温泉	Stetter，1986
		Thermofilum pendens	（85～90）	冰岛的温泉	Zillig et al.，1983a
65	*Vulcanithermus*	*Vulcanithermus mediatlanticus*	37～80（70）	大西洋海底热液喷口	Miroshnichenko et al.，2003
66	*Saccharococcus*	*Saccharococcus thermophilus*	68～70（70）	瑞典的甜菜榨糖厂	Nystrand et al.，1984
67	*Thermus*	*Thermus thermophilus*	47～85（65～72）	日本的温泉	Oshima and Imahori，1974
		Thermus composti	40～80（75）	平菇堆肥	Vajnazs et al.，2012
		Thermus flavus	75～80（70）	日本伊豆北川温泉	Saiki et al.，1972
		Thermus antranikianii	45～80（70）	冰岛温泉	Chung et al.，2000
		Thermus aquaticus	70～75（70）	美国黄石国家公园温泉	Brock et al.，1969
		Thermus parvatiensis	60～80（70）	印度北部 Manikaran 温泉	Dwivedi et al.，2015

超嗜热古菌主要分布于温泉、油田、海底热液喷口和地热沉积物等环境中，包括泉古菌门（Crenarchaeota）、广古菌门（Euryarchaeota）、初古菌门（Candidatus Korarchaeota）和纳古菌门（Candidatus Nanoarchaeota）等 4 个门。其中，Crenarchaeota 是主要的超嗜热古菌类群，包含 25 属、51 种；第二大类超嗜热古菌则为 Euryarchaeota，包含甲烷热菌属（*Methanothermus*）、甲烷暖球菌属（*Methanocaldococcus*）、甲烷炎菌属（*Methanotorris*）、甲烷球菌属（*Methanococcus*）和甲烷火菌属（*Methanopyrus*）等 11 属、47 种。此外，在盐田中也发现了少数超嗜热古菌，如 Crenarchaeota 中的憎叶菌属（*Stygiolobus*）和热网菌属（*Pyrodictium*）等。

超嗜热细菌通常存在于堆肥、温泉、海底沉积物和火山区等环境中，主要包括产液菌门（Aquificota）、异球菌-栖热菌门（Deinococcus-Thermus）、网团菌门（Dictyoglomi）、厚壁菌门（Firmicutes）、假单胞菌门（Pseudomonadota）、红热菌门（Rhodothermaeota）、热脱硫杆菌门（Thermodesulfobacteria）、热微菌门（Thermomicrobiota）和热袍菌门（Thermotogota）等 9 门。其中，Firmicutes、Aquificota 和 Deinococcus-Thermus 是超嗜热细菌的主要类群。Firmicutes 共有 9 属（19 种），包括栖热土菌属（*Calditerricola*）、嗜热气杆菌属（*Thermaerobacter*）、嗜热厌氧菌属（*Caldanaerobacter*）、嗜热厌氧杆菌属（*Thermoanaerobacter*）、嗜热纤维素降解菌属（*Caldicellulosiruptor*）和嗜热水生菌属（*Fervidicola*）等；Aquificota 共有 8 属（11 种），主要包括产液菌属（*Aquifex*）、热发状菌属（*Thermocrinis*）、嗜硫氢菌属（*Sulfurihydrogenibium*）、海洋热液菌属（*Balnearium*）和嗜热弧菌属（*Thermovibrio*）等；Deinococcus-Thermus 共有 2 属，分别为栖热菌属（*Thermus*）和火山栖热菌属（*Valcanithermus*）。

纯培养条件下，超嗜热微生物的形态多样，包括球状、杆状、棒状和丝状等。其中，超嗜热细菌大多为杆状，而超嗜热古菌多以球状为主，也有少部分例外。例如，超嗜热古菌 *Methanopyrus* 属通常呈杆状（图 2.1）。

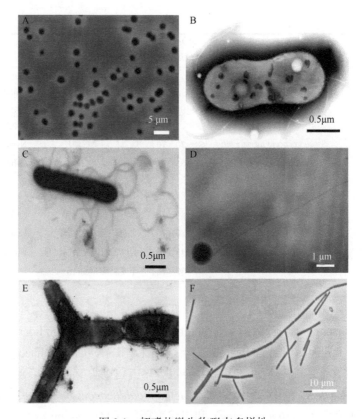

图 2.1　超嗜热微生物形态多样性

Fig. 2.1　Morphological diversity of hyperthermophiles

A. 球状 *Methanocaldococcus*（Jeanthon et al.，1998）；B. 具有鞭毛的短杆状 *Balnearium*（Takai et al.，2003）；C. 具有鞭毛的长杆状产氨菌属（*Ammonifex*）（Miroshnichenko et al.，2008a）；D. 部分具有菌毛的规则球状暖球形菌属（*Caldisphaera*）（Itoh et al.，2003）；E. 分支状一氧化碳分支菌属（*Carboxydibrachium*）（Sokolova et al.，2001）；F. 杆状 *Methanopyrus*（Kurr et al.，1991）

第二节　超嗜热微生物的生长条件

一、生长温度

（一）超嗜热微生物生长温度范围

　　地球上生命的存在与温度密切相关，几乎所有生物都有适合其生存的温度范围，而只有少数生物可以在极端高温或低温下存活，因为它们在进化过程中形成了对这些极端环境温度的适应性。超嗜热微生物对生长温度的要求很高，一般只有在温度达到65℃以上的环境中才能生长和繁殖，且最适生长温度通常在80℃以上。此外，一些从深海热液喷口、地热和火山区等高温环境中分离出来的、能在80℃以上高温条件下生长繁殖的极端嗜热微生物，尽管不具备80℃以上的最适生长温度，但与超嗜热微生物具有相似的生长代谢特征及生态功能。图2.2对所有最适生长温度在70℃以上的超嗜热微生物在不同温度阶梯上的分布情况进行了统计。

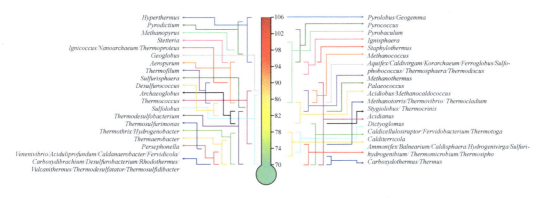

图 2.2 属水平上超嗜热微生物的最适生长温度

Fig. 2.2 Optimum growth temperature of hyperthermophiles at genus level

（二）深海热液喷口处的超嗜热微生物

深海热液喷口是由于海水灌入地壳裂口后在海底所形成的类似烟囱状的直立结构。在岩浆的加热下，深海热液喷口能够喷发出温度高达 400℃ 的液体，但在海水冷却下形成了独特的"温度带"。因此，深海热液喷口周围栖息了各种不同类型的超嗜热微生物，它们大多可在 85℃ 以上高温环境中生长。例如，分离自日本深海底的超嗜热深渊古菌（*Aeropyrum camini*），是世界上发现的第一株好氧超嗜热微生物（Nakagawa et al.，2004），其最适生长温度为 85℃；在地处太平洋的 Finn 深海热液喷口，则发现了地球上最耐热的超嗜热微生物 *Geogemma barossii*（又名"strain 121"），可在 121℃ 的高温下正常生长繁殖，甚至在 130℃ 条件下培养 2h 后，仍能在适宜环境中继续生存（Kashefi and Lovley，2003）。

（三）地热和火山区的超嗜热微生物

地热和火山区也是超嗜热微生物的主要栖息地。这些地方同样受岩浆影响，从中分离出来的超嗜热微生物最适生长温度大多处于 80～90℃ 的范围，主要包括火棒菌属（*Pyrobaculum*）、硫化叶菌属（*Sulfolobus*）、热丝菌属（*Thermofilum*）、热裸单胞菌属（*Thermogymnomonas*）、脱硫肠状菌属（*Desulfotomaculum*）、脂环酸芽孢杆菌（*Alicyclobacillus*）、*Thermoanaerobacter* 和 *Methanothermus* 等。

（四）人工环境中的超嗜热微生物

除自然环境外，酸性矿山废水、堆肥、热水管道等人工高温环境中也存在多种类型的超嗜热微生物。与自然栖息地相比，分离自人工环境中的超嗜热微生物的最适生长温度相对较低，大致处于 70～80℃ 范围内。例如，酸性矿山废水中的高温是由选矿过程中金属硫化反应放热所产生的，其中的超嗜热微生物不仅嗜酸，而且可以利用矿石中的硫元素进行自养代谢。堆肥是另一种典型的人工高温环境，热量是在有机固废无害化处理过程中由微生物氧化分解有机物所产生的，堆体核心温度最高可达 80～100℃。目前，从高温堆肥中分离出来的超嗜热微生物主要为 *Calditerricola*，其最适生长温度为 72～78℃。

二、pH

微生物生长适宜的 pH 通常与其栖息环境密切相关。目前，已分离的纯培养超嗜热微生物大多数生长在中性或偏中性环境中，仅有少数（约 3.3%）超嗜微生物的最适生长 pH 小于 3.0，这类微生物又被称为超嗜热嗜酸菌。例如，从日本一处酸性温泉中分离的大瓦库硫杆菌（*Sulfurisphaera ohwakuensis*）就是一株典型的超嗜热嗜酸菌，它能够在最适 pH 为 2、最适生长温度为 85℃的条件下，通过硫的氧化或还原形成硫酸和硫化氢，从而获得生长能量（Kurosawa et al.，1998）。

超嗜热嗜酸菌主要生存在地质呈酸性的水热地区，如温泉和火山硫气孔等，这些地方不仅具有高温环境，还含有丰富的硫元素。因此，这类超嗜热微生物大多还具有介导硫氧化为硫酸的能力，这一过程也是全球硫循环的主要反应之一。在中国腾冲的酸性温泉中分离出来的腾冲嗜酸两面菌（*Acidianus tengchongensis*），其细胞染色为革兰氏阴性，呈不规则球形，兼性厌氧生长，最佳 pH 为 2.5。在严格厌氧条件下，*Acidianus tengchongensis* 可以依赖氢气和硫进行自养生长并产生硫化氢；而在含有氧气及硫的条件下，该菌能够将硫氧化生成硫酸。此外，该菌株还能以硫代硫酸盐作为唯一能源进行生长（He et al.，2004）。

其他的高温环境，如海底热液喷口、堆肥等，pH 往往偏中性，从中分离获得的超嗜热微生物最适生长 pH 也大多为中性或偏中性，这类微生物约占超嗜热微生物总数的97%。由于在地球上极少发现具有高碱高热特征的微生物栖息地，因此尚未出现有关超嗜热嗜碱微生物的报道。在已报道的超嗜热微生物中，*Thermaerobacter* 属是目前最适生长 pH 最高的物种，可以在 pH 为 10.5 的环境中生存。图 2.3 在属水平上总结了目前发现的超嗜热微生物的最适生长 pH 范围。

三、含盐量

在深海热液喷口及高温堆肥等环境中，除温度高外，一般还具有较高的盐浓度，这使得很多超嗜热微生物也具有"嗜盐"的特点。例如，在典型深海热液喷口栖息地，具有酸性和还原性的地球内部热液与碱性含氧海水混合后，形成硫化物或硫酸盐等矿物盐沉积物，并在深海热液喷口周围堆积。这些矿物盐分散在海水中，促使深海热液喷口周围形成具有浓度梯度的"盐度带"，从而为超嗜热嗜盐微生物提供了良好的生存环境。

超嗜热嗜盐微生物是基于 Kushner 和 Kamekura（1988）对微生物具有最佳生长条件所需盐浓度（以 NaCl 计）进行区分的，主要分为三类：①极端嗜盐微生物[在 15%~30%（2.5~5.2 mol/L）的 NaCl 浓度时生长最佳]；②中度嗜盐微生物[在 3%~15%（0.5~2.5 mol/L）的 NaCl 浓度时生长最佳]；③轻度嗜盐微生物[在 1%~3%（0.2~0.5 mol/L）的 NaCl 浓度时生长最佳]（图 2.4）。此外，部分超嗜热微生物为非嗜盐微生物，对于 NaCl 浓度没有特殊要求，但它们可以在低 NaCl 浓度[小于 1%（0.2 mol/L）]环境中生长，这类微生物被定义为超嗜热嗜盐微生物（Kushner and Kamekura，1988）。

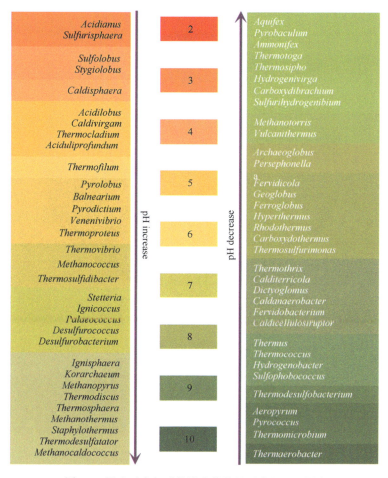

图 2.3　属水平上超嗜热微生物的最适生长 pH 范围

Fig. 2.3　Optimum pH range of hyperthermophiles at genus level

目前，在已报道的超嗜热微生物中并未发现极端嗜盐菌，而超嗜热中度嗜盐菌约占超嗜热菌总量的 21%，主要包括热袍菌属（*Thermosipho*）、施铁特菌属（*Stetteria*）、古老球菌属（*Palaeococcus*）、火山栖热菌属（*Vulcanithermus*）、热脱硫杆菌属（*Thermodesulfobacteruim*）、气热菌属（*Aeropyrum*）、*Methanococcus*、*Balnearium* 和 *Aquifex*，它们大多被发现于深海热液喷口和热液沉积物等环境中。例如，Takai 等（2000b）在日本深海热液喷口处（1338 m）分离出一株超嗜热中度嗜盐古菌 *Palaeococcus ferrophilus*，该菌株最佳生长所需 NaCl 浓度为 4.3%；当 NaCl 浓度低于 2% 或高于 7.3% 时，细胞不能生长，并迅速裂解死亡。Huber 等（1992）在冰岛海脊浅层（106 m）的高温海底沉积物中分离出一株中度嗜盐的超嗜热产液细菌（*Aquifex pyrophilus*），该菌株最适生长温度为 85℃，最佳 NaCl 浓度为 3%；当 NaCl 浓度低于 1% 或高于 5% 时，细胞会在 3h 内裂解死亡。

超嗜热微生物中数量最多的一类嗜盐菌为轻度嗜盐菌，约占所有超嗜热菌的 60%，它们大多被发现于海洋热液喷口及地热底部沉积物中。例如，噬几丁质热球菌（*Thermococcus chitonophagus*）被发现于墨西哥西海岸 2600 m 深的热液喷口中，该菌株生长

图 2.4 超嗜热微生物的嗜盐特征

Fig. 2.4 Halophilic characteristics of hyperthermophiles

所需最佳 NaCl 浓度为 2%，细胞呈圆形或不规则的球状，直径为 1.2～2.5 μm，在严格厌氧且温度为 85℃（最适生长温度）条件下，能够将几丁质发酵为乙酸盐和甲酸盐等（Huber et al.，1992）。太平洋羧酸杆菌（*Carboxydobrachium pacificum*）被发现于日本冲绳海底热液喷口中，是一株可以利用 CO 为碳源并产生 H_2 和 CO_2 的厌氧嗜热细菌，该菌株生长温度为 50～80℃，最适生长温度为 70℃，最适盐浓度为 2%～2.5%。

其他高温且含盐的环境中同样存在着超嗜热轻度嗜盐菌，如高温堆肥和地表热泉等。高温堆肥中的盐主要来源于污泥、畜禽粪便和餐厨垃圾等有机固废中含有的无机盐，如硝酸盐或硫酸盐等。Moriya 等（2011）在温度高达 95℃ 的高温堆肥中分离出的 *Calditerricola satsumensis* 为好氧超嗜热轻度嗜盐菌，其最适 NaCl 浓度为 2%。Hafenbradl 等（1996）从意大利武尔卡诺的地表热液系统中分离出一株超嗜热轻度嗜盐古菌 *Ferroglobus placidus*，其生长温度范围为 65～95℃，最适 NaCl 浓度为 2%，并可在 0.5%～4.5% 的盐度范围内正常生长；该菌株还能以亚铁和硫化物作为电子供体、以硝酸盐和硫代硫酸盐作为电子受体进行呼吸代谢，以维持自身正常生长。

此外，轻度嗜盐的超嗜热微生物还包括燃球菌属（*Ignicoccus*）、地球菌属（*Geoglobus*）、费氏杆菌属（*Fervidobacterium*）、葡萄热球菌属（*Staphylothermus*）、古球菌属（*Archaeoglobus*）、火叶菌属（*Pyrolobus*）、铁球菌属（*Ferroglobus*）、厌氧氢杆菌属（*Hydrogenivirga*）、珀耳塞福涅菌属（*Persephonella*）、超热菌属（*Hyperthermus*）、热球形菌属（*Thermosphaera*）、*Caldisphaera*、*Thermaerobacter*、*Rhodothermus*、*Caldanaerobacter*、*Methanocaldococcus*、*Fervidicola*、*Carboxydibrachium*、*Methanotorris*、*Methanopyrus*、*Pyrodictium* 和 *Thermovibrio* 等。

超嗜热耐盐菌一般分布于热泉、温泉及少数火山硫气口等含盐量相对偏低的环境中，约占超嗜热菌总量的 19%。在俄罗斯堪察加半岛的克罗诺次基保留区的地面温泉中，Slobodkina 等（2015）成功分离出一株铁还原热杆菌（*Pyrobaculum ferrireducens*），该菌株的最佳生长条件为 90～95℃ 且无 NaCl，但也可在 1% 的 NaCl 浓度下正常生长。其他超嗜热耐盐菌属还包括好氧氢杆菌属（*Hydrogenobacter*）、嗜酸菌属（*Acidianus*）、火球菌属（*Pyrococcus*）、热袍菌属（*Thermotoga*）、*Ammonifex*、*Thermodesulfobacterium*、*Pyrobaculum* 和 *Sulfurihydrogenibium* 等。

随着众多超嗜热嗜盐菌被发现，这些微生物对环境中高盐浓度的耐受机制也得到了研究者的关注。超嗜热嗜盐菌能够同时耐受高温和高盐，主要是由于它们能够在细胞质内积累较高浓度的亚胺酸和多元醇等溶质（如甜菜碱、外糖、蔗糖、海藻糖和甘油等）。这些细胞溶质在正常环境中不会影响微生物代谢过程，当环境中温度或盐浓度过高时，微生物细胞就可以吸收环境中的水分，从而维持细胞的正常体积和渗透压（Ma et al.，2010）。此外，一些嗜盐菌还可以在体内积累 KCl，用于平衡环境中较高浓度的 NaCl 以维持自身正常生长（DasSarma and Arora，2002）。

四、营养物质

营养物质是微生物正常生长、代谢和繁殖所必需的，不同微生物所需营养物质的种类也各有不同。一般来说，微生物细胞的化学结构接近 $CH_2O_{0.5}N_{0.15}$，因此 C、H、O 和 N 是构成超嗜热微生物细胞最主要的元素，也是细胞体内包括蛋白质、核酸、脂质和多糖等大分子的基本组成部分。除此之外，超嗜热微生物正常生长代谢至少还需要其他 50 种元素，而根据对元素需求程度的差异，可分为必需元素、微量元素和极微量元素（图 2.5）。

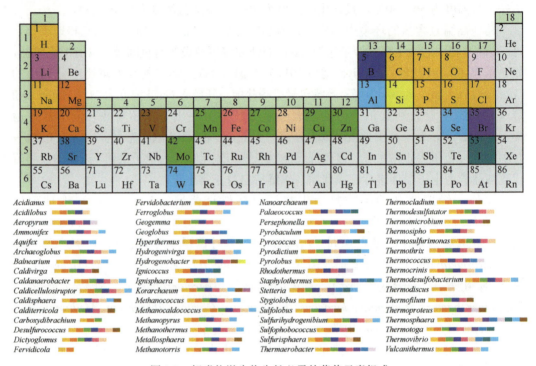

图 2.5　超嗜热微生物生长必需的营养元素组成

Fig. 2.5　Composition of nutrient elements necessary for growth of hyperthermophiles

（一）碳氮营养元素

碳和氮是超嗜热微生物生长繁殖所必需的元素。异养超嗜热微生物通过分解氨基酸、脂肪酸、有机酸、糖和芳香族化合物等有机物，转化为自身细胞的物质组成。自养超嗜热微生物可以从轻质或无机物中获得能量，如将 CO_2 作为碳源，将其转化为有机物，作为维持自身生长及繁殖所需的营养物质。超嗜热微生物的氮元素主要存在于蛋白质、核酸和其他细胞成分中，约占细胞总量的 13%，而且它们能以 NH_3、NO_3^- 等无机氮及氨基酸等有机化合物作为氮源，合成细胞的组成部分或分解为供自身生长代谢所需的能量。

（二）其他大量营养元素

除 C、N、O 和 H 外，超嗜热微生物的生长繁殖还需要其他大量营养元素，如磷（P）和硫（S）。其中，磷不仅是超嗜热微生物遗传物质核苷酸（RNA 和 DNA）的基本组分，也是磷脂中的关键元素，在储存和转移能量过程中扮演重要角色。磷通常是以磷酸盐（PO_4^{2-}）形式提供给细胞吸收。硫存在于氨基酸（如半胱氨酸、甲硫氨酸等）和多种维生素（如硫胺素、生物素和硫辛酸等）中，常以硫化物（HS^-）和硫酸盐（SO_4^{2-}）的形式供超嗜热微生物细胞吸收。

超嗜热微生物生长代谢还需要大量的金属元素，包括钾（K）、镁（Mg）、钙（Ca）和钠（Na）等。其中，K 是超嗜热微生物体内促进酶活性所必需的元素。Mg 的功能主要在于稳定超嗜热微生物体内的核糖体、细胞膜和核酸，而且 Mg 也是保持微生物细胞体内多种酶活性的必要元素。Ca 具有稳定超嗜热微生物细胞壁的作用，并且对保持芽孢的热稳定性至关重要。Na 是超嗜热微生物栖息地中含有的主要金属元素，也是决定微生物嗜盐程度的关键元素。上述金属元素在高温环境中通常以氯化物或硫酸盐的形式存在，并被超嗜热微生物所利用，因此，氯（Cl）也是超嗜热微生物所必需的大量元素之一。

（三）微量元素

铁（Fe）是很多超嗜热微生物正常生长所必需的元素，在超嗜热微生物的细胞呼吸中起主要作用，同时它也是超嗜热微生物细胞色素和参与电子转移的铁硫蛋白中的关键因子。但是，一些超嗜热微生物在没有 Fe 的情况下也可以正常生长，如 *Thermococcus celer* 和 *Pyrococcus woesei*。这些超嗜热微生物可以利用锰（Mn）、钴（Co）、镍（Ni）等其他金属元素来替代 Fe 的角色。这些金属元素通常被称为微量元素，同时也是很多超嗜热微生物胞内和胞外酶的辅助因子。

（四）极微量元素

在超嗜热微生物的生长繁殖过程中，除了需要为它们提供生长所必需的主要营养元素和微量元素以外，还需要提供一些极微量元素用于合成自身生长所需的各种生长因子，如维生素、氨基酸、嘌呤和嘧啶等，这些生长因子均具有辅酶的作用。尽管大多数超嗜热微生物能够通过生物合成的方式获得所需的生长因子，但也有少数微生物必须从环境中获取一种或多种极微量元素，包括硒（Se）、锶（Sr）、钨（W）等。因此，在超嗜热微生物的分离培养过程中，有针对性地提供各种极微量元素是十分必要的。例如，为了提高超嗜热细菌 *Calditerricola satsumensis* 的培养效率，需要在培养基中添加极少量的钒（V）元素。

五、对氧的依赖与抗氧化性

氧是大多数生命体产生能量以及合成有机物所必需的元素，而 O_2 是生命体获取氧元素的主要来源，可以作为有氧呼吸的末端电子受体。然而，超嗜热微生物的栖息地大多处在高热、高压等环境下，所含溶解氧通常很低，因此，超嗜热微生物对 O_2 的需求或耐受程度也各不相同。根据对氧的依赖程度，可将超嗜热微生物大体分为三类：需氧型、微氧型和厌氧型。其中，部分微氧型超嗜热微生物无论在有氧环境中，还是在厌氧或者兼性厌氧的环境中都可以生存，如 *Pyrobaculum*、*Persephonella* 和 *Thermothrix* 等（图 2.6）。

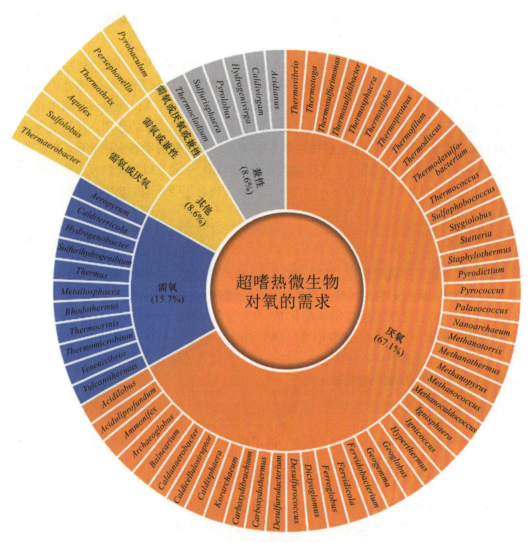

图 2.6 超嗜热微生物对氧的需求情况分类

Fig. 2.6 Classification of oxygen requirements of hyperthermophiles

　　需氧型超嗜热微生物可以在 O_2 充足（与空气中 O_2 含量大致相当）的情况下生长，利用 O_2 作为末端电子受体进行呼吸，从而高效地获得代谢能量。有些需氧型超嗜热微生物甚至能耐受高浓度的 O_2，如 *Calditerricola*，该属被发现于需要人工进行曝气的超高温好氧堆肥中，是一种典型的需氧型超嗜热微生物，在没有 O_2 的环境中无法生存（Moriya et al.，2011）。

　　微氧型超嗜热微生物虽然是需氧菌，但它们的有氧呼吸能力有限，只能利用体内对 O_2 敏感的分子（不稳定的氧化酶等）与 O_2 发生反应，适合在 O_2 含量低的缺氧或兼性厌氧环境中生长。例如，*Aquifex pyrophilus* 是典型的兼性厌氧菌，在厌氧条件下能够以氢气和硫作为电子供体，通过还原硝酸盐生长；而在氧浓度极低条件下（适应后最高可达 0.5%），可将 O_2 作为电子受体，氧化氢气和硫，从而获得能量供自身生长。

　　在深海热液喷口及火山区域等超嗜热微生物的栖息环境中，高温或还原性气体会进

一步导致 O_2 在水中的溶解度降低。因此，目前已报道的超嗜热微生物大部分都属于严格厌氧型超嗜热微生物，不能在有 O_2 的高温条件下存活，可能与这些微生物无法抵御有氧呼吸产生的某些代谢产物有关。

厌氧型超嗜热微生物不需要 O_2 作为电子受体，但由于它们的生存环境并非完全厌氧，在特定条件下仍会暴露在 O_2 中，而 O_2 的还原过程又会导致活性氧（ROS）产生。例如，O_2 的一价还原产物为超氧化物（$\cdot O_2^-$），是一种具有强氧化性的活性自由基，且在过渡金属诱导下，可进一步与过氧化氢发生反应，从而生成氧化性更强的羟基自由基（$\cdot OH$）。因此，厌氧型超嗜热微生物大多存在抵御 ROS 毒害作用的防御机制。其中，最主要的防御机制归因于细胞内存在超氧化物歧化酶（SOD）、过氧化氢酶和非特异性过氧化物酶等多种抗氧化酶。这些酶可以与 ROS 发生反应并生成 H_2O 和 O_2[公式（2.1）～公式（2.3）]，从而避免厌氧型超嗜热微生物受 ROS 的毒害作用。

$$2\cdot O_2^- + 2H^+ \rightarrow H_2O_2 + O_2 \qquad (2.1)$$

$$2H_2O_2 \rightarrow 2H_2O + O_2 \qquad (2.2)$$

$$H_2O_2 + RH_2 \rightarrow 2H_2O + R \qquad (2.3)$$

然而，SOD 或过氧化氢酶在抵御 ROS 的过程中均会产生 O_2，从而可能再次产生 ROS。因此，一些厌氧型超嗜热微生物的基因序列中不存在 SOD 和过氧化氢酶基因，如詹氏甲烷球菌（*Methanococcus jannaschii*）、闪烁古生球菌（*Archaeoglobus fulgidus*）和海栖热袍菌（*Thermotoga maritima*）等，而是以其他方式抵抗活性氧的毒害作用。火烈球菌（*Pyrococcus furiosus*）则是利用来自还原烟酰胺腺嘌呤二核苷酸磷酸（NADPH）产生的电子，通过红素氧化蛋白和超氧化物氧化还原酶（SOR）将超氧化物还原为 H_2O_2[公式（2.4）]，然后再利用过氧化物酶将其还原为水（Jenney et al.，1999）。这种途径与 SOD 的防御机制不同，SOD 可以保护需氧型超嗜热微生物，避免 ROS 的毒性作用，而 SOR 不会催化超氧化物产生 O_2，因此更有利于厌氧型超嗜热微生物抵御氧的毒性。

$$\cdot O_2^- + 2H^+ \rightarrow H_2O_2 \qquad (2.4)$$

由于目前分离的超嗜热微生物大多为厌氧型，在实验室对超嗜热微生物进行分离、筛选与鉴定时，应注意在培养过程中对 O_2 含量的控制，这可能是分离超嗜热微生物新菌种的关键。

第三节 超嗜热微生物的能量代谢

超嗜热微生物的能量代谢类型主要根据其代谢底物和能量来源的不同进行分类。根据代谢底物中碳源的不同，可分为自养型和异养型超嗜热微生物；根据还原剂（电子供体）的差异，则可分为无机营养型和有机营养型超嗜热微生物。

通常情况下，无机营养型的超嗜热微生物大多属于自养型超嗜热微生物，可以将无机物作为电子供体，并以 CO_2 为碳源维持自身生存。类似地，有机营养型的超嗜热微生物大多也为异养型超嗜热微生物，可同时使用有机物作为电子供体和碳源，以维持自身的生长及代谢。因此，超嗜热微生物的能量代谢类型大体可分为无机自养型（化能自养型）和有机异养型（化能异养型）两种主要类型（图2.7）。

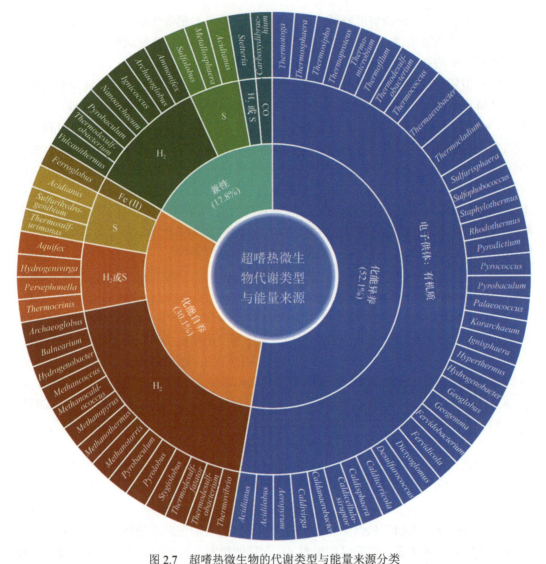

图 2.7　超嗜热微生物的代谢类型与能量来源分类

Fig. 2.7　Classification of metabolic types and energy sources of hyperthermophiles

一、化能自养型

化能自养型（chemoautotroph）超嗜热微生物是以 CO_2 或碳酸盐作为唯一或主要碳源，将无机物氧化释放的化学能作为能源，从而合成自身细胞生长所需的有机物。化能自养型超嗜热微生物通过呼吸作用获取能量，而氢气、硫、硫化氢、二价铁离子或亚硝酸盐等均是常见的电子供体。其中，以氢气作为电子供体的超嗜热微生物种类最多，如 *Aquifex*、*Archaeoglobus*、*Balnearium*、*Hydrogenobacter*、*Methanopyrus* 和 *Methanocaldococcus* 等。*Methanopyrus* 是 Kurr 等在 1991 年从墨西哥加利福尼亚湾瓜伊马斯盆地的深海沉积物中发现的，模式种为坎氏甲烷火菌（*Methanopyrus kandleri*）。该菌最适生长温度为 98℃，最高可在 110℃ 下生长，是以 H_2 作为电子供体、CO_2 作为碳源的典型化能自养型超嗜热微生物，其能量代谢方式可用公式（2.5）来描述。

$$H_2 + 0.5\ O_2 \rightarrow H_2O + 56.7\ kcal \tag{2.5}$$

除利用 H_2 作为电子供体外，一些其他超嗜热微生物还可利用硫和铁作为电子供体进行生长。例如，热硫化单胞菌属（*Thermosulfurimonas*）中的变形热硫化单胞菌（*Thermosulfurimonas dismutans*），是一类典型的利用硫单质进行化能自养的超嗜热微生物，发现于太平洋东部 1910 m 深的深海热液喷口。该菌株为革兰氏阴性菌，细胞呈椭圆形或杆状，可以利用单极鞭毛运动，最适生长温度为 74℃，最高可在 92℃ 下生长；该菌以碳酸氢盐或 CO_2 作为碳源，可以将硫歧化为硫化物和硫酸盐获得能量，具体见公式（2.6）（Slobodkin et al.，2012）。

$$S + 1.5\ O_2 + H_2O \rightarrow H_2SO_4 + 149.5\ kcal \tag{2.6}$$

由 Hafenbradl 等（1996）从意大利武尔卡诺的浅海底热液系统中分离出来的铁古球菌（*Ferroglobus placidus*），生长条件极为严格，属于典型的化能自养厌氧型超嗜热微生物，主要利用二价铁离子作为电子供体进行生长，其能量代谢方式如公式（2.7）所示。除二价铁离子外，该菌也能以氢气和硫化物作为电子供体进行自养生长。总之，从无机化学物质的氧化中获得能量，对于化能无机自养型超嗜热微生物来说无疑是一种很好的代谢策略，因为氢气和硫化氢等通常是化能有机异养型微生物代谢所产生的"废物"。因此，化能自养型与化能异养型微生物在环境中往往是紧密联系的。

$$4Fe(II) + O_2 + 4H^+ \rightarrow 4Fe(III) + 2H_2O + 42.4\ kcal \tag{2.7}$$

二、化能异养型

目前已知的大多数古菌、细菌和真菌都是化能异养型微生物（chemoheterotroph），超嗜热微生物也大多如此，它们直接利用天然或人工合成的有机物（如糖类、脂类和蛋白质等）作为碳源和能源，通过氧化作用合成新的细胞物质。另外，异养型超嗜热微生物也可以将有机物作为维持细胞活性的能源，并可将多余的能源以 ATP 形式储存在细胞中以备生长代谢所需。

微生物对有机底物的利用具有一定的特异性，因此，并非所有的有机物都可以被异养型超嗜热微生物所利用。例如，Perevalova 等从俄罗斯堪察加半岛乌苏火山口的淡水温泉中分离出来的脱硫发酵古球菌（*Desulfurococcus fermentans*），可以水解和发酵多种单体或聚合物获得能量，包括阿拉伯糖、琼脂糖、苦杏仁苷、熊果苷、酪蛋白水解物、纤维素、葡聚糖、杜西醇、果糖、乳糖、海带糖、地衣聚糖、麦芽糖、果胶、蛋白胨、核糖、淀粉和蔗糖等；但是当以甘露醇、山梨醇、木糖甚至是大多数微生物均可利用的葡萄糖作为有机底物时，*Desulfurococcus fermentans* 不能进行生长代谢。

无论是化能自养还是异养，超嗜热微生物营养代谢类型的界限并非绝对，而是可能随着生长条件的变化而改变。例如，在有机物存在情况下，一些化能异养型超嗜热微生物也可以利用 CO_2 作为碳源，转化为自身生长所需的细胞物质。化能自养型超嗜热微生物，在一定条件下也可以利用有机物来维系自身生长。例如，Stetter 等在意大利地热海底发现的 *Archaeoglobus fulgidus*，在 CO_2、H_2 和硫代硫酸盐存在条件下进行化能无机自养生长；当培养基中含有甲酸、甲酰胺、葡萄糖、淀粉、氨基酸、蛋白胨、明胶、酪蛋白、肉提取物、酵母提取物和古菌细胞提取物时，则进行化能异养生长。

参 考 文 献

Amo T, Luz M, Inagaki A, et al. 2002. *Pyrobaculum calidifontis* sp. nov., a novel hyperthermophilic archaeon that grows in atmospheric air[J]. Archaea, 1: 113-121.

Antoine E, Cilia V, Meunier J R, et al. 1997. *Thermosipho melanesiensis* sp. nov., a new thermophilic anaerobic bacterium belonging to the order Thermotogales, isolated from deep-sea hydrothermal vents in the southwestern Pacific Ocean[J]. Int J Syst Bacteriol, 47(4): 1118-1123.

Atomi H, Fukui T, Kanai T, et al. 2004. Description of *Thermococcus kodakaraensis* sp. nov., a well studied hyperthermophilic archaeon previously reported as *Pyrococcus* sp. KOD1[J]. Archaea, 1(4): 263-267.

Atricia P, Aaron E, Todd M, et al. 2013. Reclassification of *Thermoproteus neutrophilus* Stetter and Zillig 1989 as *Pyrobaculum neutrophilum* comb. nov. based on phylogenetic analysis[J]. Int J Syst Evol Micr, 63: 751-754.

Barbier G, Godfroy A, Meunier J R, et al. 1999. *Pyrococcus glycovorans* sp. nov., a hyperthermophilic archaeon isolated from the East Pacific Rise[J]. Int J Syst Bacteriol, 49(4): 1829-1837.

Birrien J L, Zeng X, Jebbar M, et al. 2011. *Pyrococcus yayanosii* sp. nov., an obligate piezophilic hyperthermophilic archaeon isolated from a deep-sea hydrothermal vent[J]. Int J Syst Evol Micr, 61(12): 2827-2881.

Blamey J, Chiong M, López C, et al. 1999. Optimization of the growth conditions of the extremely thermophilic microorganisms *Thermococcus celer* and *Pyrococcus woesei*[J]. J Microbiol Meth, 38(12): 169-175.

Blöchl E, Rachel R, Burggraf S, et al. 1997. *Pyrolobus fumarii*, gen. and sp. nov., represents a novel group of archaea, extending the upper temperature limit for life to 113℃[J]. Extremophiles, 1(1): 14-21.

Bonch-Osmolovskaya E A, Miroshnichenko M L, Kostrikina N A, et al. 1990. *Thermoproteus uzoniensis* sp. nov., a new extremely thermophilic archaebacterium from Kamchatka continental hot springs[J]. Arch Microbiol, 154(6): 556-559.

Bonch-Osmolovskaya E A, Slesarev A I, Miroshnxchenko M L, et al. 1988. Characteristics of *Desulfurococcus amylolyticus*, sp. nov. a new extremely thermophilic archaebacterium from thermal volcanic vents of Kamchatka and Kunashire I[J]. Mikobiologiya, 57: 94-101

Bredholt S, Sonne-Hansen J, Nielsen P, et al. 1999. *Caldicellosiruptor kristjanssonii* sp. nov., a cellulolytic, extremely thermophilic, anaerobic bacterium[J]. Int J Syst Bacteriol, 49(3): 991-996.

Brock T D. 1978. Thermophilic Microorganisms and Life at High Temperatures[M]. New York: Springer-Verlag Press.

Brock T D, Brock K M, Belly R T, et al. 1972. *Sulfolobus*: A new genus of sulfur-oxidizing bacteria living at low pH and high temperature[J]. Arch Mikrobiol, 84(1): 54-68.

Brock T D, Freeze H. 1969. *Thermus aquaticus* gen. n. and sp. n., a nonsporulating extreme thermophile[J]. J Bacteriol, 98(1): 289-297.

Burggraf S, Fricke H, Neuner A, et al. 1990a. *Methanococcu igneus* sp. nov., a novel hyperthermophilic methanogen from a shallow submarine hydrothermal system[J]. Syst Appl Microbiol, 13: 263-269.

Burggraf S, Jannasch H W, Nicolaus B, et al. 1990b. *Archaeoglobus profundus* sp. nov., represents a new species within the sulfate-reducing archaebacteria[J]. Syst Appl Microbiol, 13(1): 24-28.

Cai J G, Wang Y P, Liu D B, et al. 2007. *Fervidobacterium changbaicum* sp. nov., a novel thermophilic anaerobic bacterium isolated from a hot spring of the Changbai Mountains, China[J]. Int J Syst Evol Micr, 57(10): 2333-2336.

Canganella F, Jones W J, Gambacorta A, et al. 1998. *Thermococcus guaymasensis* sp. nov. and *Thermococcus aggregans* sp. nov., two novel thermophilic archaea isolated from the Guaymas Basin hydrothermal vent site[J]. Int J Syst Bacteriol, 48(4): 1181-1185.

Chan P P, Cozen A E, Lowe T M. 2013. Reclassification of *Thermoproteus neutrophilus* Stetter and Zillig 1989 as *Pyrobaculum neutrophilum* comb. nov. based on phylogenetic analysis[J]. Int J Syst Evol Micr, 63(2): 751-754.

Chung A P, Rainey F A, Valente M, et al. 2000. *Thermus igniterrae* sp. nov. and *Thermus antranikianii* sp. nov., two new species from Iceland[J]. Int J Syst Evol Micr, 50: 209-217.

DasSarma S, Arora P. 2002. Halophiles[M]. New York: John Wiley Press.

Deckert G, Warren P V, Gaasterland T, et al. 1998. The complete genome of the hyperthermophilic bacterium *Aquifex aeolicus*[J]. Nature, 392(6674): 353-358.

Dirmeier R, Keller M, Hafenbradl D, et al. 1998. *Thermococcus acidaminovorans* sp. nov., a new hyperthermophilic alkalophilic archaeon growing on amino acids[J]. Extremophiles, 2(2): 109-114.

Duffaud G D, d'Hennezel O B, Peek A S, et al. 1998. Isolation and characterization of *Thermococcus barossii*, sp. nov., a hyperthermophilic archaeon isolated from a hydrothermal vent flange formation[J]. Syst Appl Microbiol, 21(1): 40-49.

Dwivedi V, Kumari K, Gupta S K, et al. 2015. *Thermus parvatiensis* RL^T sp. nov., isolated from a hot water spring, located atop the Himalayan ranges atmanikaran, India[J]. Indian J Microbiol, 55(4): 357-365.

Elkins J G, Podar M, Graham D E, et al. 2008. A korarchaeal genome reveals insights into the evolution of the Archaea[J]. P Natl Acad Sci USA, 105(23): 8102-8107.

Erauso G, Reysenbach A L, Godfroy A, et al. 1993. *Pyrococcus abyssi* sp. nov., a new hyperthermophilic archaeon isolated from a deep-sea hydrothermal vent[J]. Arch Microbiol, 160(5): 338-349.

Fardeau M L, Salinas M B, L'Haridon S, et al. 2004. Isolation from oil reservoirs of novel thermophilic anaerobes phylogenetically related to *Thermoanaerobacter subterraneus*: reassignment of *T. subterraneus*, *Thermoanaerobacter yonseiensis*, *Thermoanaerobacter tengcongensis* and *Carboxydibrachium pacificum* to *Caldanaerobacter subterraneus* gen. nov., sp. nov., comb. nov. as four novel subspecies[J]. Int J Syst Evol Micr, 54(2): 467-474.

Fiala G, Stetter K O. 1986. *Pyrococcus furiosus* sp. nov. represents a novel genus of marine heterotrophic archaebacteria growing optimally at 100℃[J]. Arch Microbiol, 145(1): 56-61.

Fiala G, Stetter K O, Jannasch H W, et al. 1986. *Staphylothermus marinus* sp. nov. represents a novel genus of extremely thermophilic submarine heterotrophic archaebacteria growing up to 98℃[J]. Syst Appl Microbiol, 8(12): 106-113.

Fischer F, Zillig W, Stetter K O, et al. 1983. Chemolithoautotrophic metabolism of anaerobic extremely thermophilic archaebacteria[J]. Nature, 301(5900): 511-513.

Fuchs T, Huber H, Burggraf S, et al. 1996. 16S rDNA-based phylogeny of the archaeal order *Sulfolobales* and reclassification of *Desulfurolobus ambivalens* as *Acidianus ambivalens* comb. nov[J]. Syst Appl Microbiol, 19(1): 56-60.

Godfroy A, Lesongeur F, Raguénès G, et al. 1997. *Thermococcus hydrothermalis* sp. nov., a new hyperthermophilic archaeon isolated from a deep-sea hydrothermal vent[J]. Int J Syst Evol Micr, 47(3): 622-626.

Godfroy A, Meunier J R, Guezennec J, et al. 1996. *Thermococcus fumicolans* sp. nov., a new hyperthermophilic archaeon isolated from a deep-sea hydrothermal vent in the North Fiji Basin[J]. Int J Syst Bacteriol, 46(4): 1113-1119.

González J M, Kato C, Horikoshi K. 1995. *Thermococcus peptonophilus* sp. nov., a fast-growing, extremely thermophilic archaebacterium isolated from deep-sea hydrothermal vents[J]. Arch Microbiol, 164(3): 159-164.

González J M, Masuchi Y, Robb F T, et al. 1998. *Pyrococcus horikoshii* sp. nov., a hyperthermophilic archaeon isolated from a hydrothermal vent at the Okinawa Trough[J]. Extremophiles, 2(2): 123-130.

Gottlieb S F. 1971. Effect of hyperbaric oxygen on microorganisms[J]. Annu Rev Microbiol, 25: 111-152.

Götz D, Banta A, Beveridge T J, et al. 2002. *Persephonella marina* gen. nov., sp. nov. and *Persephonella guaymasensis* sp. nov., two novel, thermophilic, hydrogen-oxidizing microaerophiles from deep-sea hydrothermal vents[J]. Int J Syst Evol Micr, 52(4): 1349-1359.

Grogan D, Palm P, Zillig W. 1990. Isolate B12, which harbours a virus-like element, represents a new species of the archaebacterial genus *Sulfolobus*, *Sulfolobus shibatae*, sp. nov.[J]. Arch Microbiol, 154(6): 594-599.

Grote R, Li L, Tamaoka J, et al. 1999. *Thermococcus siculi* sp. nov., a novel hyperthermophilic archaeon isolated from a deep-sea hydrothermal vent at the Mid-Okinawa Trough[J]. Extremophiles, 3(1): 55-62.

Hafenbradl D, Blöchl R. 1997. *Pyrolobus fumarii*, gen. and sp. nov., represents a novel group of archaea, extending the upper temperature limit for life to 113℃[J]. Extremophiles, 1: 14-21

Hafenbradl D, Keller M, Dirmeier R, et al. 1996. *Ferroglobus placidus* gen. nov., sp. nov., a novel hyperthermophilic archaeum that oxidizes Fe^{2+} at neutral pH under anoxic conditions[J]. Arch Microbiol, 166(5): 308-314.

Hamilton-Brehm S D, Gibson R A, Green S J, et al. 2013. *Thermodesulfobacterium geofontis* sp. nov., a hyperthermophilic, sulfate-reducing bacterium isolated from Obsidian Pool, Yellowstone National Park[J]. Extremophiles, 17(2): 251-263.

Hamilton-Brehm S D, Mosher J J, Vishnivetskaya T, et al. 2010. *Caldicellulosiruptor obsidiansis* sp. nov., an anaerobic, extremely thermophilic, cellulolytic bacterium isolated from Obsidian Pool, Yellowstone National Park[J]. Appl Environ Microb, 76(4): 1014-1020.

He Z G, Zhong H F, Li Y Q. 2004. *Acidianus tengchongensis* sp. nov., a newspecies of acidothermophilic archaeon isolated from an acidothermal spring[J]. Curr Microbiol, 48(2): 159-163.

Hensel R, Matussek K, Michalke K, et al. 1997. *Sulfophobococcus zilligii* gen. nov., spec. nov. a novel hyperthermophilic archaeum isolated from hot alkaline springs of Iceland[J]. Syst Appl Microbiol, 20(1): 102-110.

Huang C Y, Patel B K, Mah R A, et al. 1998. *Caldicellulosiruptor owensensis* sp. nov., an anaerobic, extremely thermophilic, xylanolytic bacterium[J]. Int J Syst Bacteriol, 48(1): 91-97.

Huber G, Spinnler C, Gambacorta A, et al. 1989. *Metallosphaera sedula* gen, and sp. nov. represents a new genus of aerobic, metal-mobilizing, thermoacidophilic archaebacteria[J]. Syst Appl Microbiol, 12(1): 38-47.

Huber G, Stetter K O. 1991. *Sulfolobus metallicus*, sp. nov., a novel strictly chemolithoautotrophic thermo-philic archaeal species of metal-mobilizers[J]. Syst Appl Microbiol, 14(4): 372-378.

Huber H, Burggraf S, Mayer T, et al. 2000. *Ignicoccus* gen. nov., a novel genus of hyperthermophilic, chemolithoautotrophic Archaea, represented by two new species, *Ignicoccus islandicus* sp. nov. and *Ignicoccus pacificus* sp. nov.[J]. Int J Syst Evol Micr, 50(6): 2093-2100.

Huber H, Diller S, Horn C, et al. 2002a. *Thermovibrio ruber* gen. nov., sp. nov., an extremely thermophilic, chemolithoautotrophic, nitrate-reducing bacterium that forms a deep branch within the Phylum Aquificae[J]. Int J Syst Evol Micr, 52(5): 1859-1865.

Huber H, Hohn M J, Rachel R, et al. 2002b. A new phylum of Archaea represented by a nanosized hyperthermophilic symbiont[J]. Nature, 417(6884): 63-67.

Huber H, Jannasch H, Rachel R, et al. 1997. *Archaeoglobus veneficus* sp. nov., a novel facultative chemolithoautotrophic hyperthermophilic sulfite reducer, isolated from abyssal black smokers[J]. Syst Appl Microbiol, 20(3): 374-380.

Huber H, Thomm M, König H, et al. 1982. *Methanococcus thermolithotrophicus*, a novel thermophilic lithotrophic methanogen[J]. Arch Microbiol, 132(1): 47-50.

Huber R, Eder W, Heldwein S, et al. 1998. *Thermocrinis ruber* gen. nov., sp. nov., a pink-filament-forming hyperthermophilic bacterium isolated from Yellowstone National Park[J]. Appl Environ Microb, 64(10): 3576-3583.

Huber R, Kristjansson J K, Stetter K O. 1987. *Pyrobaculum* gen. nov., a new genus of neutrophilic, rod-shaped archaebacteria from continental solfataras growing optimally at 100℃[J]. Arch Microbiol, 149(2): 95-101.

Huber R, Langworthy T A, König H, et al. 1986. *Thermotoga maritima* sp. nov. represents a new genus of unique extremely thermophilic eubacteria growing up to 90℃[J]. Arch Microbiol, 144(4): 324-333.

Huber R, Sacher M, Vollmann A, et al. 2000. Respiration of arsenate and selenate by hyperthermophilic archaea[J]. Syst Appl Microbiol, 23(3): 305-314.

Huber R, Stöhr J, Hohenhaus S, et al. 1995. *Thermococcus chitonophagus* sp. nov., a novel, chitin-degrading, hyperthermophilic archaeum from a deep-sea hydrothermal vent environment[J]. Arch Microbiol, 164(4): 255-264.

Huber R, Wilharm T, Huber D, et al. 1992. *Aquifex pyrophilus* gen. nov. sp. nov., represents a novel group of marine hyperthermophilic hydrogen-oxidizing bacteria[J]. Syst Appl Microbiol, 15(3): 340-351.

Huber R, Woese C R, Langworthy T A, et al. 1989. *Thermosipho africanus* gen. nov., represents a new genus of thermophilic eubacteria within the "*Thermotogales*"[J]. Syst Appl Microbiol, 12(1): 32-37.

Huber R, Woese C R, Langworthy T A, et al. 1990. *Fervidobacterium islandicum* sp. nov, a new extremely thermophilic eubacterium belonging to the "*Thermotogales*"[J]. Arch Microbiol, 154(2): 105-111.

Itoh T, Suzuki K, Nakase T. 1998. *Thermocladium modestius* gen. nov., sp. nov., a new genus of rod-shaped, extremely thermophilic crenarchaeote[J]. Int J Syst Bacteriol, 48(3): 879-887.

Itoh T, Suzuki K, Sanchez P C, et al. 1999. *Caldivirga maquilingensis* gen. nov., sp. nov., a new genus of rod-shaped crenarchaeote isolated from a hot spring in the Philippines[J]. Int J Syst Bacteriol, 49(3): 1157-1163.

Itoh T, Suzuki K, Sanchez P C, et al. 2003. *Caldisphaera lagunensis* gen. nov., sp. nov., a novel thermoacidophilic crenarchaeote isolated from a hot spring at Mt Maquiling, Philippines[J]. Int J Syst Evol Micr, 53(4): 1149-1154.

Jackson T J, Ramaley R F, Meinschein W G. 1973. *Thermomicrobium*, a new genus of extremely thermophilic bacteria[J]. Int J Syst Bacteriol, 23(1): 28-36.

Jan R L, Wu J, Chaw S M, et al. 1999. A novel species of thermoacidophilic archaeon, *Sulfolobus yangmingensis* sp. nov.[J]. Int J Syst Bacteriol, 49(4): 1809-1816.

Jannasch H W, Wirsen C O, Molyneaux S J, et al. 1992. Comparative physiological studies on hyperthermophilic archaea isolated from deep-sea hot vents with emphasis on *Pyrococcus* strain GB-D[J]. Appl Environ Microb, 58(11): 3472-3481.

Jeanthon C, L'Haridon S, Cueff V, et al. 2002. *Thermodesulfobacterium hydrogeniphilum* sp. nov., a thermophilic, chemolithoautotrophic, sulfate-reducing bacterium isolated from a deep-sea hydrothermal vent at Guaymas Basin, and emendation of the genus *Thermodesulfobacterium*[J]. Int J Syst Evol Micr, 52(3): 765-772.

Jeanthon C, L'Haridon S, Reysenbach A L, et al. 1998. *Methanococcus infernus* sp. nov., a novel hyperthermophilic lithotrophic methanogen isolated from a deep-sea hydrothermal vent[J]. Int J Syst Bacteriol, 48(3): 913-919.

Jeanthon C, L'Haridon S, Reysenbach A L, et al. 1999. *Methanococcus vulcanius* sp. nov., a novel hyperthermophilic methanogen isolated from East Pacific Rise, and identification of *Methanococcus* sp. DSM 4213^T as *Methanococcus fervens* sp. nov.[J]. Int J Syst Bacteriol, 49: 583-589.

Jenney F E J, Verhagen M F, Cui X, et al. 1999. Anaerobic microbes: oxygen detoxification without superoxide dismutase[J]. Science, 286(5438): 306-309.

Jochimsen B, Peinemann-Simon S, Völker H, et al. 1997. *Stetteria hydrogenophila*, gen. nov. and sp. nov., a novel mixotrophic sulfur-dependent *crenarchaeote* isolated from Milos, Greece[J]. Extremophiles, 1(2): 67-73.

Jolivet E, L'Haridon S, Corre E, et al. 2003. *Thermococcus gammatolerans* sp. nov., a hyperthermophilic archaeon from a deep-sea hydrothermal vent that resists ionizing radiation[J]. Int J Syst Evol Micr, 53(3): 847-851.

Jones W J, Leigh J A, Mayer F, et al. 1983. *Methanococcus jannaschii* sp. nov., an extremely thermophilic methanogen from a submarine hydrothermal vent[J]. Arch Microbiol, 136(4): 254-261.

Kashefi K, Lovley D R. 2003. Extending the upper temperature limit for life[J]. Science, 301(5635): 934.

Kashefi K, Tor J M, Holmes D E, et al. 2002. *Geoglobus ahangari* gen. nov., sp. nov., a novel hyperthermophilic archaeon capable of oxidizing organic acids and growing autotrophically on hydrogen with Fe(III) serving as the sole electron acceptor[J]. Int J Syst Evol Micr, 52(3): 719-728.

Kawasumi T, Igarashi Y, Kodama T, et al. 1984. *Hydrogenobacter thermophilus* gen. nov., sp. nov., an extremely thermophilic, aerobic, hydrogen-oxidizing bacterium[J]. Int J Syst Bacteriol, 34(1): 5-10.

Keller M, Braun F J, Dirmeier R, et al. 1995. *Thermococcus alcaliphilus* sp. nov., a new hyperthermophilic archaeum growing on polysulfide at alkaline pH[J]. Arch Microbiol, 164(6): 390-395.

Keller M, Rachel R, Stetter K O, et al. 1998. *Thermococcus acidaminovorans* sp. nov., a new hyperthermophilic alkalophilic archaeon growing on amino acids[J]. Extremophiles, 2: 109-114.

Ken T K, Nealson K H, Horikoshi K. 2004. *Methanotorris formicicus* sp. nov., a novel extremely thermophilic, methane-producing archaeon isolated from a black smoker chimney in the Central Indian Ridge[J]. Int J Syst Evol Micr, 54(4): 1095-1100.

Kobayashi T, Kwak Y S, Akiba T, et al. 1994 *Thermococcus profundus* sp. nov., a new hyperthermophilic archaeon isolated from a deep-sea hydrothermal vent[J]. Syst Appl Microbiol, 17: 232-236

Kublanov I V, Bidjieva S K, Mardanov A V, et al. 2009. *Desulfurococcus kamchatkensis* sp. nov. a novel hyperthermophilic protein-degrading archaeon isolated from a Kamchatka hot spring[J]. Int J Syst Evol Micr, 59(7): 1743-1747.

Kurosawa N, Itoh Y H, Iwai T, et al. 1998. *Sulfurisphaera ohwakuensis* gen. nov., sp. nov., a novel extremely thermophilic acidophile of the order Sulfolobales[J]. Int J Syst Bacteriol, 48(2): 451-456.

Kurr M, Huber R, König H, et al. 1991. *Methanopyrus kandleri*, gen. and sp. nov. represents a novel group of hyperthermophilic methanogens, growing at 110℃[J]. Arch Microbiol, 156(4): 239-247.

Kushner D J, Kamekura M. 1988. Physiology of halophilic eubacteria. Boca Raton: The CRC Press.

Kuwabara T, Minaba M, Iwayama Y, et al. 2005. *Thermococcus coalescens* sp. nov., a cell-fusing hyperthermophilic archaeon from Suiyo Seamount[J]. Int J Syst Evol Micr, 55(6): 2507-2514.

Kuwabara T, Minaba M, Ogi N, et al. 2007. *Thermococcus celericrescens* sp. nov., a fast-growing and cell-fusing hyperthermophilic archaeon from a deep-sea hydrothermal vent[J]. Int J Syst Evol Micr, 57(3): 437-443.

Lauerer G, Kristjansson J K, Langworthy T A, et al. 1986. *Methanothermus sociabilis* sp. nov., a second species within the Methanothermaceae growing at 97℃[J]. Syst Appl Microbiol, 8(12): 100-105.

L'Haridon S, Reysenbach A L, Banta A, et al. 2003. *Methanocaldococcus indicus* sp. nov., a novel hyperthermophilic methanogen isolated from the Central Indian Ridge[J]. Int J Syst Evol Micr, 53(6): 1931-1935.

Ma Y H, Galinski E A, Grant W D, et al. 2010. Halophiles 2010: life in saline environments[J]. Appl Environ Microb, 76(21): 6971-6981.

Margarita M H, Erko N K, Nikolai C C, et al. 2001. Isolation and characterization of *Thermococcus sibiricus* sp. nov. from a Western Siberia high-temperature oil reservoir[J]. Extremophiles, 5: 85-91.

Marteinsson V T, Birrien J L, Reysenbach A L, et al. 1999. *Thermococcus barophilus* sp. nov., a new barophilic and hyperthermophilic archaeon isolated under high hydrostatic pressure from a deep-sea hydrothermal vent[J]. Int J Syst Bacteriol, 49(2): 351-359.

Marteinsson V T, Bjornsdottir S H, Bienvenu N, et al. 2010. *Rhodothermus profundi* sp. nov., a thermophilic bacterium isolated from a deep-sea hydrothermal vent in the Pacific Ocean[J]. Int J Syst Evol Micr, 60(12): 2729-2734.

Miroshnichenko M L, Bonch-Osmolovskaya E A, Neuner A, et al. 1989. *Thermococcus stetteri* sp. nov., a new extremely thermophilic marine sulfur-metabolizing archaebacterium[J]. Syst Appl Microbiol, 12(3): 257-262.

Miroshnichenko M L, Gongadze G M, Rainey F A, et al. 1998. *Thermococcus gorgonarius* sp. nov. and *Thermococcus pacificus* sp. nov.: heterotrophic extremely thermophilic archaea from New Zealand submarine hot vents[J]. Int J Syst Bacteriol, 48(1): 23-29.

Miroshnichenko M L, Hippe H, Stackebrandt E, et al. 2001. Isolation and characterization of *Thermococcus sibiricus* sp. nov. from a Western Siberia high-temperature oil reservoir[J]. Extremophiles, 5(2): 85-91.

Miroshnichenko M L, Kublanov I V, Kostrikina N A, et al. 2008b. *Caldicellulosiruptor kronotskyensis* sp. nov. and *Caldicellulosiruptor hydrothermalis* sp. nov., two extremely thermophilic, cellulolytic, anaerobic bacteria from Kamchatka thermal springs[J]. Int J Syst Evol Micr, 58(6): 1492-1496.

Miroshnichenko M L, L'Haridon S, Nercessian O, et al. 2003. *Vulcanithermus mediatlanticus* gen. nov., sp.

nov., a novel member of the family *Thermaceae* from a deep-sea hot vent[J]. Int J Syst Evol Micr, 53(4): 1143-1148.

Miroshnichenko M L, Tourova T P, Kolganova T V, et al. 2008a. *Ammonifex thiophilus* sp. nov., a hyperthermophilic anaerobic bacterium from a Kamchatka hot spring[J]. Int J Syst Evol Micr, 58(12): 2935-2938.

Moriya T, Hikota T, Yumoto I, et al. 2011. *Calditerricola satsumensis* gen. nov., sp. nov. and *Calditerricola yamamurae* sp. nov., extreme thermophiles isolated from a high-temperature compost[J]. Int J Syst Evol Micr, 61(3): 631-636.

Moussard H, L'Haridon S, Tindall B J, et al. 2004. *Thermodesulfatator indicus* gen. nov., sp. nov.,a novel thermophilic chemolithoautotrophic sulfate-reducing bacterium isolated from the Central Indian Ridge[J]. Int J Syst Evol Micr, 54: 227-233.

Nakagawa S, Ken T K, Horikoshi K, et al. 2004. *Aeropyrum camini* sp. nov., a strictly aerobic, hyperthermophilic archaeon from a deep-sea hydrothermal vent chimney[J]. Int J Syst Evol Micr, 54(2): 329-335.

Neuner A, Jannasch H W, Belkin S, et al. 1990. *Thermococcus litoralis* sp. nov.: a new species of extremely thermophilic marine archaebacteria[J]. Arch Microbiol, 153(2): 205-207.

Niederberger T D, Götz D K, McDonald I R, et al. 2006. *Ignisphaera aggregans* gen. nov., sp. nov., a novel hyperthermophilic crenarchaeote isolated from hot springs in Rotorua and Tokaanu, New Zealand[J]. Int J Syst Evol Micr, 56(5): 965-971.

Nunoura T, Miyazaki M, Suzuki Y, et al. 2008. *Hydrogenivirga okinawensis* sp. nov., a thermophilic sulfur-oxidizing chemolithoautotroph isolated from a deep-sea hydrothermal field, Southern Okinawa Trough[J]. Int J Syst Evol Micr, 58(3): 676-681.

Nystrand R. 1984. *Saccharococcus thermophilus* gen. nov., sp. nov. isolated from beet sugar extraction[J]. Syst Appl Microbiol, 5(2): 204-219.

Odintsova E V, Jannasch H W, Mamone J A, et al. 1996. *Thermothrix azorensis* sp. nov., an obligately chemolithoautotrophic, sulfur-oxidizing, thermophilic bacterium[J]. Int J Syst Bacteriol, 46(2): 422-428.

Ogg C D, Patel B K C. 2009. *Fervidicola ferrireducens* gen. nov., sp. nov., a thermophilic anaerobic bacterium from geothermal waters of the Great Artesian Basin, Australia[J]. Int J Syst Evol Micr, 59(5): 1100-1107.

O'Neill A H, Liu Y T, Ferrera I, et al. 2008. *Sulfurihydrogenibium rodmanii* sp. nov., a sulfur-oxidizing chemolithoautotroph from the Uzon Caldera, Kamchatka Peninsula, Russia, and emended description of the genus *Sulfurihydrogenibium*[J]. Int J Syst Evol Micr, 58(5): 1147-1152.

Oshima T, Imahori K. 1974. Description of *Thermus thermophilus* (Yoshida and Oshima) comb. nov., a nonsporulating thermophilic bacterium from a Japanese thermal spa[J]. Int J Syst Bacteriol, 24(1): 102-112.

Patel B K C, Morgan H W, Daniel R M. 1985. *Fervidobacterium nodosum* gen. nov. and spec. nov., a new chemoorganotrophic, caldoactive, anaerobic bacterium[J]. Arch Microbiol, 141(1): 63-69.

Perevalova A A, Svetlichny V A, Kublanov I V et al. 2005. *Desulfurococcus fermentans* sp. nov. a novel hyperthermophilic archaeon from a Kamchatka hot spring, and emended description of the genus *Desulfurococcus*[J]. Int J Syst Evol Micr, 55(3): 995

Pikuta E V, Marsic D, Itoh T, et al. 2007. *Thermococcus thioreducens* sp. nov., a novel hyperthermophilic, obligately sulfur-reducing archaeon from a deep-sea hydrothermal vent[J]. Int J Syst Evol Micr, 57(7): 1612-1618.

Pley U, Schipka J, Gambacorta A, et al. 1991. *Pyrodictium abyssi* sp. nov. represents a novel heterotrophic marine archaeal hyperthermophile growing at 110℃[J]. Syst Appl Microbiol, 14(3): 245-253.

Plumb J J, Haddad C M, Gibson J A E, et al. 2007. *Acidianus sulfidivorans* sp. nov., an extremely acidophilic, thermophilic archaeon isolated from a solfatara on Lihir Island, Papua New Guinea, and emendation of the genus description[J]. Int J Syst Evol Micr, 57(7): 1418-1423.

Prokofeva M I, Kostrikina N A, Kolganova T V, et al. 2009. Isolation of the anaerobic thermoacidophilic crenarchaeote *Acidilobus saccharovorans* sp. nov. and proposal of *Acidilobales* ord. nov., including *Acidilobaceae* fam. nov. and *Caldisphaeraceae* fam. nov[J]. Int J Syst Evol Micr, 59(12): 3116-3122.

Rainey F A, Donnison A M, Janssen P H, et al. 1994. Description of *Caldicellulosiruptor saccharolyticus* gen.

nov., sp. nov: An obligately anaerobic, extremely thermophilic, cellulolytic bacterium[J]. FEMS Microbiol Lett, 120(3): 263-266.

Ronimus R S, Reysenbach A L, Musgrave D R, et al. 1997. The phylogenetic position of the *Thermococcus* isolate AN₁ based on 16S rRNA gene sequence analysis: a proposal that AN₁ represents a new species, *Thermococcus zilligii* sp. nov.[J]. Arch Microbiol, 168(3): 245-248.

Saiki T, Kimura R, Arima K. 1972. Isolation and characterization of extremely thermophilic bacteria from hot springs[J]. Agric Biol Chem, 36(13): 2357-2366.

Saiki T, Kobayashi Y, Kawagoe K, et al. 1985. *Dictyoglomus thermophilum* gen. nov., sp. nov., a chemoorganotrophic, anaerobic, thermophilic bacterium[J]. Int J Syst Bacteriol, 35(3): 253-259.

Sako Y, Nomura N, Uchida A, et al. 1996. *Aeropyrum pernix* gen. nov., sp. nov., a novel aerobic hyperthermophilic archaeon growing at temperatures up to 100℃[J]. Int J Syst Bacteriol, 46(4): 1070-1077.

Sako Y, Nunoura T, Uchida A. 2001. *Pyrobaculum oguniense* sp. nov., a novel facultatively aerobic and hyperthermophilic archaeon growing at up to 97℃[J]. Int J Syst Evol Micr, 51(2): 303-309.

Segerer A, Neuner A, Kristjansson J K, et al. 1986. *Acidianus infernus* gen. nov., sp. nov., and *Acidianus brierleyi* comb. nov.: facultatively aerobic, extremely acidophilic thermophilic sulfur-metabolizing archaebacteria[J]. Int J Syst Bacteriol, 36(4): 559-564.

Segerer A H, Trincone A, Gahrtz M, et al. 1991. *Stygiolobus azoricus* gen. nov., sp. nov. represents a novel genus genus of anaerobic, extremely thermoacidophilic archaebacteria of the order *Sulfolobales*[J]. Int J Syst Bacteriol, 41(4): 495-501.

Slobodkin A I, Reysenbach A L, Slobodkina G B, et al. 2012. *Thermosulfurimonas dismutans* gen. nov., sp. nov., an extremely thermophilic sulfur-disproportionating bacterium from a deep-sea hydrothermal vent[J]. Int J Syst Evol Micr, 62(11): 2565-2571.

Slobodkina G B, Lebedinsky A V, Chernyh N A, et al. 2015. *Pyrobaculum ferrireducens* sp. nov. a hyperthermophilic Fe(III), selenate and arsenate reducing crenarchaeon isolated from a hot spring[J]. Int J Syst Evol Micr, 65(3): 851-856.

Sokolova T G, González J M, Kostrikina N A, et al. 2001. *Carboxydobrachium pacificum* gen. nov., sp. nov., a new anaerobic, thermophilic, CO-utilizing marine bacterium from Okinawa Trough[J]. Int J Syst Evol Micr, 51(1): 141-149.

Spanevello M D, Yamamoto H, Patel B K C. 2002. *Thermaerobacter subterraneus* sp. nov., a novel aerobic bacterium from the Great Artesian Basin of Australia, and emendation of the genus *Thermaerobacter*[J]. Int J Syst Evol Micr, 52(3): 795-800.

Stetter K O. 1986. Thermophiles: General, Molecular and Applied Microbiology[M]. New York: John Wiley and Sons Press.

Stetter K O. 1988. *Archaeoglobus fulgidus* gen. nov., sp. nov.: a new taxon of extremely thermophilic archaebacteria[J]. Syst Appl Microbiol, 10(2): 172-173.

Stetter K O, Huber R, Blöchl E, et al. 1993. Hyperthermophilic archaea are thriving in deep North Sea and Alaskan oil reservoirs[J]. Nature, 365(6448): 743-745.

Stetter K O, König H, Stackebrandt E. 1983. *Pyrodictium* gen. nov., a new genus of submarine disc-shaped sulphur reducing archaebacteria growing optimally at 105℃[J]. Syst Appl Microbiol, 4(4): 535-551.

Stetter K O, Thomm M, Winter J, et al. 1981. *Methanothermus fervidus*, sp. nov., a novel extremely thermophilic methanogen isolated from an Icelandic hot spring[J]. Zentralblatt für Bakteriologie Mikrobiologie und Hygiene: I Abt Originale C: Allgemeine, angewandte und ökologische Mikrobiologie, 2(2): 166-178.

Suzuki T, Iwasaki T, Uzawa T, et al. 2002. *Sulfolobus tokodaii* sp. nov. (f. *Sulfolobus* sp. strain 7), a new member of the genus *Sulfolobus* isolated from Beppu Hot Springs, Japan[J]. Extremophiles, 1: 39-44.

Svetlichny V, Svetlichnayá P. 1988. *Dictyoglomus turgidus* sp. nov., a new extremely thermophilic eubacterium isolated from hot springs of the Uzon volcano caldera[J]. Mikrobiologiya, 57: 435-441.

Takahata Y, Nishijima M, Hoaki T, et al. 2001. *Thermotoga petrophila* sp. nov. and *Thermotoga naphthophila* sp. nov., two hyperthermophilic bacteria from the Kubiki oil reservoir in Niigata, Japan[J]. Int J Syst

Evol Micr, 51(5): 1901-1909.

Takai K, Horikoshi K. 2000a. *Thermosipho japonicus* sp. nov., an extremely thermophilic bacterium isolated from a deep-sea hydrothermal vent in Japan[J]. Extremophiles, 4(1): 9-17.

Takai K, Inoue A, Horikoshi K. 1999. *Thermaerobacter marianensis* gen. nov., sp. nov., an aerobic extremely thermophilic marine bacterium from the 11,000 m deep Mariana Trench[J]. Int J Syst Bacteriol, 49(2): 619-628.

Takai K, Komatsu T, Horikoshi K. 2001. *Hydrogenobacter subterraneus* sp. nov., an extremely thermophilic, heterotrophic bacterium unable to grow on hydrogen gas, from deep subsurface geothermal water[J]. Int J Syst Evol Micr, 51(4): 1425-1435.

Takai K, Nakagawa S, Sako Y, et al. 2003. *Balnearium lithotrophicum* gen. nov., sp. nov., a novel thermophilic, strictly anaerobic, hydrogen-oxidizing chemolithoautotroph isolated from a black smoker chimney in the Suiyo Seamount hydrothermal system[J]. Int J Syst Evol Micr, 53: 1947-1954.

Takai K, Sugai A, Itoh T, et al. 2000b. *Palaeococcus ferrophilus* gen. nov., sp. nov., a barophilic, hyperthermophilic archaeon from a deep-sea hydrothermal vent chimney[J]. Int J Syst Evol Micr, 50(2): 489-500.

Takayanagi S, Kawasaki H, Sugimori K, et al. 1996. *Sulfolobus hakonensis* sp. nov., a novel species of acidothermophilic archaeon[J]. Int J Syst Bacteriol, 46(2): 377-382.

Tomás A F, Karakashev D, Angelidaki I. 2013. *Thermoanaerobacter pentosaceus* sp. nov., an anaerobic, extremely thermophilic, high ethanol-yielding bacterium isolated from household waste[J]. Int J Syst Evol Micr, 63(7): 2396-2404.

Vajna B, Kanizsai S, Kéki Z, et al. 2012. *Thermus composti* sp. nov., isolated from oyster mushroom compost[J]. Int J Syst Evol Micr, 62(7): 1486-1490.

Vetriani C, Speck M D, Ellor S V, et al. 2004. *Thermovibrio ammonificans* sp. nov., a thermophilic, chemolithotrophic, nitrate-ammonifying bacterium from deep-sea hydrothermal vents[J]. Int J Syst Evol Micr, 54(1): 175-181.

Völkl P, Huber R, Drobner E, et al. 1993. *Pyrobaculum aerophilum* sp. nov., a novel nitrate-reducing hyperthermophilic archaeum[J]. Appl Environ Microb, 59(9): 2918-2926.

Windberger E, Huber R, Trincone A, et al. 1989. *Thermotoga thermarum* sp. nov. and *Thermotoga neapolitana* occurring in African continental solfataric springs[J]. Arch Microbiol,151(6): 506-512.

Xue Y, Xu Y, Liu Y, et al. 2001. *Thermoanaerobacter tengcongensis* sp. nov., a novel anaerobic, saccharolytic, thermophilic bacterium isolated from a hot spring in Tengcong, China[J]. Int J Syst Evol Micr, 51(4): 1335-1341.

Yabe S, Kato A, Hazaka M, et al. 2009. *Thermaerobacter composti* sp. nov., a novel extremely thermophilic bacterium isolated from compost[J]. J Gen Appl Microbiol, 55(5): 323-328.

Yang S J, Kataeva I, Wiegel J, et al. 2010. Classification of '*Anaerocellum thermophilum*'strain DSM 6725 as *Caldicellulosiruptor bescii* sp. nov.[J]. Int J Syst Evol Micr, 60(9): 2011-2015.

Zeikus J G, Dawson M A, Thompson T E, et al. 1983. Microbial ecology of volcanic sulphidogenesis: isolation and characterization of *Thermodesulfobacterium commune* gen. nov. and sp. nov.[J]. Microbiology, 129(4): 1159-1169.

Zillig W, Gierl A, Schreiber G, et al. 1983a. The archaebacterium *Thermofilum pendens* represents, a novel genus of the thermophilic, anaerobic sulfur respiring thermoproteales[J]. Syst Appl Microbiol, 4(1): 79-87.

Zillig W, Holz I, Janekovic D, et al. 1983b. The archaebacterium *Thermococcus celer* represents, a novel genus within the thermophilic branch of the archaebacteria[J]. Syst Appl Microbiol, 4(1): 88-94.

Zillig W, Holz I, Klenk H P, et al. 1987. *Pyrococcus woesei*, sp. nov., an ultra-thermophilic marine archaebacterium, representing a novel order, *Thermococcales*[J]. Syst Appl Microbiol, 9(12): 62-70.

Zillig W, Holz I, Wunderl S. 1991. NOTES: *Hyperthermus butylicus* gen. nov., sp. nov., a hyperthermophilic, anaerobic, peptide-fermenting, facultatively H_2S-Generating archaebacterium[J]. Int J Syst Bacteriol, 41(1): 169-170.

Zillig W, Stetter K O, Prangishvilli D, et al. 1982. Desulfurococcaceae, the second family of the extremely thermophilic, anaerobic, sulfur-respiring *Thermoproteales*[J]. Zentralblatt für Bakteriologie Mikrobiologie und Hygiene: I Abt Originale C: Allgemeine, angewandte und ökologische Mikrobiologie, 3(2): 304-317.

Zillig W, Stetter K O, Schäfer W, et al. 1981. *Thermoproteales*: a novel type of extremely thermoacidophilic anaerobic archaebacteria isolated from Icelandic solfataras[J]. Zentralblatt für Bakteriologie Mikrobiologie und Hygiene: I Abt Originale C: Allgemeine, angewandte und ökologische Mikrobiologie, 2(3): 205-227.

Zillig W, Stetter K O, Wunderl S, et al. 1980. The *Sulfolobus*-"*Caldariella*" group: Taxonomy on the basis of the structure of DNA-dependent RNA polymerases[J]. Arch Microbiol, 125(3): 259-269.

Zillig W, Yeats S, Holz I, et al. 1986. *Desulfurolobus ambivalens*, gen. nov., sp. nov., an autotrophic archaebacterium facultatively oxidizing or reducing sulfur[J]. Syst Appl Microbiol, 8(3): 197-203.

第三章 超嗜热微生物的分离与鉴定

超嗜热微生物通常具有适应极端高温环境的独特细胞结构、酶系统及代谢机制，是天然的基因资源宝库，在生物和生态工程等领域发挥重要作用。开展超嗜热微生物菌种资源的挖掘和研究，不仅有助于揭开地球生命起源的奥秘，也可为生物技术的发展奠定更坚实的基础。超嗜热微生物的栖息环境一般具有温度高、压力大、含氧量低、营养成分相对简单等特点。这些极端环境为超嗜热微生物的生长与系统进化提供了有利条件，但也对它们的分离与培养提出了更大的挑战。

本章内容主要围绕超嗜热微生物的生长环境和代谢特点，系统介绍了超嗜热微生物的分离和培养方法，详细总结了超嗜热微生物的鉴定程序及保藏要求，并对典型菌株的分离与鉴定过程进行了举例说明，以便为研究者深入挖掘超嗜热微生物菌种资源提供参考和借鉴。

第一节 超嗜热微生物的分离纯化

一、样品来源与保存

（一）样品来源

超嗜热微生物广泛分布于火山喷气孔、热泉、深海热液喷口、浅海热液系统等自然地热生境，以及超高温堆肥、高温厌氧消化反应器、热水管和热交换器等人为高温生境（Jujjavarapu et al., 2019）。这些生境具有独特的化学成分、极端高温和（或）高静水压等特点，为超嗜热微生物的繁衍栖息提供了有利条件（表 3.1）。

表 3.1 超嗜热微生物的生境类型特点
Table 3.1 Characteristics of extreme high temperature habitats of hyperthermophiles

特征	自然高温生境		人为高温生境
位置区域	陆地地热区	海洋地热区	人工高温生境
生态系统	火山口、热泉及间歇泉、石油地热层	浅海热泉、热沉积层、深海热气排气口	固废超高温堆肥、热水管道
环境温度	可达 100℃	350～400℃	80～100℃
环境特点	硫及铁含量丰富，盐浓度低	高盐分、高静水压，硫及铁含量丰富	有机质丰富，含氧量较高
微生物类型	厌氧或兼性厌氧	厌氧或兼性厌氧	好氧或兼性好氧
能量来源或营养物质	CO_2、CO、CH_4、H_2、H_2S、$S_2O_3^{2-}$、SO_4^{2-}、NH_4^+、N_2、NO_3^-、Fe^{2+}、O_2 等	Fe^{2+}、Mn^{2+}、CO_2、H_2S、H_2、CH_4 等	有机物

目前已报道的超嗜热菌共 100 多株，大多分离于深海热液口、浅海热泉、热沉积层及陆地火山口和热泉等高温生境。其中，从热泉中分离出的超嗜热菌有 *Sulfolobus yang-*

mingensis、*Pyrobaculum oguniense*、*Caldisphaera lagunensis*、*Desulfurococcus fermentans*、*Ignisphaera aggregans*、*Acidobacillus saccharovorans* 等；从火山硫质喷气孔分离且具有硫还原功能的超嗜热菌有 *Sulfolobus acidocaldarius*、*Thermofilum pendens*、*Methanothermus sociabilis*、*Thermoproteus tenax*、*Acidianus infernus*、*Aciditerrimonas saccharovorans*、*Pyrobaculum islandicum*。因此，极端高温生境特别是自然地热生境是超嗜热微生物的潜在样品来源（图 3.1）。

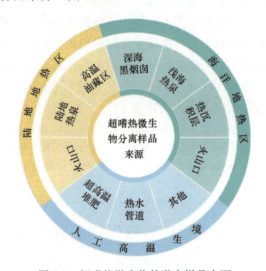

图 3.1　超嗜热微生物的潜在样品来源

Fig. 3.1　Potential sample sources for isolation of hyperthermophiles

（二）样品采集与保存

　　大部分超嗜热微生物栖息的高温生境为无氧或氧气浓度很低的环境。因此，为了从极端地热生境中分离超嗜热厌氧微生物，需保证样品的采集与保存均在厌氧条件下进行。具体操作如下：对于浅层水样，采用针孔注射器或真空血清瓶采集，而深海沉积物样品利用无人潜水器采集（Takami et al.，1997）；采集的水样或沉积物样品立即装入含有培养基和刃天青的密封容器内，然后迅速加入 10% 的 Na_2S 溶液，直至溶液变为无色（Zillig et al.，1981），其中，Na_2S 的作用为消耗储存介质中的氧气，而刃天青为无氧指示剂；将装有样品的容器密封后，带至实验室并在常温或–4℃低温下保存（Slobodkina et al.，2015）。

二、超嗜热微生物的筛选与分离

　　目前可用于超嗜热微生物筛选与分离的方法分为两类：一类是采用富集培养方法增加获得目标微生物的机会，并通过稀释平板涂布法、减绝稀释法及 Hungate 厌氧滚管法等进行分离，常见的富集培养方法主要有经典富集培养技术、微型多孔板富集培养技术、生物膜富集培养技术等；另一类是采用荧光原位杂交等技术选择性分离具有特定功能或属于特定分类的微生物。

（一）经典富集培养分离技术

超嗜热微生物的经典富集培养技术是指在高温条件下，通过培养基、温度、压力、氧气等培养条件的调控进行超嗜热微生物的筛选与分离（图 3.2）。筛选的条件通常包括：①设计选择性培养基，如添加特定的营养底物、电子供体或电子受体等；②应用选择性物理化学条件，如特定的温度、压力、pH、盐度等；③选择适宜的顶空气相培养条件，主要是通过在顶空充入 N_2、N_2/CO_2、H_2、H_2/CO_2、氩气等来实现（Huber et al.，1998）。

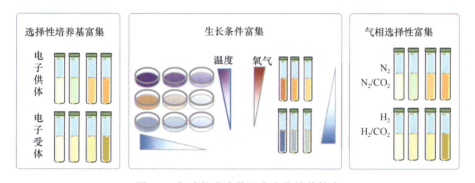

图 3.2　超嗜热微生物经典富集培养技术
Fig. 3.2　Classical enrichment techniques for hyperthermophiles

1. 富集培养基

超嗜热微生物根据其代谢特征可分为发酵菌、产甲烷菌、好氧异养菌、化能自养菌和专性厌氧菌等多种类型（表 3.2）。其中，发酵菌一般以有机物作为培养基质及碳源，在 S^0 存在情况下能将 H^+ 还原为 H_2S；产甲烷菌一般以 H_2 作为电子供体，CO_2 作为电子受体和碳源；好氧异养菌一般以有机物作为培养基质及碳源，O_2 作为电子供体；专性厌氧菌一般以有机物或 H_2 作为电子供体，S^0、$S_2O_3^{2-}$ 等作为电子受体。此外，化能自养菌作为超嗜热微生物的主要类型，通常以 H_2、S^0、$S_2O_3^{2-}$ 等作为电子受体，通过氧化 CO_2 获得能量。

表 3.2　部分超嗜热微生物的代谢类型及特点
Table 3.2　Metabolic type and characteristics of some hyperthermophiles

代谢类型	超嗜热菌属	电子供体	电子受体	碳源
产甲烷菌	*Methanocaldococcus*	H_2（甲酸盐）	CO_2	CO_2
	Methanotorris	H_2（甲酸盐）	CO_2	CO_2
	Methanopyrus	H_2	CO_2	CO_2
好氧异养菌	*Aeropyrum*	无	O_2	有机物
	Marinithermus	无	O_2	有机物
	Vulcanithermus	无	O_2、NO_3^-	有机物
	Oceanithermus	无	O_2、NO_3^-	有机物
化能自养菌	*Pyrolobus*	H_2	NO_3^-、$S_2O_3^{2-}$、O_2	CO_2
	Ignicoccus	H_2	S^0	CO_2
	Thermovibrio	H_2	S^0	CO_2

续表

代谢类型	超嗜热菌属	电子供体	电子受体	碳源
化能自养菌	*Aquifex*	H_2、S^0、$S_2O_3^{2-}$	O_2、NO_3^-	CO_2
	Caminibacter	H_2	NO_3^-、S^0、O_2	CO_2
兼性化能自养菌	*Archaeoglobus*	H_2	SO_4^{2-}、$S_2O_3^{2-}$、Fe(III)	有机物、CO_2
	Geoglobus	H_2	SO_4^{2-}、$S_2O_3^{2-}$、SO_3^-	有机物、CO_2
	Deferribacter	H_2	NO_3^-、S^0、砷酸盐	有机物、CO_2
	Caminibacter	H_2	NO_3^-、S^0、SO_3^-	有机物、CO_2
	Nautilia	H_2	NO_3^-、S^0、SO_3^{2-}	有机物、CO_2
	Thiomicrospira	S^0、$S_2O_3^{2-}$、S^{2-}	O_2	有机物、CO_2
专性厌氧菌	*Pyrodictium*	H_2	S^0、$S_2O_3^{2-}$	有机物
	Geothermobacter	H_2	NO_3^-、Fe(III)	有机物

　　根据代谢类型差异，可以利用选择性分离培养基对超嗜热菌进行筛选分离。选择性分离培养基组分必须包括微生物生长所需的电子供体或碳源，以及微量元素与维生素。目前，可用于超嗜热菌分离的选择性基础培养基主要有 2216E 培养基、MS 基础培养基、人工合成海水培养基、SME 培养基、MJYP 培养基等（表 3.3）。在进行超嗜热菌的富集培养时，通常需根据实际情况对基础培养基进行改良，如添加促进微生物代谢的酵母粉、蛋白胨或抑制剂等。值得注意的是，厌氧微生物选择性培养基还需添加 Na_2S 耗氧剂和刃天青指示剂。

表 3.3　超嗜热微生物的富集培养基类型
Table 3.3　Separation medium of some hyperthermophiles

超嗜热菌	分离培养基	参考文献
Fervidicola ferrireducens	PL 培养基	Ogg and Patel，2009
Rhodothermus profundi	160 培养基	Marteinsson et al.，2010
Caldisphaera lagunensis	Sulfolobus 培养基	Itoh et al.，2003
Hydrogenivirga okinawensis	MJ 培养基	Nunoura et al.，2008
Pyrobaculum ferrireducens	MS 培养基	Slobodkina et al.，2015
Thermomicrobium roseum	基础盐培养基	Jackson et al.，1973
Thermosipho melanesiensis	2216E 培养基	Antoine et al.，1997
Thermaerobacter marianensis	改良 MJ 培养基和 MJP 培养基	Takai et al.，1999
Thermoanaerobacter pentosaceus	改良 BA 培养基	Tomas et al.，2013
Sulfurihydrogenibium rodmanii	改良 MSH 培养基	O'Neill et al.，2008
Caldicellulosiruptor bescii	DSMZ 516	Yang et al.，2010
Fervidobacterium changbaicum	TYE 培养基	Cai et al.，2007
Thermotoga naphthophila	YE 培养基+人工海水培养基	Takahata et al.，2001
Methanotorris formicicus	MJ 合成海水	Takai et al.，2004
Thermovibrio ammonificans	SME 培养基	Vetriani et al.，2004
Sulfolobus yangmingensis	改良 Allen 培养基	Jan et al.，1999
Calditerricola satsumensis	CYS 肉汤培养基	Moriya et al.，2011

续表

超嗜热菌	分离培养基	参考文献
Thermococcus celericrescens	Tt 培养基	Kuwabara et al.，2007
Stygiolobus azoricus	Allen 培养基	Segerer et al.，1991
Sulfurisphaera ohwakuensis	改良 Brock 培养基	Kurosawa et al.，1998
Caldivirga maquilingensis	基础盐培养基	Itoh et al.，1998
Ferroglobus placidus	FM 培养基	Hafenbradl et al.，1996
Archaeoglobus veneficus	改良 MGG 培养基	Huber et al.，1997
Pyrococcus yayanosii	改良 MJYP 培养基	Birrien et al.，2011

2. 富集培养条件

超嗜热菌通常表现为嗜热、嗜酸、耐盐、耐压等特点，且其中大部分为厌氧或兼性厌氧。因此，超嗜热微生物的富集培养条件主要应考虑温度、pH、盐度、压力及含氧量等因素。表 3.4 列出了部分超嗜热菌的富集培养条件。

表 3.4　部分超嗜热微生物的富集培养条件
Table 3.4　Enrichment conditions of some hyperthermophiles

分离菌种	需氧情况	分离温度/℃	pH	压力/气体	分离源	参考文献
Carboxydibrachium pacificum	厌氧	70	7.0	100 kPa，N_2	日本冲绳海槽热液喷口	Sokolova et al.，2001
Fervidicola ferrireducens	厌氧	70	7.2	100 kPa，N_2	澳大利亚昆士兰热液喷口	Ogg and Patel，2009
Thermodesulfatator indicus	厌氧	70	6.0	138 kPa，H_2	印度洋中脊深海热液喷口	Moussard，2004
Balnearium lithotrophicum	厌氧	70	7.0	300 kPa，H_2/CO_2（80：20）	日本深海热液喷口	Takai et al.，2003
Caldisphaera lagunensis	厌氧	70	2.5~5.0	100 kPa，N_2	菲律宾马基林山热泉	Itoh et al.，2003
Thermomicrobium roseum	好氧	70	2.0	100 kPa	美国黄石国家公园碱性热泉	Jackson et al.，1973
Thermaerobacter marianensis	厌氧	75	7.2~7.4	H_2/CO_2（80：20）	马里亚纳海沟热液喷口	Takai et al.，1999
Hydrogenobacter subterraneus	厌氧	75	7.5	100 kPa，N_2	日本大分县 Hacchoubaru 地热水池	Takai et al.，2001
Sulfurihydrogenibium rodmanii	厌氧	70	6.0	100 kPa，CO_2/O_2（96：4）	俄罗斯堪察加半岛乌苏火山口陆生温泉	O'Neill et al.，2008
Caldicellulosiruptor obsidiansis	厌氧	75	7.2	100 kPa，N_2	美国黄石国家公园热泉	Hamilton-Brehm et al.，2010
Caldicellulosiruptor owensensis	厌氧	80	7.0	100 kPa，N_2	美国加利福尼亚州欧文斯湖	Huang et al.，1998
Thermotoga maritima	厌氧	80	7.0	100 kPa，N_2	意大利和亚速尔群岛的地热海床	Huber et al.，1986
Thermosulfurimonas dismutans	厌氧	70	7.0	200 kPa，CO_2	太平洋东部深海热液喷口	Slobodkin et al.，2012

续表

分离菌种	需氧情况	分离温度/℃	pH	压力/气体	分离源	参考文献
Methanotorris formicicus	厌氧	85	8.0	H_2/CO_2（80:20）	印度中部山脊凯瑞气田	Takai et al.，2004
Thermocladium modestius	厌氧	70	5.0	100 kPa，H_2/CO_2（80:20）	日本福岛盐酸盐泥浆	Itoh et al.，1998
Thermovibrio ammonificans	厌氧	75	7.0	200 kPa，H_2/CO_2（80:20）	东太平洋海隆深海热液喷口	Vetriani et al.，2004
Thermodesulfobacterium geofontis	厌氧	80	7.0	200 kPa，H_2/CO_2（80:20）	美国黄石国家公园	Hamilton-Brehm et al.，2013
Sulfolobus yangmingensis	好氧	70	4.0	100 kPa	中国台湾北部阳明公园热泉	Jan et al.，1999
Dictyoglomus thermophilum	厌氧	73	7.2	100 kPa，N_2	日本熊本县弱碱性温泉	Saiki et al.，1985
Stygiolobus azoricus	厌氧	80	3.0	300 kPa，H_2/CO_2（80:20）	亚速尔群岛圣米格尔岛的盐田	Segerer et al.，1991
Sulfurisphaera ohwakuensis	好氧	80	3.0	100 kPa	日本酸性温泉	Kurosawa et al.，1998
Caldivirga maquilingensis	厌氧	85	4.0	100 kPa，H_2/CO_2（80:20）	菲律宾酸性温泉	Itoh et al.，1999
Ferroglobus placidus	厌氧	85	7.0	300 kPa，N_2/CO_2（80:20）	意大利武尔卡诺浅层热泉	Hafenbradl et al.，1996
Sulfophobococcus zilligii	厌氧	90	7.5	100 kPa，N_2	冰岛 Hveragerdi 热泉	Hensel et al.，1997
Thermodiscus maritimus	厌氧	85	6.5	300 kPa，N_2/CO_2（80:20）	意大利浅海热泉	Fischer et al.，1983
Archaeoglobus veneficus	厌氧	75	6.9	250 kPa，$N_2/H_2/CO_2$（65:15:20）	大西洋中脊热液喷口	Huber et al.，1997
Acidilobus saccharovorans	厌氧	85	3.5~4.0	CO_2	俄罗斯堪察加半岛乌德拉火山口	Prokofeva et al.，2009
Methanocaldococcus indicus	厌氧	80	6.5	200 kPa，H_2/CO_2（80:20）	中印度洋海脊深海热液喷口	L'Haridon et al.，2003
Desulfurococcus kamchatkensis	厌氧	80	6.0	100 kPa，N_2	俄罗斯堪察加半岛热泉	Kublanov et al.，2009
Ignicoccus islandicus	厌氧	90	5.5	200 kPa，N_2/CO_2（80:20）	冰岛北部的科贝恩塞岛深海热液系统	Huber et al.，2000
Pyrolobus fumarii	厌氧	106	5.5	300 kPa，H_2/CO_2（80:20）	大西洋中脊热液喷口	Hafenbradl et al.，1996
Pyrobaculum ferrireducens	厌氧	85	6.8	100 kPa，CO_2	俄罗斯堪察加半岛热泉	Slobodkina et al.，2015
Aeropyrum camini	厌氧	85	6.0	100 kPa，N_2	日本 Suiyo 深海热液喷口	Nakagawa et al.，2004
Pyrococcus yayanosii	厌氧	85	7.0	42 MPa	大西洋 Ashadze 深海热液喷口	Birrien et al.，2011
Hyperthermus butylicus	厌氧	95	7.0	800 kPa，CO_2 或 N_2	Sari Miguel 海岸沉积物	Zillig et al.，1991

1）培养温度

超嗜热菌的适宜生长温度通常在 80℃ 及以上，如 *Pyrobaculum islandicum* GEO3、

Pyrobaculum organotrophum H10、*Pyrobaculum aerophilum* L07510 的最适生长温度均为 100℃（Huber et al.，1987）；而 *Pyrolobus fumarii* 1A 的最适生长温度为 106℃（Blöchl et al.，1997）。常规生化培养箱和恒温振荡摇床已不能满足大多数超嗜热菌的培养要求。

目前，主要通过以下几种形式实现对超嗜热菌培养温度的控制（表 3.5）：①采用厌氧培养箱、恒温水浴锅或水浴摇床等进行培养，如 *Thermococcus* sp. TVG2 是在厌氧培养箱中富集的，而 *Pyrolobus fumarii* 1A 则是利用甘油作为加热溶剂在水浴锅中进行富集培养；②利用无氧高温气体充气装置进行高温培养，如 *Pyrobaculum organotrophum* 就是采用该培养方式分离得到的（Huber et al.，1987）；③利用高压锅或高压灭菌锅进行高压加热培养，例如，*Pyrococcus yayanosii* 富集培养是将 0.5 mL 岩石样品悬浮液接种至装有富集培养基的 10 mL 注射器中，然后将注射器置于 105℃的高压加热系统培养（Birrien et al.，2011）。

表 3.5　用于超嗜热菌分离培养的高温控制方法
Table 3.5　High temperature regulation method for enrichment of hyperthermophiles

温度控制	设备	压力	适合温度/℃	分离的超嗜热菌	参考文献
常规加热	厌氧培养箱、细菌培养箱、发酵罐	常压	≤100	*Thermococcus* sp. TVG2	Chen and Ruan, 2015
有机溶剂加热	水浴锅、水浴摇床	常压	≥80	*Pyrolobus fumarii* 1A	Blöchl et al., 1997
高压加热	高压灭菌锅、高压加热系统	高压	≥100	*Methanobacterium ruminantium*	Balch and Wolfe, 1976
高温气体加热	无氧高温气体加热装置	高压	≥80	*Pyrobaculum organotrophum*	Huber et al., 1987

2）压力

超嗜热微生物大多栖息于高静水压的环境，它们中的一些菌种在长期进化过程中形成了必须在一定压力下才能生长和繁殖的特性。因此，耐压超嗜热菌的富集与分离需要一定压力条件，例如，*Thermocladium modestius* 的富集培养压力为 100 kPa（Itoh et al.，1998）；*Pyrobaculum* 属超嗜热古菌富集培养压力为 300 kPa（Huber et al.，1987）；*Pyrococcus yayanosii* CH1 的最适生长压力为 52 MPa（Birrien et al.，2011）。一般来说，通过向培养容器顶空充入一定量无氧气体（如 CO_2、H_2、N_2 或 H_2/CO_2、N_2/CO_2 等混合气体），可以获得富集培养的压力（Huber et al.，1987）。此外，也可将培养物置于可调节压力大小的压力容器内（如密闭发酵罐）进行富集培养（Takami et al.，1997）。

3）pH 及盐度

与普通微生物的适宜 pH 为弱酸性或中性不同，超嗜热微生物因其栖息生境的特殊性，大部分能在较强的酸性和较高的盐浓度下生存，例如，富集培养 *Sulfolobus acidocaldarius* 和 *Thermomicrobium roseum* 的 pH 分别为 1.0 和 2.0（Derosa et al.，1975；Jackson et al.，1973）；而 *Hydrogenobacter subterraneus*、*Thermaerobacter marianensis* 的最适 NaCl 浓度为 3%（*m/V*）（Takai et al.，1999，2001）。

4）氧气

对于厌氧超嗜热菌的富集培养，除了添加氧气消耗剂外，还可通过铜柱除氧充气装置向培养容器顶空充入高纯 N_2 或 N_2/CO_2、H_2/CO_2 等混合气体来实现。例如，*Pyrobaculum ferrireducens*、*Stygiolobus azoricus* 和 *Pyrobaculum organotrophum* 等超嗜热菌的富集培养是在培养基中添加 Na_2S 后分别充入 CO_2、H_2/CO_2 和 N_2，从而达到严格厌氧培养条件（Slobodkina et al.，2015；Segerer et al.，1991；Huber et al.，1987）。

好氧超嗜热菌的分离，通常是在高温、常压、好氧环境中通过常规培养技术实现的。例如，Moriya 等（2011）利用 CYS 培养基，在 80℃好氧富集培养条件下从高温堆肥中分离出 2 株好氧异养型超嗜热细菌 *Calditerricola satsumensis* YMO81[T] 和 *Calditerricola yamamurae* YMO722[T]。

3. 超嗜热微生物的分离方法

超嗜热微生物经富集培养后，可采用 Hungate 滚管分离法、稀释平板分离法或减绝稀释分离法进行纯培养物的分离。在进行 Hungate 滚管分离和稀释平板分离时，需要用到固体培养基，但常规的琼脂培养基在 80℃以上高温下难以凝固，因此一般会以熔点更高的结冷胶或琼脂与结冷胶的混合物替代琼脂，用作超嗜热微生物培养基的固化剂。

1）Hungate 滚管分离法

该方法是由美国微生物学家 Hungate 于 1950 年提出，并应用于瘤胃微生物研究的一种厌氧培养技术。目前该技术已广泛应用于超嗜热厌氧微生物的分离。Hungate 滚管分离法主要包括 3 个步骤：铜柱除氧、稀释液制备和厌氧滚管培养等。

（1）铜柱除氧：铜柱是指内部装有铜丝或铜屑的硬质玻璃管装置，两端被加工成漏斗状，分别与气瓶和出气管连接，外壁绕有加热套，可通过电加热控制柱体温度。当气瓶中的 N_2、CO_2 和 H_2 等通过被加热至 360℃左右的铜柱时，气体中微量的 O_2 与 Cu 反应形成 CuO，从而达到除氧的目的（图 3.3）。当向铜柱中通入 H_2 时，CuO 又会被还原成铜，因此该铜柱除氧装置可重复使用。

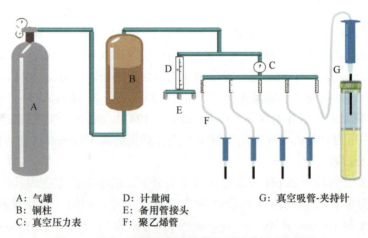

A: 气罐   D: 计量阀   G: 真空吸管-夹持针
B: 铜柱   E: 备用管接头
C: 真空压力表 F: 聚乙烯管

图 3.3 可用于厌氧微生物培养的铜柱除氧充气装置

Fig. 3.3 Aerator for anaerobic microbial culture

（2）稀释液制备：将装有无菌水或灭菌生理盐水的厌氧管充气除氧，在无菌条件下将已富集的培养液配制成 10^{-1} 稀释液，然后依次稀释至 10^{-7}，得到不同浓度梯度的培养样品。

（3）厌氧滚管培养：将融化的结冷胶培养基加入厌氧管中，迅速接种上述稀释样品，然后置于运行的滚管机中，以此带动厌氧管高速旋转；厌氧管内融化的培养基遇冷凝固并在厌氧管内壁形成厚度均一的薄层。滚管完成后，将厌氧管置于80℃或以上高温下培养获得单菌落。

2）稀释平板分离法

该方法适用于可在固体培养基上进行纯培养的超嗜热菌的分离与纯化（图 3.4）。Zillig 等将富集培养液稀释后取 0.1 mL 涂布于含有结冷胶的固体培养基上，并将平板置于充有 50～100 kPa H$_2$S 气体的厌氧培养箱中，99℃下培养 60h 后固体培养基上长出琥珀状菌落，从而分离纯化得到具有硫还原能力的超嗜热古菌 *Hyperthermus butylicus*（Zillig et al.，1990）。

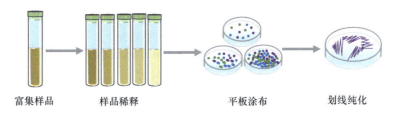

富集样品　　　样品稀释　　　　平板涂布　　　划线纯化

图 3.4　用于分离超嗜热菌的稀释平板涂布法

Fig. 3.4　The dilution plate coating method for isolation of hyperthermophiles

3）减绝稀释分离法

该方法适用于分离不能在固体培养基上生长，但在数量上处于优势或可通过选择性培养条件进行富集的超嗜热微生物。减绝稀释分离的原理是将接种物在高温无菌条件下梯度稀释至痕量，再将这些平行管中的培养物接种至新鲜培养基重新富集（图 3.5）。例如，陈艳琼等采集大西洋脊深海热液区样品，利用 YTSV 培养基在 80℃下进行富集培养后，将富集培养物稀释至 10^{-2}、10^{-4} 和 10^{-6} 等梯度，然后用注射器按 1%接种量将 10^{-6} 的稀释培养物接种至新鲜培养基中，80℃静置培养 3 d 后获得超嗜热古菌 *Thermococcus* sp. TVG2 的纯培养物（Chen and Ruan，2015）。此外，*Hydrogenivirga okinawensis*、*Thermaerobacter marianensis* 等超嗜热菌也是通过减绝稀释法分离得到的。

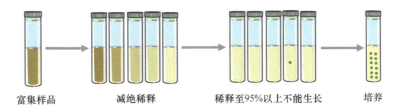

富集样品　　　　减绝稀释　　　稀释至95%以上不能生长　　　培养

图 3.5　用于分离超嗜热菌的减绝稀释法

Fig. 3.5　The abatement dilution method for isolation of hyperthermophiles

（二）多孔板富集培养分离技术

该技术是指将待富集的样品接种至微型多孔板中，并通过光学传感器对培养过程进行实时监控的微生物富集培养方法。其原理是基于超嗜热微生物对底物利用的特异性，通过添加各种碳源获得不同微生物的纯培养物。现有多孔板培养技术包括利用单一碳源的 BIOLOG 法（Garland and Mills，1991）、多重底物诱导呼吸的 Multi-SIR 法（Degens and Harris，1997）和 Micro-RESP^{TM} 法（Campbell et al.，1997）等（图 3.6）。

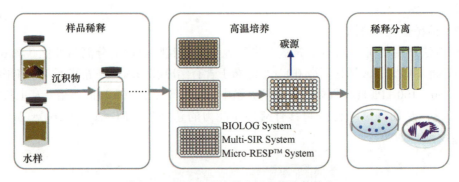

图 3.6　超嗜热菌的微孔板富集培养技术

Fig. 3.6　Microplate enrichment culture of hyperthermophiles

BIOLOG 法很大程度上受到接种细胞的生理状态、后续生长状态及底物浓度的限制。Christopher 等利用 BIOLOG 系统，从澳大利亚大自流盆地水样及沉积物样品中分离出 20 个纯培养物，16S rRNA 测序结果表明它们分属于 *Thermaerobacter subterraneus*、*Paenibacillus timonesis* 和 *Fervidicola ferrireducens*（Christopher et al.，2013）。Multi-SIR 法自动化程度低、操作烦琐，导致其应用和可靠性受到一定的限制。Micro-RESP^{TM} 可以通过颜色监测系统快速检测底物的利用情况，可克服 BIOLOG 和 Multi-SIR 法各自的缺陷。

（三）生物膜富集培养分离技术

生物膜富集培养分离技术是指利用膜生物反应器、微生物电解池、微生物燃料电池等系统，使大量功能相似的微生物在生物膜表面聚集的微生物富集技术（图 3.7）。Pillot 等以深海热泉为接种样品，分别以 10.0 mmol/L 乙酸钠和 4.0 g/L 酵母提取物为电子供体和碳源，基于生物电化学系统构建生物膜富集培养体系，在 80℃ 下运行一段时间后发现阳极电极的表面富集有大量的超嗜热微生物，其中的优势菌为 *Thermococcales* 和 *Archeoglobales*（Pillot et al.，2018）。

（四）荧光原位杂交技术

荧光原位杂交技术是通过设计特异性的 16S rRNA 序列，利用荧光标记的特定 RNA 片段作为探针，与细胞基因组中 RNA 分子杂交以实现特定种群或功能的微生物分离技术。例如，Huber 等选择 pSL91 序列设计了特异性荧光标记的寡核苷酸探针，利用该探针与富集培养物中的目标微生物进行杂交显色，从美国黄石国家公园火山区样品获得具有阳性杂交信号的培养物，并利用共聚焦激光显微镜分离出具有特定 16S rRNA 序列的超嗜热古菌（Huber et al.，1995）。在该过程中，使用的微生物分离装置如图 3.8 所示。

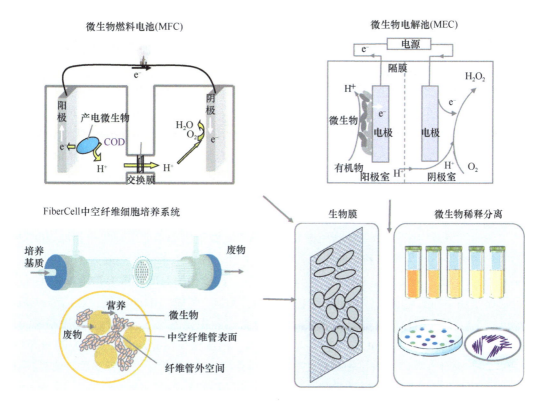

图 3.7　超嗜热菌的生物膜富集培养技术

Fig. 3.7　Membrane enrichment culture for hyperthermophiles

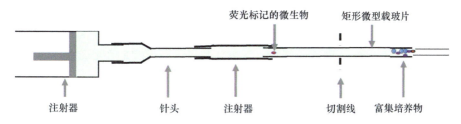

图 3.8　基于荧光原位杂交技术的微生物分离装置

Fig. 3.8　Microbial isolation device based on fluorescence *in situ* hybridization

第二节　超嗜热微生物的鉴定与保藏

一、生理生化鉴定

超嗜热微生物的生理生化鉴定包括生长条件（温度、pH、盐度、压力等）测定和营养基质利用分析等。厌氧超嗜热微生物还需进行电子受体及电子供体利用谱的分析。

（一）生长条件

超嗜热微生物栖息在高温、高压等各种极端环境，研究其生长特性需要特定的高温高压条件或装置。例如，Blöchl 等（1997）利用甘油作为加热溶剂，测定了 *Pyrolobus fumarii*

1A 的生长温度范围。Kashefi 等为保证结果的准确性，采用电子温度计和三个校准的水银温度计记录 100℃以上微生物的生长温度，并保证培养基在接种前 2h 和接种时维持在 121℃（Kashefi et al., 2003）。

超嗜热微生物压力生长条件可通过对培养容器内顶空气体的压力进行调控来实现，或将培养物置于可调控压力的培养箱内进行。例如，Blöchl 等（1997）将接种有微生物的玻璃注射器置于具有加热套的可调液压室内进行压力培养实验。Birrien 等（2011）通过加压筒测定 *Pyrococcus yayanosii* CH1 的耐压能力，发现其可耐受 20～120 MPa 压力。

超嗜热微生物的盐浓度、pH 等检测方法与普通微生物基本一致。

（二）电子供体与电子受体利用谱

代谢类型及电子供体/受体利用谱是超嗜热厌氧微生物的重要生理生化指标。超嗜热菌的代谢类型一般为异养和化能自养，少数为兼性自养，电子受体一般为 Fe^{3+}、FeO、NO_3^-、O_2、SO_3^{2-}、H^+、S^0、NO_3^-、SO_4^{2-} 和 CO_2 等。在优化的温度、压力等培养条件下，可通过添加不同的电子供体和电子受体进行相关测试。例如，Blöchl 等在测定 *Pyrolobus fumarii* 1A 能否以 H_2 作为电子供体时，首先在血清瓶中充入氘气（D_2）并用瓶塞密封，注入 20 mL 培养基、60 mL CO_2 和 1.4 mL 空气，高压灭菌后充入含 0.3% O_2 的 H_2/CO_2（80：20）混合气体，然后接种对数生长期的培养物，在 106℃下培养 2 d 后，通过核磁共振波谱测定培养基中 D_2O 的含量（Blöchl et al., 1997）。

研究表明，在培养基中添加少量的蛋白胨、酵母粉、氨基酸等有机物，能够促进超嗜热菌的生长。Segerer 等（1991）在厌氧条件下（N_2/CO_2 为 80：20，300 kPa），将有机底物牛肉浸膏、蛋白胨、D-葡萄糖、D-木糖、L-山梨糖、麦芽糖、酪氨酸、酵母粉等分别添加至培养基中，发现 0.005%～0.02%（*m/V*）的酵母粉、牛肉浸膏、蛋白胨均可促进 *Stygiolobus azoricus* FC6 的生长，其菌体数量最高可增加 8 倍。此外，在鉴定超嗜热菌生理生化特征时，也需进行有机物底物利用谱的测定。

二、细胞膜结构鉴定

在超嗜热菌的多相分类鉴定过程中，除生长代谢特征外，还应考虑其独特的细胞结构。超嗜热菌的细胞膜具有适应高温的特殊结构，为了观察细胞膜及膜蛋白结构，需将细胞在冷冻或常规脱水后制成超薄切片或蚀刻细胞（Völkl et al., 1993）。Völkl 等通过电子显微镜观察发现，在 *Pyrobaculum aerophilum* IM2 细胞的超薄切片中，位于细胞质膜上的蛋白质表层（S 层）由 5 nm 外层和 25 nm 内层结构域组成，其距离为 30 nm，呈 p6 对称性结构（图 3.9）。

三、呼吸醌、极性脂和脂肪酸测定

超嗜热菌的细胞化学组成，如呼吸醌、极性脂和脂肪酸分析与普通微生物基本一致（图 3.10）。在进行呼吸醌、极性脂和脂肪酸的测定前，均需将微生物制备成干粉，即在

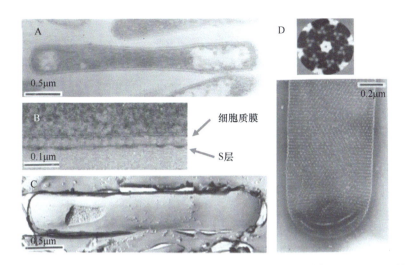

图 3.9 *Pyrobaculum aerophilum* IM2 超薄切片（A、B、C）及蚀刻细胞（D）电镜图

Fig. 3.9 *Pyrobaculum aerophilum* IM2 electron micrograph of ultrathin section（A，B，C）and freeze-etched cell（D）

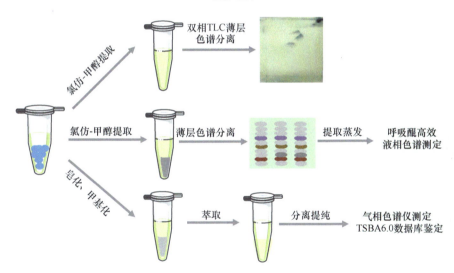

图 3.10 极性脂、呼吸醌及脂肪酸测定方法

Fig. 3.10 Methods for the determination of polar lipids，respiratory quinones and fatty acids

微生物生长到对数期后收集菌体、离心，并在冷冻干燥机中制成冻干菌粉。呼吸醌的提取及纯化过程参考 Collins 方法（Collins et al.，1977），再经薄层色谱法（TLC）分离后，利用高效液相色谱（HPLC）分析呼吸醌的类型（Groth et al.，1996）。细胞极性脂首先采用甲醇/氯仿提取，取下层提取液进行浓缩后，采用双相薄层色谱法（MERCK，Silica gel 60）进行极性脂各组分的分离、显色（Minnikin et al.，1984）。脂肪酸的提取和分析参照 Sherlock Microbial Identification System（MIS，MIDI Inc，Newark，USA）标准方案执行。经过皂化、甲基化、萃取及提纯后的脂肪酸甲基酯混合物由 MIS 分离，利用气相色谱仪测定后，结果由 MIDI 的软件包自动分析（Sasser，1990）。

四、G+C 含量测定

DNA 中 G+C 含量是反映细菌种属间亲缘关系的重要遗传特征。早期超嗜热菌的 G+C 含量一般采用热变性温度法进行测定（Marmur and Doty，1962），后来逐渐发展成采用核酸酶消化 DNA 后利用 HPLC 测定（Tamaoka and Komagata，1984）。Moriya 等以 *Escherichia coli* YMO81[T] 为对照，采用改良的 Marmur 方法（Marmur and Doty，1962）提取和纯化 DNA，经核酸酶 P1 消化后，利用 HPLC 准确测定出超嗜热微生物 *Calditerricola satsumensis* 的 DNA G+C 含量为 70%（Moriya et al.，2011）（图 3.11）。目前，DNA G+C 含量还可通过全基因组测序结果计算得到。

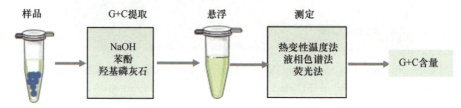

图 3.11　微生物 DNA 中 G+C 含量测定方法

Fig. 3.11　The method for determination of G+C content in microbial DNA

五、16S rRNA 基因序列分析

细菌基因组上的 16S rRNA 基因序列具有高度保守性和一定的特异性。基于 16S rRNA 基因序列构建的系统发育树，可以反映微生物的进化历史过程及其与模式菌株的亲缘关系。一般认为，16S rRNA 基因序列的相似性小于 98.7%，可作为两个菌株不属于同一个物种的标准。

利用 16S rRNA 序列构建微生物系统发育树的步骤如下：首先通过 PCR 扩增获得目标微生物的基因序列（Sambrook and Russell，2001；Lane，1991），再使用 NCBI 网站上的 BLAST 程序进行比对，然后选择适当模式菌株（Kim et al.，2012），并在 MEGA 软件中导入构建系统发育树所需序列，设置合适的参数后即可生成系统发育树（Tamura et al.，2007）（图 3.12）。

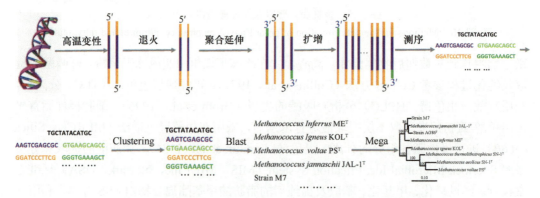

图 3.12　微生物 16S rRNA 基因序列的测定及系统发育树的构建方法

Fig. 3.12　The method for determination of 16S rRNA sequence and phylogenetic tree construction

六、DNA-DNA 杂交分析

DNA-DNA 杂交是指具有互补碱基序列的 DNA 分子，可以通过碱基对之间的氢键形成稳定的双链区。DNA-DNA 分子杂交技术可用于鉴定物种之间亲缘关系的远近（Vandamme et al.，1996；Rosello-Mora and Amann，2001）。目前，DNA-DNA 杂交方法主要包括复性率方法（Popoff and Stoleru，1980；Ezaki et al.，1989；Jahnke et al.，1994）、固相膜分子杂交法、微孔板法（Christensen et al.，2000）和荧光定量 PCR 方法等（Gonzalez and Saiz-Jimenez，2005）。一般认为，DNA-DNA 杂交值（DDH）为 70% 是细菌不同种之间的阈值。目前 DDH 值可以利用在线软件 GGDC 3.0，对不同微生物的基因组序列进行比对后计算获得（https://ggdc.dsmz.de/ggdc.php）。

七、全基因组测序

全基因组是指微生物染色体中 DNA 的所有序列，代表着微生物的全部遗传信息。用于获得全基因组序列的技术主要有 Sanger 双脱氧链终止 DNA 测序（Sanger and Coulson，1975）、高通量自动化测序（图 3.13）和单分子 DNA 测序（图 3.14）等。早期发现的超嗜热菌主要是基于 Sanger 双脱氧链终止 DNA 法进行全基因组测序，目前普遍采用高通量自动化测序和单分子 DNA 测序。

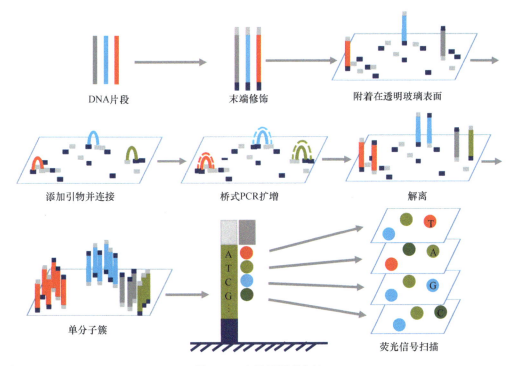

DNA片段　　末端修饰　　附着在透明玻璃表面

添加引物并连接　　桥式PCR扩增　　解离

单分子簇　　荧光信号扫描

图 3.13　高通量测序方法

Fig. 3.13　The method of high-throughput sequencing

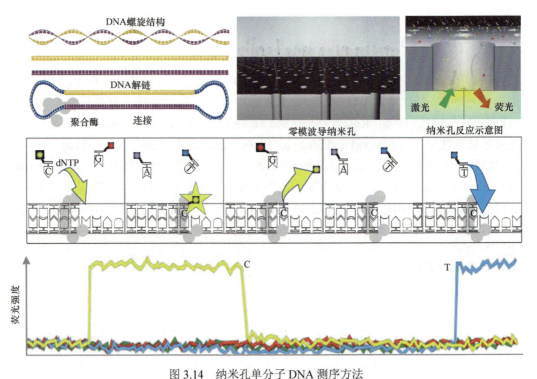

图 3.14　纳米孔单分子 DNA 测序方法

Fig. 3.14　The method of nanopore single molecule DNA sequencing

全基因组核苷酸同源性，即两个微生物基因组同源片段之间的碱基相似度，是用于比较两个基因组亲缘关系的重要指标，也是用于鉴定微生物同源性的主要依据。利用全基因组序列进行微生物同源性分析，主要是通过计算平均核苷酸相似度（average nucleotide identity，ANI）来实现的。一般认为，以 ANI 作为物种划分标准时的阈值为95%（Jain et al.，2018）。目前常用的 ANI 分析工具有单机版软件 Jspecies（Burall et al.，2016）、OAT、Gegenees（Agren et al.，2012），以及在线分析软件 EzGenome、ANI calculator（Beaz-Hidalgo et al.，2015）、G-compass（Yasuyuki et al.，2005）等。

八、超嗜热微生物的保藏

（一）保藏方法

菌种保藏是超嗜热微生物种质资源研究的重要组成部分。目前，适用于超嗜热微生物菌种保藏的方法主要有冷冻干燥保藏、甘油管保藏及液氮超低温保藏等（图 3.15）。冷冻干燥保藏是指利用人为制造的干燥、缺氧和低温条件对微生物进行保藏的方法，其流程包括添加保护剂、快速冷冻、干燥、熔封等。冷冻干燥法是保藏好氧超嗜热微生物的理想方法。

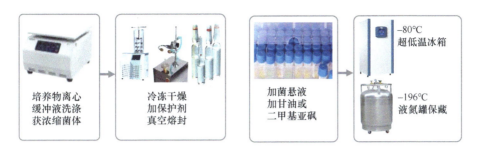

图 3.15　超嗜热微生物的保藏方法

Fig. 3.15　The preservation method for hyperthermophiles

甘油管保藏是指在超嗜热微生物的培养物中加入适量甘油或二甲基亚砜（终浓度分别为 15%～40% 和 5%～40%），置于 –80℃ 超低温冰箱中进行保藏的方法。甘油管保藏操作简单，适用于各种超嗜热微生物的短期保藏。液氮保藏同样需要向超嗜热微生物培养物中添加适量甘油或二甲基亚砜，并基于微生物在超低温下新陈代谢趋于停止的原理，在液氮（–196℃ 超低温）中进行菌种的保藏。该方法操作简便且高效，适用于各类超嗜热微生物的长期保藏。

（二）主要保藏机构

目前已发现的各种超嗜热微生物，大部分保藏于德国微生物保藏中心（DSMZ，https://www.dsmz.de/dsmz）、美国典型培养物保藏中心（ATCC，https://www.atcc.org）、日本菌种保藏中心（JCM，https://www.jcm.go.jp）、韩国典型菌种保藏中心（KCTC，http://www.kctc.co.kr/eng）和中国海洋微生物菌种保藏管理中心（MCCC，https://www.mccc.org.cn）等全球五大菌种保藏中心。其中，DSMZ 保藏超嗜热细菌 193 株、超嗜热古菌 22 株；ATCC 保藏超嗜热细菌 44 株、超嗜热古菌 9 株；MCCC 保藏超嗜热细菌和古菌共 69 株。

第三节　研究案例

一、澳大利亚大自流盆地中嗜热菌的分离

（一）样品来源

水样及沉积物采集自澳大利亚大自流盆地的高温生境。

（二）研究方法

Christopher 等（2013）将水样及沉积物接种至 BIOLOG 生态板、深孔板、以 Fe（Ⅲ）和芳香族化合物等为底物的培养基中，在微氧、高 pH 及高温等条件下富集培养，利用减绝稀释分离、稀释平板涂布等分离纯化方法，获得多个嗜热菌的纯培养物（图 3.16）。

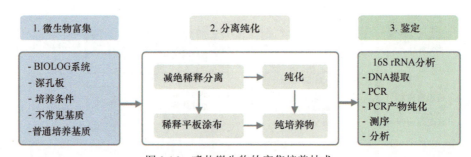

图 3.16　嗜热微生物的富集培养技术

Fig. 3.16　The enrichment technique of thermophiles

（三）研究结果

从 BIOLOG 生态板、微孔板等富集系统中分离得到 100 余株超嗜热和嗜热菌的纯培养物，经 16S rRNA 测序分析可知，这些纯培养物分属 *Thermaerobacter subterraneus*、*Paenibacillus timonesis*、*Fervidicola ferrireducens*、*Fervidicola ferrireducens* 和 *Caloramator fervidus* 等。其中，*Thermaerobacter subterraneus*、*Fervidicola ferrireducens* 和 *Fervidicola ferrireducens* 为典型的超嗜热细菌。

二、生物电化学系统对超嗜热菌的富集

生物电化学系统是一种可利用微生物胞外电子传递能力，从底物中获取能量并将生物能转化为电能的装置。生物电化学系统稳定运行时，大量产电微生物会富集在电极表面并形成生物膜。Pillot 等（2018）利用高温条件下运行的生物电化学系统成功富集到具有产电功能的超嗜热菌株。

（一）样品来源

用于进行富集培养的水样采集自深海热泉。样品采集后立即置于厌氧瓶中，注入刃天青并添加 0.5 mg/L 的 Na_2S 直至溶液变为无色后，保存于 4℃冰箱中。

（二）生物电化学系统构建

用于富集超嗜热菌的生物电化学系统，由阳极室、阴极室、阴离子交换膜、搅拌装置、恒电位仪、循环加热装置、探头、气体检测装置、气体进出装置等元件组成（图 3.17）。阴极室、阳极室为双室夹套玻璃反应器，工作体积为 1.5 L，由阴离子交换膜分离，采用循环加热装置控制系统温度。阳极工作电极为 20 cm^2 的碳布，参比电极为 3 mol/L 饱和 KCl 溶液的银/氯化银电极，阴极电极为 20 cm^2 的涂铂碳布。

气体检测装置为配有 TCD 和 CO_2 检测器的气相色谱仪，可以进行气体连续在线监测。使用 SP-240 恒电位仪和 EC-Lab 软件设置工作电极电势并实时监测电流。利用流量计控制输入气体的组成（H_2、CO_2、O_2、N_2）和速率，并通过自动泵注入 NaOH（0.5 mmol/L）或 HCl（0.5 mmol/L）用于调节系统的 pH。所有运行参数[pH，氧化还原电位（ORP），搅拌速度，H_2、N_2、CH_4、O_2 和 CO_2 浓度，NaOH 和 HCl 的消耗]均由 BatchPro 监测系统收集并实时显示。

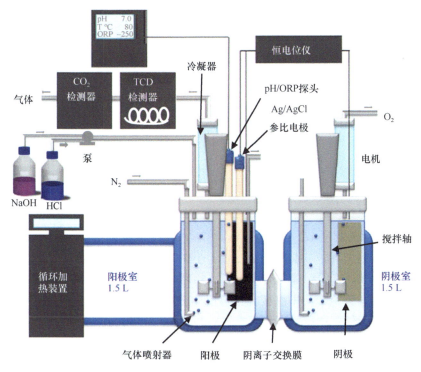

图 3.17　用于富集超嗜热菌的生物电化学系统（Pillot et al.，2018）

Fig. 3.17　The schematic diagram of bioelectrochemical system for enrichment of hyperthermophiles

（三）富集培养过程

进行富集培养前，先清洗系统并在 120℃下高压灭菌 20 min，随后连接到生物电化学平台，注入 1.5 L 矿物质培养基，加入 10.0 mmol/L 乙酸钠和 0.15 g/L 酵母粉，静置一段时间后接种 15 g 待富集样品，开始运行系统。系统运行参数为：恒电位仪外加电压 −0.11 V，温度为 80℃，pH 维持在 7.0±0.1。

（四）微生物群落分析

实验结束后，从工作电极中提取 DNA，并进行 PCR 扩增及 16Sr RNA 测序。对测序结果进行分析，该生物电化学系统的阳极室电极富集有大量的超嗜热古菌，其中的优势菌群为 *Thermococcales* 属和 *Archeoglobales* 属的微生物。

三、*Pyrolobus fumarii* 新菌种的分离鉴定

（一）样品采集与微生物分离

岩石样品采集于大西洋中脊 Guaymas 盆地（26°N，45°W）3650 m 深海处和东太平洋海脊（21°N，109°W）2500 m 深海处的黑烟囱。样品采集后立即加入刃天青指示剂和 10%的 Na_2S 溶液保存（Blöchi et al.，1997）。

菌株的分离过程如下：取 1 g 样品添加至装有 20 mL 1/2 SME 灭菌培养基（Na$_2$S·9H$_2$O 200 mg/L；刃天青 1.0 mg/L；pH 5.5）的 100 mL 血清瓶中，旋紧瓶盖。充入 H$_2$/CO$_2$ 混合气体（80∶20；300 kPa），利用空气培养箱 106℃培养。多次富集培养后，通过稀释平板涂布法进行菌株分离并划线纯化。

分离纯化过程所采用的固体培养基为改良的 1/2 SME 培养基，以结冷胶为固化剂，平板在 102℃压力缸内培养。纯化后的菌株，在加入终浓度为 5%的二甲基亚砜后，用液氮低温保存。

（二）菌株鉴定过程

1. 形态观察

在 102℃条件下利用 1/2 SME 培养基培养 7 d 后，观察菌落。将菌体用 2%的戊二醛固定后置于纤维毛细管中（Hohenberg et al.，1994），用液体丙烷冷冻、丙酮脱水；–80℃下加入 2%的 OsO$_4$，然后缓慢升温至 20℃，用环氧树脂浸透、包埋。细胞切片采用乙酸双氧铀和柠檬酸铅染色，溶菌酶聚合，再用 0.2%的十二烷基硫酸锂萃取后差速离心分离，通过电子显微镜观察菌株细胞形态（Huber et al.，1996）。

2. 生理生化鉴定

（1）运动性测试：利用穿刺法接种微生物于半固体培养基中，106℃下严格厌氧培养 7 d 后，观察菌株是否扩散生长。

（2）生长条件测定：取 2 mL 菌悬液接种于装有 20 mL 1/2 SME 培养基的 100 mL 血清瓶中，将血清瓶浸入以甘油为溶剂的水浴锅中培养。调节温度、pH、盐浓度等，通过 Thoma 细胞计数板计数法检测菌株在不同条件下的生长情况。压力培养试验在可调节温度和压力的压液室进行。

（3）电子受体测定：取 2 mL 菌悬液接种于装有 20 mL 1/2 SME 培养基的 100 mL 血清瓶中，分别添加终浓度为 0.1%（m/V）的 NO$_3^-$和 S$_2$O$_3^{2-}$溶液，充入 H$_2$/CO$_2$ 混合气体进行严格厌氧培养，分别测定 NO、NO$_2$、N$_2$O、N$_2$、NH$_4^+$和 H$_2$S 生成量以判断菌株是否能利用 NO$_3^-$和 S$_2$O$_3^{2-}$作为电子受体。

（4）电子供体测定：将含低浓度 O$_2$ 的培养物置于以氘气（D$_2$）为电子供体、NO$_3^-$和 S$_2$O$_3^{2-}$为电子受体的新鲜培养基中进行培养，观察菌株生长状况，并利用 NMR 光谱测定 D$_2$O 含量。

3. 化学组分鉴定

（1）DNA G+C 含量测定：经菌株 DNA 提纯后用核酸酶 P1 消化，采用 HPLC 分析 DNA 碱基含量（Zillig et al.，1980；Völkl et al.，1993）。

（2）脂质测定：从 200 mg 冷冻干燥的菌体细胞中提取脂质后，以正己烷/乙酸乙酯为溶剂，采用双相薄层色谱法分离，再进行显色分析（Hafenbradl et al.，1993）。

4. DNA-DNA 分子杂交

DNA-DNA 分子杂交采用固相分子杂交法，反应温度为 76℃，反应时间为 24h（Pley et al.，1991）。

5. 16S rRNA 测序及系统发育树构建

首先，采用 Marmur 方法提取微生物总 DNA（Marmur and Doty，1962；Woese et al.，1976），并用双脱氧核苷酸链终止方法（Sanger et al.，1977；Biggin et al.，1983）进行 16S rRNA 扩增和测序；然后，在 NCBI 网站采用 BLAST 进行比对（Kim et al.，2012），选择合适的模式菌株，在 MEGA 程序中导入需要构建系统进化树的序列，设置合适参数，自动生成系统发育树（Tamura et al.，2007）。

（三）鉴定结论

菌株 1A 为革兰氏阴性菌，无运动性；细胞呈规则或不规则裂片状球形，直径约 0.7～2.5 μm；在 1/2 SME 结冷胶平板上形成直径约 1 mm 的白色菌落。菌株 1A 在 90～113℃（最适 106℃）、pH 4.0～6.5（最适 pH 5.5）和 1%～4% NaCl（最适 1.7%）的条件下可生长；能耐受 25 000 kPa 的压力。该菌株的能量代谢类型为兼性好氧、专性化能无机自养型，在厌氧和微氧条件下能以 NO_3^-、$S_2O_3^{2-}$ 和 O_2 作为电子受体氧化 H_2 获得能量。乙酸盐、丙酮酸盐、葡萄糖、淀粉或元素硫可抑制细胞生长。细胞质膜由蛋白质表层组成，呈 p4 对称，中心间距为 18.5 nm（图 3.18）。

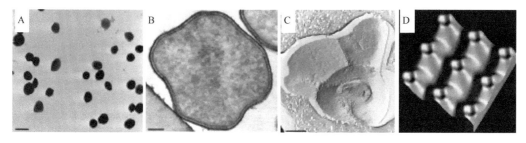

图 3.18　*Pyrolobus fumarii* 1A 电镜图
Fig. 3.18　*Pyrolobus fumarii* 1A electron microscopy
A. 细胞电镜图；B. 细胞超薄切片；C. 冷冻蚀刻细胞结构；D. 膜蛋白结构

菌株 1A 的细胞主要脂质为甘油-二烷基-甘油-四醚，未水解的脂质在 TLC 上可被茴香醛染成蓝色斑点。该菌株的 DNA G+C 含量为 53 mol%。16S rRNA 测序和 DNA-DNA 杂交等分析结果显示，菌株 1A 与 *Pyrodictium* 属成员的亲缘关系最近（图 3.19），但与该属模式菌株 *Pyrodictium occultum* DSM2709 和 *Pyrodictium abyssi* AV2 之间的 DNA-DNA 杂交值分别为 3% 和 10%。

综合上述鉴定结果，菌株 1A 属于从深海热液喷口分离得到的超嗜热古菌 Pyro-dictiaceae 科的新属，因此被命名为 *Pyrolobus fumarii*。

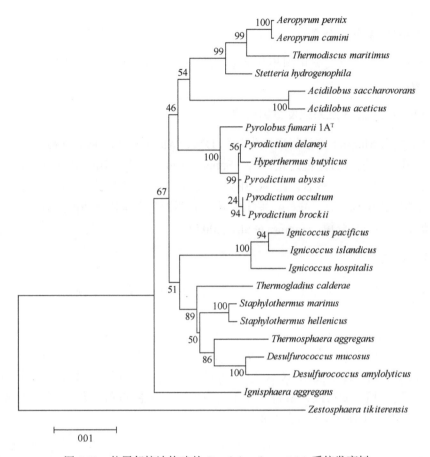

图 3.19 使用邻接法构建的 *Pyrolobus fumarii* 1A 系统发育树

Fig. 3.19 Phylogenetic tree of *Pyrolobus fumarii* 1A constructed using the neighbour-joining method

参 考 文 献

Agren J, Sundström A, Håfström T, et al. 2012. Gegenees: fragmented alignment of multiple genomes for determining phylogenomic distances and genetic signatures unique for specified target groups[J]. PLoS One, 7(6): e39107.

Anderson I, Göker M, Nolan M, et al. 2011. Complete genome sequence of the hyperthermophilic chemolithoautotroph *Pyrolobus fumarii* type strain(1A)[J]. Stand Genomic Sci, 4(3): 381-392.

Antoine E, Cilia V, Meunier J R, et al. 1997. *Thermosipho melanesiensis* sp. nov., a new thermophilic anaerobic bacterium belonging to the order thermotogales, isolated from deep-sea hydrothermal vents in the southwestern Pacific Ocean[J]. Int J Syst Bacteriol, 47(4): 1118-1123.

Balch W E, Wolfe R S. 1976. New approach to the cultivation of methanogenic bacteria: 2-mercaptoe-thanesulfonic acid (HS-CoM)-dependent growth of *Methanobacterium ruminantium* in a pressureized atmosphere[J]. Appl Environ Microbiol, 32(6): 781-791.

Batani G, Bayer K, Böge J, et al. 2019. Fluorescence in situ hybridization (FISH) and cell sorting of living bacteria[J]. Sci Rep, 9(1): 18618.

Beaz-Hidalgo R, Hossain M J, Liles M R, et al. 2015. Strategies to avoid wrongly labelled genomes using as example the detected wrong taxonomic affiliation for aeromonas genomes in the GenBank database[J]. PLoS One, 10(1): e0115813.

Berry D, Mader E, Lee T K, et al. 2015. Tracking heavy water (D$_2$O) incorporation for identifying and sorting active microbial cells[J]. Proc Natl Acad Sci U S A, 112(2): E194-E203.

Biggin M D, Gibson T J, Hong G F. 1983. Buffer gradient gels and 35S label as an aid to rapid DNA sequence determination[J]. Proc Natl Acad Sci U S A, 80(13): 3963-3965.

Birrien J L, ZengX, Jebbar M, et al. 2011. *Pyrococcus yayanosii* sp. nov., an obligate piezophilic hyperthermophilic archaeon isolated from a deep-sea hydrothermal vent[J]. Int J Syst Bacteriol, 61(Pt 12): 2827-2881.

Blöchl E, Rachel R, Burggraf S, et al. 1997. *Pyrolobus fumarii*, gen. and sp. nov., represents a novel group of Archaea, extending the upper temperature limit for life to 113℃[J]. Extremophiles, 1(1): 14-21.

Burall L S, Grim C J, Mammel M K, et al. 2016. Whole genome sequence analysis using JSpecies tool establishes clonal relationships between *Listeria monocytogenes* strains from epidemiologically unrelated listeriosis outbreaks[J]. PLoS One, 11(3): e0150797.

Cai J G, Wang Y P, Liu D B, et al. 2007. *Fervidobacterium changbaicum* sp. nov., a novel thermophilic anaerobic bacterium isolated from a hot spring of the Changbai Mountains, China[J]. Int J Syst Evol Microbiol, 57(Pt 10): 2333-2336.

Campbell C D, Grayston S J, Hirst D J. 1997. Use of rhizosphere carbon sources in sole carbon source tests to discriminate soil microbial communities[J]. J Microbiol Methods, 30(1): 33-41.

Chen Q, Wang H M, Zhuang W, et al. 2018. *Flavobacterium zaozhuangense* sp. nov., a new member of the family Flavobacteriaceae, isolated from metolachlor-contaminated soil[J]. Antonie Van Leeuwenhoek, 111(11): 1977-1984.

Chen Y Q, Ruan L W. 2015. Isolationg and identification of hyperthermophilic archaen *Thermococcus* sp. TVG2 from deep-sea hydrothermal vent[J]. Microbiology, 42(3): 467-477.

Christensen H, Angen O, Mutters R, et al. 2000. DNA-DNA hybridization determined in micro-wells using covalent attachment of DNA[J]. Int J Syst Evol Microbiol, 50(Pt 3): 1095-1102.

Christopher D O, Mark D S, Bharat K C P. 2013. Exploring the ecology of thermophiles from Australia's great artesian basin during the Genomic Era. //Satyanarayana T, Littlechild J, Kawarabaysai Y. Thermophilic Microbes in Environmental and Industrial Biotechnology: Biotechnology of Thermophiles. 2nd edition[M]. Berlin: Springer: 61-97.

Collins M D, Pirouz T, Goodfellow M, et al. 1977. Distribution of menaquinones in actinomycetes and corynebacteria[J]. J Gen Microbiol, 100(2): 221-230.

Degens B P, Harris J A. 1997. Development of a physiological approach to measuring the catabolic diversity of soil microbial communities[J]. Soil Biol Biochem, 29(9/10): 1309-1320.

Derosa M, Gambacorta A, Bulock J D. 1975. Extremely thermophilic acidophilic bacteria convergent with *Sulfolobus acidocaldarius*[J]. J Gen Microbiol, 86(1): 156-164.

Eid J, Fehr A, Gray J, et al. 2009. Real-time DNA sequencing from single polymerase molecules[J]. Science, 323(5910): 133-138.

Ezaki T, Hashimota Y, Yabuuchi E, et al.1989. Fluorometric deoxyribonucleic acid-deoxyribonucleic acid hybridization in microdilution wells as an alternative to membrane filter hybridization in which radioisotopes are used to determine genetic relatedness among bacterial strains[J]. Int J Syst Bacteriol, 39(3): 224-229.

Fischer F, Zillig W, Stetter K O, et al. 1983. Chemolithoautotrophic metabolism of anaerobic extremely thermophilic archaebacteria[J]. Nature, 301(5900): 511-513.

Fleischmann R D, Adams M D, White O, et al. 1995. Whole-genome random sequencing and assembly of *Haemophilus influenzae* Rd[J]. Science, 269(5223): 496-512.

Fujii Y, Itoh T, Sakate R, et al. 2005. A web tool for comparative genomics: g-compass[J]. Gene, 364: 45-52.

Garland J L, Mills A L. 1991. Classification and characterization of heterotrophic microbial communities on the basis of patterns of community-level sole-carbon-source utilization[J]. Appl Environ Microbiol, 57(8): 2351-2359.

Gonzalez J M, Saiz-Jimenez C. 2005. A simple fluorimetric method for the estimation of DNA-DNA relatedness between closely related microorganisms by thermal denaturation temperatures[J]. Extremophiles, 9(1): 75-79.

Groth I, Schumann P, Weiss N, et al. 1996. *Agrococcus jenensis* gen. nov., sp. nov., a new genus of actinomycetes with diaminobutyric acid in the cell wall[J]. Int J Syst Bacteriol, 46(1): 234-239.

Hafenbradl D, Keller M, Dirmeier R, et al. 1996. *Ferroglobus placidus* gen. nov. sp. nov., a novel hyperthermophilic archaeum that oxidizes Fe^{2+} at neutral pH under anoxic conditions[J]. Arch Microbiol, 166(5): 308-314.

Hafenbradl D, Keller M, Thiericke R, et al. 1993. A novel unsaturated archaeal ether core lipid from the hyperthermophile *Methanopyrus kandleri*[J]. Syst Appl Microbiol, 16(2): 165-169.

Hamilton-Brehm S D, Gibson R A, Green S J, et al. 2013. *Thermodesulfobacterium geofontis* sp. nov., a hyperthermophilic, sulfate-reducing bacterium isolated from Obsidian Pool, Yellowstone National Park[J]. Extremophiles, 17(2): 251-263.

Hamilton-Brehm S D, Mosher J J, Vishnivetskaya T, et al. 2010. *Caldicellulosiruptor obsidiansis* sp. nov., an anaerobic, extremely thermophilic, cellulolytic bacterium isolated from Obsidian Pool, Yellowstone National Park[J]. Appl Environ Microbiol, 76(4): 1014-1020.

Hensel R, Matussek K, Michalke K, et al. 1997. Sulfophobococcus zilligii gen. nov., spec. nov. a novel hyperthermophilic archaeum isolated from hot alkaline springs of Iceland[J]. Syst Appl Microbiol, 20(1): 102-110.

Hohenberg H, Mannweiler K, Müller M. 1994. High-pressure freezing of cell suspensions in cellulose capillary tubes[J]. J Microsc, 175 (Pt 1): 34-43.

Huang C Y, Patel B K, Mah R A, et al. 1998. *Caldicellulosiruptor owensensis* sp. nov., an anaerobic, extremely thermophilic, xylanolytic bacterium[J]. Int J Syst Bacteriol, 48(1): 91-97.

Huber H, Burggraf S, Mayer T, et al. 2000. *Ignicoccus* gen. nov., a novel genus of hyperthermophilic, chemolithoautotrophic archaea, represented by two new species, *Ignicoccus islandicus* sp. nov. and *Ignicoccus pacificus* sp. nov[J]. Int J Syst Evol Microbiol, 50(Pt 6): 2093-2100.

Huber H, Hohn M J, Rachel R, et al. 2022. A new Phylum of Archaea represented by a nanosized hyperthermophilic symbiont[J]. Nature, 417(6884): 63-67.

Huber H, Jannasch H, Rachel R, et al. 1997. *Archaeoglobus veneficus* sp. nov., a novel facultative chemolithoautotrophic hyperthermophilic sulfite reducer, isolated from Abyssal Black Smokers[J]. Syst Appl Microbiol, 20(3): 374-380.

Huber R, Burggraf S, Mayer T, et al. 1995. Isolation of a hyperthermophilic archaeum predicted by *in situ* RNA analysis[J]. Nature, 376(6535): 57-58.

Huber R, Eder W, Heldwein S, et al. 1998. *Thermocrinis ruber* gen. nov., sp. nov., a pink-filament-forming hyperthermophilic bacterium isolated from Yellowstone National Park[J]. Appl Environ Microbiol, 64(10): 3576-3583.

Huber R, Kristjansson J K, Stetter K O. 1987. *Pyrobaculum* gen. nov., a new genus of neutrophilic, rod-shaped archaebacteria from continental solfataras growing optimally at 100℃[J]. Arch Microbiol, 149(2): 95-101.

Huber R, Langworthy T A, Konig H, et al. 1986. *Thermotoga maritima* sp. nov., represents a new genus of unique extremely thermophilic eubacteria growing up to 90℃[J]. Arch Microbiol, 144(4): 324-333.

Huber R, Rossnagel P, Woese C R, et al. 1996. Formation of ammonium from nitrate during chemolithoautotrophic growth of the extremely thermophilic bacterium *Ammonifex degensii* gen. nov. sp. nov[J]. Syst Appl Microbiol, 19(1): 40-49.

Itoh T, Suzuki K, Nakase T. 1998. *Thermocladium modestius* gen. nov., sp. nov., a new genus of rod-shaped, extremely thermophilic crenarchaeote[J]. Int J Syst Bacteriol, 48(Pt 3): 879-887.

Itoh T, Suzuki K, Sanchez P C, et al. 1999. *Caldivirga maquilingensis* gen. nov., sp nov., a new genus of rod-shaped crenarchaeote isolated from a hot spring in the Philippines[J]. Int J Syst Bacteriol, 49(Pt 3): 1157-1163.

Itoh T, Suzuki K, Sanchez P C, et al. 2003. *Caldisphaera lagunensis* gen. nov., sp nov., a novel thermoacidophilic crenarchaeote isolated from a hot spring at Mt Maquiling, Philippines[J]. Int J Syst Evol Microbiol, 53(Pt 3): 1149-1154.

Jackson T J, Ramaley R F, Meinschein W G, et al. 1973. *Thermomicrobium*, a new genus of extremely thermophilic bacteria[J]. Int J Syst Bacteriol, 23(1): 28-36.

Jahnke R A, Craven D B, Gaillard J F. 1994. The influence of organic matter diagenesis on CaCO$_3$ dissolution at the deep-sea floor[J]. Geochim Cosmochim Acta, 58(13): 2799-2809.

Jain C, Rodriguez-R L M, Phillippy A M, et al. 2018. High throughput ANI analysis of 90K prokaryotic genomes reveals clear species boundaries[J]. Nat Commun, 9: 5114.

Jan R L, Wu J, Chaw S M, et al. 1999. A novel species of thermoacidophilic archaeon, *Sulfolobus yangmingensis* sp. nov[J]. Int J Syst Bacteriol, 49(Pt 4): 1809-1816.

Jujjavarapu S E, Dhagat S, Sen R. 2019. Thermophiles for Biotech Industry: a Bioprocess Technology Perspective[M]. Singapore: Springer Nature Singapore Pte Ltd: 7-10.

Kaeberlein T, Lewis K, Epstein S S. 2002. Isolating uncultivable microorganisms in pure culture in a simulated natural environment[J]. Science, 296(5570): 1127-1129.

Kashefi K, Holmes D E, Baross J A. 2003. Thermophily in the *Geobacteraceae*: *Geothermobacter ehrlichii* gen. nov., sp. nov., a novel thermophilic member of the *Geobacteraceae* from the "Bag city" hydrothermal vent[J]. Appl Environ Microbiol, 69(5): 2985-2993.

Kim O S, Cho Y J, Lee K, et al. 2012. Introducing EzTaxon-e: a prokaryotic 16S rRNA gene sequence database with phylotypes that represent uncultured species[J]. Int J Syst Evol Microbiol, 62(Pt 3): 716-721.

Könneke M, Bernhard A E, de la Torre J R, et al. 2005. Isolation of an autotrophic ammonia-oxidizing marine archaeon[J]. Nature, 437(7058): 543-546.

Kublanov S, Bidjieva S K, Mardanov A V, et al. 2009. *Desulfurococcus kamchatkensis* sp. nov., a novel hyperthermophilic protein-degrading archaeon isolated from a Kamchatka hot spring[J]. Int J Syst Evol Microbiol, 59(Pt 7): 1743-1747.

Kurosawa N, Itoh Y H, Iwai T et al. 1998. *Sulfurisphaera ohwakuensis* gen. nov., sp. nov., a novel extremely thermophilic acidophile of the order Sulfolobales[J]. Int J Syst Bacteriol, 48(Pt 2): 451-456.

Kuwabara T, Minaba M, Ogi N, et al. 2007. *Thermococcus celericrescens* sp. nov., a fast-growing and cell-fusing hyperthermophilic archaeon from a deep-sea hydrothermal vent[J]. Int J Syst Bacteriol, 57(Pt 3): 437-443.

Lane D L. 1991. 16S/23S rRNA sequencing[M]//Stackebrandt E, Goodfellow M. Nucleic Acid Techniques in Bacterial Systematics. New York: John Wiley & Sons, Inc: 115-175.

Lau A Y, Lee L P, Chan J W. 2008. An integrated optofluidic platform for Raman-activated cell sorting[J]. Lab Chip, 8(7): 1116-1120.

Lee K S, Palatinszky M, Pereira F C, et al. 2019. An automated Raman-based platform for the sorting of live cells by functional properties[J]. Nat Microbiol, 4(6): 1035-1048.

Levene M J, Korlach J, Turner S W, et al. 2003. Zero-mode waveguides for single-molecule analysis at high concentrations[J]. Science, 299(5607): 682-686.

L'Haridon S, Reysenbach A L, Banta A, et al. 2003. *Methanocaldococcus indicus* sp. nov., a novel hyper-thermophilic methanogen isolated from the Central Indian Ridge[J]. Int J Syst Evol Microbiol, 53(Pt 6): 1931-1935.

Littlechild J, Novak H, James P, et al. 2013. Mechanisms of thermal stability adopted by thermophilic proteins and their use in white biotechnology[M]//Satyanarayana T, Littlechild J, kawarabaysai Y. Thermophilic Microbes in Environmental and Industrial Biotechnology: Biotechnology of Thermophiles. 2nd edition. Berlin: Springer: 481-507.

Marmur J. 1961. A procedure for the isolation of deoxyribonucleic acid from micro-organisms[J]. J Mol Biol, 3(2): 208-218.

Marmur J, Doty P. 1962. Determination of the base composition of deoxyribonucleic acid from its thermal denaturation temperature[J]. J Mol Biol, 5(1): 109-118.

Marteinsson V T, Bjornsdottir S H, Bienvenu N, et al. 2010. *Rhodothermus profundi* sp. nov., a thermophilic bacterium isolated from a deep-sea hydrothermal vent in the Pacific Ocean[J]. Int J Syst Evol Microbiol, 60(Pt 12): 2729-2734.

Mesbah M, Premachandran U, Whitman W B. 1989. Precise measurement of the G+C content of deoxyribonucleic acid by high-performance liquid chromatography[J]. Int J Syst Bacteriol, 39(2): 159-167.

Minnikin D E, O'Donnell A G, Goodfellow M, et al. 1984. An integrated procedure for the extraction of bacterial isoprenoid quinones and polar lipids[J]. J Microbiol Methods, 2(5): 233-241.

Miroshnichenko M L, Tourova T P, Kolganova T V, et al. 2008. *Ammonifex thiophilus* sp. nov., a hyperthermophilic anaerobic bacterium from a Kamchatka hot spring[J]. Int J Syst Evol Microbiol, 58(Pt 12): 2935-2938.

Moriya T, Hikota T, Yumoto I, et al. 2011. *Calditerricola satsumensis* gen. nov., sp. nov. and *Calditerricola yamamurae* sp. nov., extreme thermophiles isolated from a high-temperature compost[J]. Int J Syst Evol Microbiol, 61 (Pt 3): 636.

Moussard H. 2004. *Thermodesulfatator indicus* gen. nov., sp. nov., a novel thermophilic chemolithoautotrophic sulfate-reducing bacterium isolated from the Central Indian Ridge[J]. Int J Syst Evol Microbiol, 54(Pt 1): 227-233.

Nakagawa S, Takai K, Horikoshi K, et al. 2004. *Aeropyrum camini* sp. nov., a strictly aerobic, hyperthermophilic archaeon from a deep-sea hydrothermal vent chimney[J]. Int J Syst Evol Microbiol, 54(Pt 2): 329-335.

Nichols D, Cahoon N, Trakhtenberg E M, et al. 2010. Use of ichip for high-throughput *in situ* cultivation of uncultivable microbial species[J]. Appl Environ Microbiol, 76(8): 2445-2450.

Nunoura T, Miyazaki M, Suzuki Y, et al. 2008. *Hydrogenivirga okinawensis* sp. nov., a thermophilic sulfur-oxidizing chemolithoautotroph isolated from a deep-sea hydrothermal field, Southern Okinawa Trough[J]. Int J Syst Evol Microbiol, 58(Pt 3): 676-681.

Ogg C D, Patel B K C. 2009. *Fervidicola ferrireducens* gen. nov., sp. nov., a thermophilic anaerobic bacterium from geothermal waters of the Great Artesian Basin, Australia[J]. Int J Syst Evol Microbiol, 59(Pt 5): 1100-1107.

O'Neill A H, Liu Y T, Ferrera I, et al. 2008. *Sulfurihydrogenibium rodmanii* sp. nov., a sulfur-oxidizing chemolithoautotroph from the Uzon Caldera, Kamchatka Peninsula, *Russia*, and emended description of the genus *Sulfurihydrogenibium*[J]. Int J Syst Evol Microbiol, 58(Pt 5): 1147-1152.

Pillot G, Frouin E, Pasero E, et al. 2018. Specific enrichment of hyperthermophilic electroactive *Archaea* from deep-sea hydrothermal vent on electrically conductive support[J]. Bioresour Technol, 259: 304-311.

Pley U, Schipka J, Gambacorta A, et al. 1991. *Pyrodictium abyssi* sp.nov., new species represents anovel heterotrophic marine archaeal hyperthermophile growing at 110℃[J]. Syst Appl Microbiol, 14(3):245-253.

Popoff M, Stoleru G H. 1980. Taxonomic study of citronaster-freundii biochemical varints[J]. Ann Microbiol, A131(2): 189-196.

Prokofeva M I, Kostrikina N A, Kolganova T V, et al. 2009. Isolation of the anaerobic thermoacidophilic crenarchaeote *Acidilobus saccharovorans* sp. nov. and proposal of *Acidilobales* ord. nov., including *Acidilobaceae* fam. nov. and *Caldisphaeraceae* fam. nov[J]. Int J Syst Evol Microbiol, 59(12): 3116-3122.

Rappé M S, Connon S A, Vergin K L, et al. 2002. Cultivation of the ubiquitous SAR11 marine bacterioplankton clade[J]. Nature, 418(6898): 630-633.

Rosello-Mora R, Amann R. 2001. The species concept for prokaryotes[J]. FEMS Microbiol Rev, 25(1): 39-67.

Rothberg J M, Leamon J H. 2008. The development and impact of 454 sequencing[J]. Nat Biotechnol, 26(10): 1117-1124.

Saiki T, Kobayashi Y, Kawagoe K, et al. 1985. *Dictyoglomus thermophilum* gen. nov., sp. nov., a chemoorganotrophic, anaerobic, thermophilic bacterium[J]. Int J Syst Bacteriol, 35(3): 253-259.

Sambrook J, Russell D. 2001. Molecular Cloning: A Laboratory Manual. 3rd Edition[M]. New York: Cold Spring Harbor Laboratory: 543-554.

Sanger F, Coulson A R. 1975. Rapid method for determining sequences in DNA by primed synthesis with DNA polymerase[J]. J Mol Biol, 94(3): 441-446.

Sanger F, Nichelen S, Coulson A R. 1977. DNA sequencing with chain-terminating inhibitors[J]. Proc Natl Acad Sci U S A, 74(12): 5463-5468.

Sasser M. 1990. MIDI Tech Note 101. Identification of bacteria by gas chromatographic analyis of celluar fatty acid[EB/OL]. https://www.researchgate.net/publication/303137579. 2024-12-31.

Segerer A H, Burggraf S, Fiala G, et al. 1993. Life in hot springs and hydrothermal vents[J]. Orig Life Evo the Biosph, 23(1): 77-90.

Segerer A H, Trincone A, Gahrtz M, et al. 1991. *Stygiolobus azoricus* gen. nov., sp. nov. represents a novel genus of anaerobic, extremely thermoacidophilic archaebacteria of the order *sulfolobales*[J]. Int J Syst Bacteriol, 41(4): 495-501.

Silva Z, Borges N, Martins L O, et al. 1999. Combined effect of the growth temperature and salinity of the medium on the accumulation of compatible solutes by *Rhodothermus marinus* and *Rhodothermus obamensis*[J]. Extremophiles, 3(2): 163-172.

Slobodkin A I, Reysenbach A L, Slobodkina G B, et al. 2012. *Thermosulfurimonas dismutans* gen. nov., sp. nov., an extremely thermophilic sulfur-disproportionating bacterium from a deep-sea hydrothermal vent[J]. Int J Syst Evol Microbiol, 62(Pt 11): 2565-2571.

Slobodkina G B, Lebedinsky A V, Chernyh N A, et al. 2015. *Pyrobaculum ferrireducens* sp. nov., a hyperthermophilic Fe(III)-, selenate- and arsenate-reducing crenarchaeon isolated from a hot spring[J]. Int J Syst Evol Microbiol, 65(Pt 3): 851-856.

Sokolova T G, Gonzalez J M, Kostrikina N A, et al. 2001. *Carboxydobrachium pacificum* gen. nov., sp. nov., a new anaerobic, thermophilic, CO-utilizing marine bacterium from Okinawa Trough[J]. Int J Syst Evol Microbiol, 51(Pt 1): 141-149.

Stetter K O, Fiala G, Huber G, et al. 1990. Hyperthermophilic microorganisms[J]. FEMS Microbiol Lett, 75(2/3): 117-124.

Takahata Y, Nishijima M, Hoaki T, et al. 2001. *Thermotoga petrophila* sp. nov. and *Thermotoga naphthophila* sp. nov., two hyperthermophilic bacteria from the Kubiki oil reservoir in Niigata, Japan[J]. Int J Syst Evol Microbiol, 51(Pt 5): 1901-1909.

Takai K, Inoue A, Horikoshi K. 1999. *Thermaerobacter marianensis* gen. nov., sp. nov., an aerobic extremely thermophilic marine bacterium from the 11,000 m deep Mariana Trench[J]. Int J Syst Bacteriol, 49(Pt 2): 619-628.

Takai K, Komatsu T, Horikoshi K. 2001. *Hydrogenobacter subterraneus* sp. nov., an extremely thermophilic, heterotrophic bacterium unable to grow on hydrogen gas, from deep subsurface geothermal water[J]. Int J Syst Evol Microbiol, 51(Pt 4): 1425-1435.

Takai K, Nakagawa S, Sako Y, et al. 2003. *Balnearium lithotrophicum* gen. nov., sp nov., a novel thermophilic, strictly anaerobic, hydrogen-oxidizing chemolithoautotroph isolated from a black smoker chimney in the Suiyo Seamount hydrothermal system[J]. Int J Syst Evol Microbiol, 53(Pt 6): 1947-1954.

Takai K, Nealson K H, Horikoshi K. 2004. *Methanotorris formicicus* sp. nov., a novel extremely thermophilic, methane-producing archaeon isolated from a black smoker chimney in the Central Indian Ridge[J]. Int J Syst Evol Microbiol, 54(Pt 4): 1095-1100.

Takami H, Inoue A, Fuji F M, et al. 1997. Microbial flora in the deepest sea mud of the Mariana Trench[J]. FEMS Microbiol Lett, 152(2): 279-285.

Tamaoka J, Katayama-Fujimura Y, Kuraishi H. 1983. Analysis of bacterial menaquinone mixtures by highperformance liquid chromatography[J]. J Appl Bacteriol, 54: (1) 31-36.

Tamaoka J, Komagata K. 1984. Determination of DNA base composition by reversed phase high-performance liquid chromatography[J]. FEMS Microbiol Lett, 25(1): 125-128.

Tamura K, Dudley J, Nei M, , et al. 2007. MEGA4: molecular evolutionary genetics analysis (MEGA) software version 4.0[J]. Molecular Biology and Evolution, 24(8): 1596-1599.

Tomás A F, Karakashev D, Angelidaki I. 2013. *Thermoanaerobacter pentosaceus* sp. nov., an anaerobic, extremely thermophilic, high ethanol-yielding bacterium isolated from household waste[J]. Int J Syst Evol Microbiol, 63(Pt 7): 2396-2404.

Uzarraga R, Auria R, Davidson S, et al. 2011. New cultural approaches for microaerophilic hyperthermophiles[J]. Curr Microbiol, 62(2): 346-350.

Vandamme P, Pot T, Gillis M, et al. 1996. Polyphasic taxonomy, a consensus approach to bacterial systematics[J]. Microbiol Rev, 60(2): 407-438.

Vetriani C, Speck M D, Ellor S V, et al. 2004. *Thermovibrio ammonificans* sp. nov., a thermophilic, chemolithotrophic, nitrate-ammonifying bacterium from deep-sea hydrothermal vents[J]. Int J Syst Evol Microbiol, 54(Pt 1): 175-181.

Völkl P, Huber R, Drobner E, et al. 1993. *Pyrobaculum aerophilum* sp. nov., a novel nitrate-reducing hyperthermophilic archaeum[J]. Appl Environ Microbiol, 59(9): 2918-2926.

Woese C, Sogin M, Stahl D. et al. 1976. A comparison of the 16S ribosomal RNAs from mesophilic and thermophilic bacilli: Some modifications in the sanger method for RNA sequencing[J]. J Mol Evol, 7(3): 197-213.

Yang G Q, Chen M, Yu Z, et al. 2013. *Bacillus composti* sp. nov. and *Bacillus thermophilus* sp. nov., two thermophilic, Fe(III)-reducing bacteria isolated from compost[J]. Int J Syst Evol Microbiol, 63(Pt 8): 3030-3036.

Yang S J, Kataeva I, Wiegel J, et al. 2010. Classification of '*Anaerocellum thermophilum*' strain DSM 6725 as *Caldicellulosiruptor bescii* sp. nov[J]. Int J Syst Evol Microbiol, 60(9): 2011-2015.

Yasuyuki A, Lingna L, Raul C, et al. 2005. Implanted hair follicle stem cells form Schwann cells that support repair of severed peripheral nerves[J]. Proc Natl Acad Sci U S A, 102(49), 17734-17738.

Zillig W, Holz I, Janekovic D, et al. 1990. *Hyperthermus butylicus*, a hyperthermophilic sulfur-reducing archaebacterium that ferments peptides[J]. J Bacteriol, 172(7): 3959-3965.

Zillig W, Holz I, Wunderl S. 1991. *Hyperthermus butylicus* gen. nov., sp. nov., a hyperthermophilic, anaerobic, peptide-fermenting, facultatively H2S-generating archaebacterium[J]. Int J Syst Bacteriol, 41(1): 169-170.

Zillig W, Stetter K O, Schäfer W, et al. 1981. Thermoproteales: a novel type of extremely thermoacidophilic anaerobic archaebacteria isolated from Icelandic solfataras[J]. Zentralblatt Für Bakteriologie Mikrobiologie Und Hygiene: I Abt Originale C: Allgemeine, Angewandte Und Ökologische Mikrobiologie, 2(3): 205-227.

Zillig W, Stetter K O, Wunderl S, et al. 1980. The Sulfolobus- "Caldariella" group: taxonomy on the basis of the structure of DNA-dependent RNA polymerases[J]. Arch Microbiol, 125(3): 259-269.

第四章　超嗜热微生物的高温适应机制

超嗜热微生物能够在大于 80℃的极端高温环境下生存,主要是由于它们具有独特的基因类型、生理生化特性、代谢产物及特殊的高温适应机制。目前,关于超嗜热微生物高温适应机制的研究主要体现在以下几个方面。①细胞膜的高温适应机制。例如,超嗜热微生物细胞膜中的长链饱和脂肪酸比例很高,脂肪酸链较长,疏水键强度大,使得细胞膜耐高温水平提高。②核酸分子的高温适应与稳定机制。例如,DNA 的 G+C 含量、tRNA 的硫化程度等均能影响其热稳定性。③蛋白质的高温适应机制。由于氨基酸组成和排列不同,且一些金属离子对蛋白质的空间结构起稳定作用,使得蛋白质在高温条件下具有稳定性。④相容性溶质及一些特殊代谢产物等也在超嗜热微生物的高温适应中扮演重要角色。

研究超嗜热微生物的耐热机制,不仅有助于理解地球上生命的起源,为寻找其他可能存在生命的环境提供线索,同时也可为超嗜热微生物菌种资源的开发及其在工业领域的应用提供基础理论支撑。本章内容共分四节,分别围绕一种超嗜热微生物的高温适应机制进行阐述。

第一节　细胞膜的高温适应机制

一、嗜热微生物细胞膜的特点

细胞膜的出现是生命进化史上的一次重大飞跃,它的存在既能够将细胞内部与环境分离,又能够通过跨膜运输与周围环境进行有效物质交流,以维持细胞的生命活动。所有微生物的细胞膜都有一个共同的结构特征,即磷脂与相关蛋白质构成的双分子层结构(图 4.1)。

磷脂是细胞膜的主要成分,由于存在亲水性(极性)的头部和疏水性(非极性)的尾部,故使细胞膜形成独特的双层结构:疏水尾部埋在膜内部;亲水头部基团暴露在两侧,分别朝向细胞质和细胞外液。膜蛋白主要分为外周膜蛋白和整合膜蛋白两类。外周膜蛋白位于膜外,并通过与其他蛋白质的相互作用与膜相连。整合膜蛋白嵌于膜中并且大部分穿过膜,其中部分蛋白结构暴露在膜的两侧,参与跨膜运输和信号转导。

细胞膜结构的稳定性与微生物耐热性息息相关。随着环境温度升高,细胞膜由凝胶态转化为液晶态,这一过程被称为细胞膜脂质的相变,发生转化的温度也称为相变温度。由于微生物细胞膜结构中缺乏胆固醇,细胞膜的相变温度主要取决于其中脂肪酸的组成和比例。相同条件下,不同类型脂肪酸的热稳定性一般为:直链饱和脂肪酸>支链饱和脂肪酸>不饱和脂肪酸。超嗜热微生物通过增加细胞膜中类脂和高熔点饱和脂肪酸总含量提高相变温度,这是一种常见的细胞膜热适应策略。

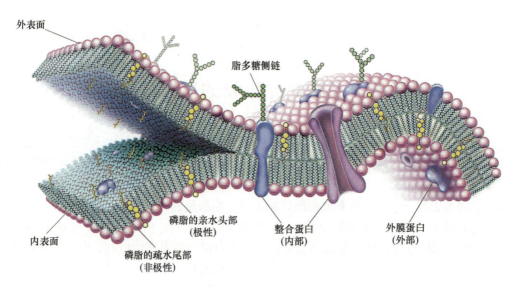

外表面

脂多糖侧链

磷脂的亲水头部
（极性）

整合蛋白
（内部）

外膜蛋白
（外部）

内表面

磷脂的疏水尾部
（非极性）

图 4.1 细胞膜的磷脂双分子层结构

Fig. 4.1 Cell membrane phospholipid bilayer structure

脂类物质在维持超嗜热微生物细胞膜稳定性中所起的作用主要体现在：①脂类的化学稳定性决定细胞膜的相变温度；②类脂和高熔点饱和脂肪酸比例的增加能够提高细胞膜的稳定性；③在高温下，脂类的双层膜特性能有效保持细胞膜的高渗透性和液晶态特性。尽管嗜热细菌和嗜热古菌的细胞膜基本组分都是磷脂分子，但两者的磷脂分子组成差异较大，这种现象也被称为"脂质分裂"。研究发现，"脂质分裂"现象的出现可能与超嗜热细菌和古菌耐热性能的差异有关。

二、超嗜热细菌细胞膜

超嗜热细菌细胞膜的脂质以 16～18 个碳原子构成的异构脂肪酸为主，包括部分顺反异构脂肪酸，而不饱和脂肪酸的含量通常较低（图 4.2）。随着环境温度的升高，超嗜热细菌的磷脂分子中饱和脂肪酸的比例、磷脂酰烷基链的长度和异构化支链的比例明显增加。由于饱和脂肪酸之间存在强烈的疏水作用，细胞膜在高温环境中能够保持结构刚性，使其热稳定性更高。

最新研究发现，超嗜热细菌外膜的磷脂双分子层中有很多结构特殊的复合类脂。随着温度升高，这些复合类脂中烷基链彼此间隔扩大，从而有利于双层膜结构保持整齐的液晶状态。增加磷脂酰烷基链的长度和异构化支链的比例，或增加脂肪酸饱和度都可维持膜的液晶态，从而增强细胞膜的高温适应能力。此外，一些超嗜热细菌的磷脂分子兼具细菌和古菌中磷脂分子的特征。例如，超嗜热细菌 *Thermotoga maritima* 的磷脂双分子层是由 17 个碳原子的脂肪酸通过醚键与甘油骨架相连构成的，该结构也使得 *Thermotoga maritima* 细胞膜的耐热性能大幅增强（Rudolph et al.，2013）。

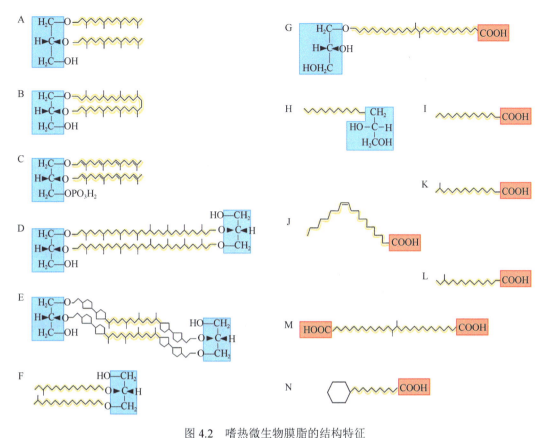

图 4.2 嗜热微生物膜脂的结构特征

Fig. 4.2 Structural characteristics of thermophilic microbial membrane lipids

三、超嗜热古菌细胞膜

与超嗜热细菌相比，超嗜热古菌细胞膜结构和组分的差异主要体现在甘油构型、醚键、异戊二烯及侧链分支结构上。超嗜热古菌细胞膜的磷脂基本结构单元为 L-glycerol，且分子结构中没有多余的氧原子，使得相邻甘油分子间主要通过醚键连接。由于醚键比酯键具有更强的化学稳定性，超嗜热古菌细胞膜通常拥有更强的热稳定性。例如，热球菌目（Thermococcales）微生物的膜脂结构相对其他细菌更为简单，主要结构是由 20 个 C 组成的磷酸甘油二醚阿克醇和 40 个 C 组成的不含环戊烷部分的甘油四醚，但具有该结构的古菌普遍能耐受 100℃以上的高温（Sugai et al., 2004）。

异戊二烯侧链对于提高嗜热古菌细胞膜的热稳定性也具有重要作用，具体作用机制包括：①当温度升高导致细胞膜通透性增强时，异戊二烯支链之间的相互连接能够有效防止细胞质泄漏；②当异戊二烯侧链连接到另一个磷脂的侧链上形成四醚结构时，超嗜热古菌的脂质双分子层结构将被单分子层取代，这种单层的脂质分子排布使超嗜热古菌细胞膜更加稳定，从而更好地抵抗高温；③类异戊二烯侧链通过卷曲与相邻的碳原子连接形成环丙烷或环己烷的碳环结构，这种碳环结构能够发挥类似真核细胞膜中胆固醇的作用，同样可以提高细胞膜的热稳定性。

第二节　核酸分子的高温适应机制

一、DNA 的高温适应机制

DNA 是由脱氧核糖核苷酸组成的大分子聚合物。通过脱氧核糖和磷酸交替连接，构成了磷酸基团排列在外侧、碱基排列在内侧的多脱氧核糖核苷酸链的基本结构。DNA 中 4 种脱氧核糖核苷酸的排列顺序承载生物遗传信息，经过转录、翻译，合成微生物生命代谢所需的蛋白质。DNA 两条链上的碱基遵循互补配对原则，通过氢键连接形成碱基对（A 和 T 通过 2 个氢键相连，而 C 和 G 通过 3 个氢键相连），最终构成稳定的双螺旋结构（图 4.3）。DNA 的双螺旋结构主要分 A 型（A-DNA）、B 型（B-DNA）和 Z 型（Z-DNA）等 3 种构象，其中 B 型是最常见的 DNA 构象（图 4.4）。维持 DNA 双螺旋结构稳定的力主要来源于碱基堆积力。

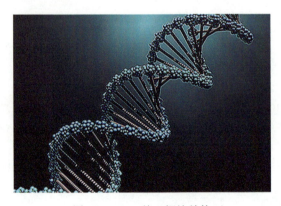

图 4.3　DNA 的双螺旋结构
Fig. 4.3　DNA double helix structure

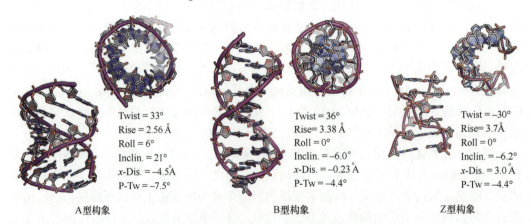

A型构象　　　　　B型构象　　　　　Z型构象

A型构象	B型构象	Z型构象
Twist = 33°	Twist = 36°	Twist = −30°
Rise = 2.56 Å	Rise = 3.38 Å	Rise = 3.7 Å
Roll = 6°	Roll = 0°	Roll = 0°
Inclin. = 21°	Inclin. = −6.0°	Inclin. = −6.2°
x-Dis. = −4.5 Å	x-Dis. = −0.23 Å	x-Dis. = 3.0 Å
P-Tw = −7.5°	P-Tw = −4.4°	P-Tw = −4.4°

图 4.4　自然界中存在的 3 种典型 DNA 双螺旋构象
Fig. 4.4　Three typical double helix conformations of DNA exist in nature
从左至右分别为 A-DNA（Hays et al., 2005）、B-DNA（Privé et al., 1991）和 Z-DNA（Wang et al., 1979）的结构。缩写：
Inclin. = 倾向角，x-Dis. = x-位移，P-Tw = 螺旋桨式扭角

与嗜温微生物相比，嗜热微生物在 G+C 含量、DNA 构象等方面具有独特性，从而在高温环境下起到保护 DNA 的作用（盛祖嘉等，1991）。特别在超嗜热微生物 DNA 双螺旋结构中，核苷酸排列井然有序，但也有少量突出的核苷酸或其他不规则结构存在。螺旋结构侧面、近端、远端的碱基几乎不会从方阵结构中滑出，促使碱基堆积力增强、DNA 双螺旋更加稳定。此外，超嗜热微生物的 DNA 螺距较嗜温菌更短、G+C 含量更高，更有利于维持 DNA 的热稳定性。一些超嗜热微生物在极端环境下会将 DNA 的构象转化为 A 型，从而起到保护 DNA 的作用。

DNA 逆旋转酶是一种特殊拓扑异构酶（图 4.5）。目前，这种酶仅存在于生长温度大于 60℃的嗜热微生物中。例如，超嗜热古菌 *Thermococcus kodakarensis* KOD1 的野生型菌株可在 100℃条件下生长，而缺失 DNA 逆旋转酶基因的突变株仅能在 80～93℃条件下生长，表明 DNA 逆旋转酶在维持高温条件下 DNA 分子的稳定性上发挥重要作用。与其他 DNA 旋转酶不同，超嗜热逆旋转酶能够诱导 DNA 分子形成正超螺旋结构，

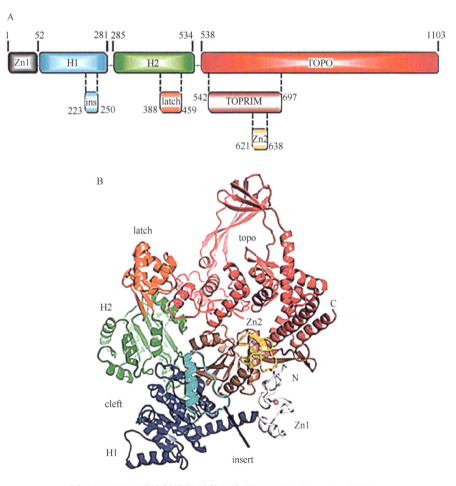

图 4.5　DNA 逆旋转酶的结构示意图（Rudolph et al.，2013）

Fig. 4.5　Overview of DNA reverse rotation enzymes

A. 逆旋转酶的结构域特征；B. 逆旋转酶的三维结构

保护 DNA 免受高温诱导产生降解（Perugino et al.，2009）。此外，最新研究显示，逆旋转酶能够稳定受损的 DNA 主链结构，保持 DNA 双链结构完整，甚至能够帮助修复损伤的 DNA（Kampmann and Stock，2004）。

DNA 双螺旋结构的热稳定性也受胞内离子和小分子代谢物等外部因素的影响。胞内与 DNA 分子相结合的带正电荷的蛋白质、聚胺类物质也是嗜热微生物维持 DNA 分子热稳定性的重要策略（王霁，2009）。组蛋白和核小体在高温下均有聚合成四聚体甚至八聚体的趋势，能保护裸露的 DNA 不受高温破坏。例如，从广古菌门（Euryarchaeota）和泉古菌门（Crenarchaeota）的超嗜热古菌中分离出的类组蛋白，能够与双链 DNA 分子结合，提高解链温度，保护 DNA 双螺旋结构。此外，嗜热古菌胞内较高浓度的钾离子与 DNA 分子结合，也可以防止 DNA 在高温条件下发生脱嘌呤作用。

二、RNA 的高温适应机制

RNA 修饰是一种广泛存在于原核生物中的转录后修饰方式，对于微生物适应极端环境具有一定作用。目前，已鉴定到的 RNA 修饰方式超过 150 种，其中 80% 为 tRNA 修饰。在嗜热细菌和古菌中，独特的 RNA 修饰有助于 tRNA 适应高温环境。例如，在超嗜热古菌 *Sulfolobus tokodaii* 的 tRNA 中的第 47 位鉴定到了 2'-磷酸尿苷（U^p）。在 U^{p}47 的结构表征中，发现了一种独特的亚稳态核心结构（图 4.6），从而赋予 *Sulfolobus tokodaii* 的 tRNA 高热稳定性和高核酸酶抗性（Wolff et al.，2023）。

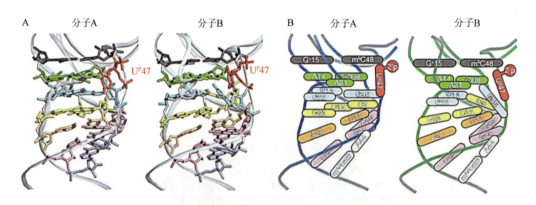

图 4.6　超嗜热古菌 *Sulfolobus tokodaii* 的 tRNA 中 U^{p}47 的核心结构
Fig. 4.6　The core structure of U^{p}47 in tRNA of hyperthermophilic *Sulfolobus tokodaii*
A. 分子 A 和分子 B 核心结构特写视图；B. 分子 A 和分子 B 的核心结构示意图

相比嗜热细菌，嗜热古菌中 rRNA 分子的转录后修饰水平较低，但是 rRNA 核糖核苷酸分子的甲基化修饰水平随着培养温度的提高而有所升高，这说明超嗜热古菌 rRNA 分子的甲基化修饰作用有利于其热稳定性的提高。例如，从 75℃ 条件下分离培养的 *Sulfolobus solfataricus*，在 16S rRNA 中大约有 38 个 RNA 修饰位点，占总核苷酸的 2.5%；在 23S rRNA 中发现有 50 个修饰位点，占总核苷酸的 1.7%（Noon et al.，1998）（表 4.1）。这种甲基化修饰对于维持 RNA 二级和三级结构的热稳定性非常重要。

表 4.1　超嗜热古菌 *Sulfolobus solfataricus* 的 16S 和 23S rRNA 修饰位点（Cacciapuoti et al.，2012）
Table 4.1　The 16S and 23S rRNA modification sites of hyperthermophilic archaea *Sulfolobus solfataricus*

rRNA 类别	核苷酸类型	修饰位点数
16S	Cm	4.7
	Um	4.6
	Am	4.4
	Gm	10.7
	Ψ	4.8
	m^5C	约 1
	ac^4C	≥4
	m^2G	1～2
	m^6A	1～2
	m_2^6A	1
23S	Cm	9.7
	Um	9.5
	Am	11.1
	Gm	12.8
	Ψ	3.7
	m_3C	约 1
	m_5C	1～2
	ac^4C	<1
	m^6A	—
	m_2^6A	—
	m_2G	—

注：—表示未检测到。

第三节　蛋白质的高温适应机制

一、热稳定蛋白的结构

蛋白质的热稳定性决定了微生物的耐热性能，而来源于超嗜热微生物的蛋白质通常具有更好的热稳定性。例如，*Pyrococcus horikoshii* 的蛋白质 CutA1 在 pH 7.0 时的变性温度高达 148.5℃（Nuno et al.，2001）。提高蛋白质的热稳定性主要可以通过两种机制实现：①提高稳定蛋白质结构的相互作用力；②形成堆积紧密的疏水核心。

蛋白质结构中相互作用力的提高一般通过增加分子内和分子间相互作用力来实现。其中，分子内作用力主要包括氢键、静电、疏水、二硫键、芳香基团的相互作用，以及与金属结合等。例如，广泛存于热稳定蛋白中的二硫键主要用于提高分子内的作用力，增加蛋白单体亚基的刚性，从而增强蛋白质的热稳定性（表 4.2）。此外，超嗜热细菌 *Aquifex aeolicus* 的 FlgM 蛋白会通过增加分子间结构的无序程度使蛋白结构更加灵活，以适应高温。携带具备特殊结构的氨基酸也是增强蛋白质热稳定性的一个重要原因。例如，精氨酸具有较高的 pK_a 值和共振稳定性，通常能参与多个非共价键的相互作用；脯氨酸中的卟啉环结构熵值低，使蛋白质易于折叠，从而改善蛋白质的热稳定性。

表 4.2　超嗜热微生物中含二硫键的热稳定蛋白

Table 4.2　Thermostable proteins containing disulfide bonds in hyperthermophilic microorganisms

热稳定蛋白名称	超嗜热菌来源	二硫键类型
5'-脱氧-5'-甲硫腺苷磷酸酶	*Sulfolobus solfataricus*	125-125'
糖基海藻糖水解酶	*Sulfolobus solfataricus*	298-298'
L-异天冬氨酸-*O*-甲基转移酶	*Sulfolobus tokodaii*	149-149'
天冬氨酸消旋酶	*Pyrococcus horikoshii*	73-73'
2-吡咯烷酮羧肽酶	*Thermococcus litoralis*	100-100'
吲哚-3-磷酸甘油合酶	*Thermotoga maritima*	102-102'
磷酸丙糖异构酶	*Thermotoga maritima*	541-541'
延长因子 Ts	*Thermus thermophilus*	190-190'

分子间的作用力还可以通过形成盐桥（又称离子对）来实现。热稳定蛋白中往往存在大量的盐桥，而盐桥总含量和盐桥比例都与蛋白质的热稳定性呈正相关关系（图 4.7）。

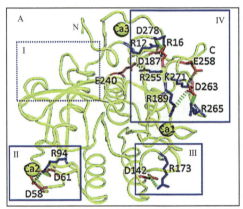
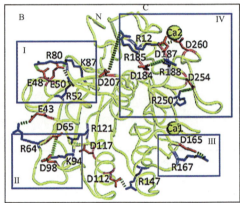
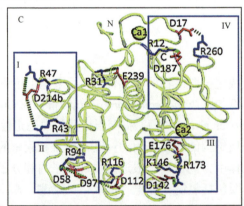

图 4.7　嗜冷（A）、嗜温（B）和嗜热（C）微生物中同一家族的丝氨酸蛋白酶内部盐桥数量及静电强度分布情况

Fig. 4.7　The number of salt bridges and the electrostatic intensity distribution of serine proteases from the same family in psychrophilic（A），thermophilic（B）and thermophilic microorganisms（C）

残基显示为棒状模型，带负电和带正电的残基分别为红色和蓝色；盐桥显示为绿色虚线，框状区域（即 I～IV）是盐桥相对富集的区域

在常温环境中，蛋白内盐桥间的静电相互作用不稳定，但高温环境可以强化电荷间的相互作用，使盐桥能够保持高度稳定状态，从而为稳定蛋白结构提供更大的分子间作用力。

具备紧密的疏水核心是热稳定蛋白结构的另一重要特征。随着温度升高，溶剂的物理、化学性质和流动性发生改变，并影响蛋白质结构的稳定性。因此，热稳定蛋白通常会减少表面疏水性氨基酸（负电荷氨基酸）残基的分布，从而减少与溶剂的相互作用。例如，超嗜热细菌 *Thermotoga maritima* 胞嘧啶脱氨酶 1J6P 明显比嗜冷细菌 *Oleispira antarctica* 中同源蛋白 3LNP 的表面电荷更少（Kube et al.，2013）（图 4.8）。

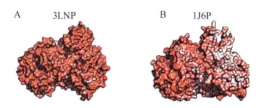

图 4.8　不同耐热能力菌的胞嘧啶脱氨酶表面接触电荷分布特征

Fig. 4.8　Contact charge distribution of cytosine deaminase in different thermotolerant bacteria

A. 3LNP：嗜冷细菌 *Oleispira antarctica*；B. 1J6P：超嗜热细菌 *Thermotoga maritima*。红色梯度表示相对的表面负电荷强度变化

许多热稳定蛋白还通过增加疏水核心亚单位的刚性，形成更紧密的堆积结构，从而维持高温环境中蛋白质结构的稳定。热稳定蛋白在氨基酸组成上通常具有较低比例的极性不带电氨基酸残基（Ser、Thr、Asn、Gln 等）和较高含量的带电荷氨基酸残基（Asp、Glu、Lys、Arg、His 等）。这种氨基酸替换通常不会影响蛋白质骨架构象（图 4.8），但能够增加分子内部疏水性、降低外部疏水效果，使得蛋白质在高温环境中更为稳定（Cacciapuoti et al.，2012；Liu et al.，2021）。

蛋白质均方根涨落（root mean square fluctuation，RMSF）表示的是蛋白分子中各个原子运动的自由程度，其值可以反映蛋白质中各个氨基酸的柔性强度。RMSF 值越大，则蛋白质分子柔性越大。通过中子散射，在嗜冷菌、嗜温菌、嗜热菌和超嗜热菌体内定量平均 RMSF，结果发现 RMSF 值从嗜冷菌的 0.2 N/m（4℃）增长到超嗜热菌的 0.6 N/m（85℃），表明超嗜热菌的蛋白分子弹性更大，在高温下更容易保持稳定性（图 4.9）。

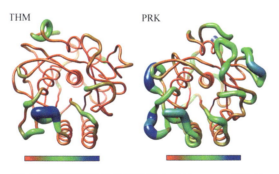

图 4.9　不同菌株的丝氨酸蛋白酶的 RMSF 值比较

Fig. 4.9　Comparison of serine protease RMSF value of different bacteria

三维骨架表示每个骨架蛋白结构的 RMSF 值。骨架颜色从红色到蓝色，对应表示骨架 RMSF 值从最低到最高。

THM：嗜热菌；PRK：嗜温菌

二、热激蛋白的功能

热激蛋白（heat shock protein，HSP）是一组保护蛋白质免受热应激损伤的效应蛋白，通常在有机体暴露于热冲击时，可以使其获得耐热能力。HSP 主要承担辅助蛋白质折叠和增强细胞耐受能力的功能。除了高温外，高盐、酸、碱、乙醇等环境压力也可诱导 HSP 合成。目前，已发现的 HSP 种类繁多，主要包括 Hsp100、Hsp90、Hsp70、Hsp60，以及其他小型热激蛋白（表 4.3）。

表 4.3　常见的热激蛋白（HSP）及其功能（Verghese et al.，2012）
Table 4.3　Common heat shock proteins and their functions

类别	蛋白质	功能
Hsp100	Hsp104	解折叠酶，分解酶
Hsp90	Hsp82	促进蛋白质成熟，应激诱导
	Hsc82	促进蛋白质成熟，组成型表达
Hsp90 伴侣酮	Sti1	Hsp70 / Hsp90 组织蛋白同源物，含有 TPR
	Cns1	与 Sti1 类似，包含 TPR
	Cdc37	蛋白激酶折叠
	Sba1	Hsp90 ATPase 调节剂
	Cpr6	免疫亲和素同系物，含 TPR，可诱导应激
	Cpr7	免疫亲和素同系物，含 TPR，组成型表达
	Sgt1	含 TPR 的 Hsp90 衔接蛋白
	Aha1	Hsp90 ATP 酶调节剂
	Ppt1	含 TPR 的蛋白磷酸酶
Hsp110	Sse1	核苷酸交换，底物结合，组成型表达
	Sse2	核苷酸交换，底物结合，应激诱导
Hsp70	Ssa1、Ssa2	蛋白质折叠，易位，结构表达
	Ssa3、Ssa4	蛋白质折叠，易位，应激诱导
	Ssb1、Ssb2	新生链折叠
Hsp70 NEF	Fes1	Hsp70 核苷酸交换
	Snl1	Hsp70 核苷酸交换，ER 束缚
Hsp40J	Ydj1	ATP 酶激活剂，底物结合
	Sis1	ATP 酶激活剂，底物结合
Hsp40J 结构域	Caj1	ATP 酶激活剂，底物结合
	Djp1	ATP 酶激活剂，底物结合，过氧化物酶体导入
	Xdj1	ATP 酶激活剂，底物结合
	Apj1	ATP 酶激活剂，底物结合
	Jjj1	ATP 酶激活剂，核糖体合成
	Jjj2	ATP 酶激活剂
	Jjj3	ATP 酶激活剂

续表

类别	蛋白质	功能
Hsp40J 结构域	Hlj1	Hsp70 ATP 酶激活剂，内质网降解途径（ERAD）
	Cwc23	Hsp70 ATP 酶激活剂，mRNA 剪切
	Swa2	Hsp70 ATP 酶激活剂，囊泡运输
伴侣蛋白	TriC/Cct1～Cct8	蛋白质折叠，细胞骨架底物
	Pfd1～Pfd6	蛋白质折叠，细胞骨架底物
伴侣酮		
sHSP	Hsp42	抗聚集酶
	Hsp26	抗聚集酶
其他	Hsp12	膜伴侣

　　超嗜热微生物利用各种高温适应机制使其能在80℃以上的高温环境中生长，而紧凑简洁的基因组可使微生物生活在更高温度下。由此推测，简化的热激蛋白体系也可能是高温诱导的结果。在极端高温等不良环境下，蛋白质的折叠由于受到 HSP 或前折叠素的保护而不发生受热凝集沉淀。热激蛋白能与很多蛋白质分子结合，帮助氨基酸链折叠成正确的三维结构，清除受损而无法正确折叠的氨基酸链，护送蛋白分子寻找目标分子以免受到其他分子的干扰，从而帮助机体应对高温胁迫。

　　作为蛋白质在折叠过程中的辅助元件，HSP 自身不参与蛋白质折叠的形成，仅通过结合和释放的方式辅助稳定蛋白质的构象，起到促进新生多肽链的折叠、多聚体的装配或降解、细胞器蛋白的跨膜运输等功能。在应激状态下，HSP 还可防止其他蛋白质发生

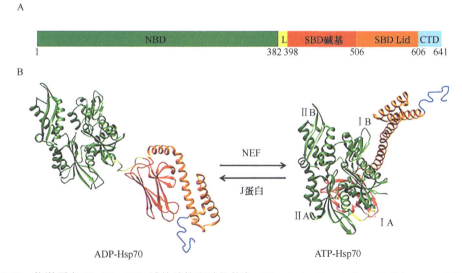

图 4.10　热激蛋白 70（Hsp70）域的结构和功能构象（Fernández-Fernández and Valpuesta，2018）

Fig. 4.10　Structural and functional conformations of the heat shock protein 70（Hsp70）domain

A. 热激蛋白 Hsp70 域构成比例。NBD：核苷酸结合结构域；L：连接子；SBD 碱基：底物结合结构域碱基；SBD Lid：底物结合结构域；Lid，aa506-605；CTD：C 端结构域。方案下方的编号仅显示每个结构域的第一个氨基酸。B. Hsp70 原子结构处于封闭（PDB 2KHO）和开放（PDB 4JNE）构象。NEF，核苷酸交换因子；NBD 子域称为ⅠB、ⅡB、ⅠA 和ⅡA

变性或解聚，使之恢复活性。例如，Hsp60 是生物体内普遍存在的热激蛋白，参与蛋白质的折叠和复性，通常分为两大类：①第一类为伴侣蛋白 I（chaperonin I），主要存在于细菌和真核生物的叶绿体、线粒体中，在部分嗜温古菌中也有发现；②第二类为伴侣蛋白 II（chaperonin II），一般不存在于细菌中，主要在古菌和真核生物细胞质中。古菌的伴侣蛋白 II 通常具有极高抗热性，因而也被称为热聚体（thermosome）。Hsp70 主要参与细胞内蛋白质的从头合成和运输、蛋白质的折叠、蛋白质的降解及调节过程，以维持细胞蛋白的稳定性，提高细胞对应激原的耐受性，增强抗氧化能力（图 4.10）。

HSP 的保护功效主要表现在受到高热、氧化、机械损伤等各种应激刺激时，通过其底物识别区识别受损蛋白质暴露的疏水区域，辅助清除受损蛋白，增加受损细胞的生存能力。一些原始热聚体需要超过底物较多的量才能完全捕获所有底物。例如，詹氏甲烷球菌 *Methanococcus jannaschii* 的原始热聚体要达到 500 倍底物的量才能完全捕获待复性底物，这样低的效率可能与没有达到原始热聚体生理功能温度有关。

第四节　相容性溶质的高温保护机制

一、相容性溶质

相容性溶质（compatible solute）最早由澳大利亚科学家 Brown 和 Simpson 于 1972年提出，泛指与细胞体系相容而不影响其他生物大分子功能的溶质。这类物质在生理 pH范围内通常不带电荷，为极性、高度水溶性、没有活性基团的小分子物质，因此被称为"相容性溶质"。在高温、高寒、高渗透压及干燥失水等极端环境条件下，微生物细胞会积累相容性溶质小分子化合物来维持细胞的生存。在超嗜热微生物中发现的相容性溶质往往带负电，这与它们出色的蛋白质稳定能力有关。目前，已鉴定出的相容性溶质包括氨基酸（甘氨酸、脯氨酸、牛磺酸等）及其衍生物、多元醇（甘油、肌醇、山梨醇等）、糖（如海藻糖）、甲胺（如甜菜碱）和甲基磺酸化合物（如二甲基磺酸丙酸盐）等。

二、超嗜热微生物的相容性溶质

相容性溶质具有保护细胞蛋白质和其他大分子的功能。在极端高温环境中的超嗜热微生物通过积累相容性溶质，可以使其免受高热造成的细胞结构破坏。表 4.4 汇总了大部分从已知嗜热微生物中鉴定出的相容性溶质，其中一些仅在超嗜热微生物中被发现，表明它们可能在超嗜热微生物的耐热过程中扮演重要角色。

从化学结构分析，大多数嗜热微生物的特征相容性溶质可分为两类，即多元醇磷酸二酯和 α-己糖衍生物，其中也包含一些仅在超嗜热微生物中发现的相容性溶质，它们的存在提高了超嗜热微生物胞内蛋白质的热稳定性（图 4.11）。例如，迄今为止尚未发现磷酸二肌醇磷酸酯（di-*myo*-inositolphosphate，DIP）在生长温度低于 60℃ 的微生物中积累的现象，而且 DIP 含量通常会随着超嗜热微生物最适生长温度的升高而增加。DIP 的甘露糖基化衍生物也有助于提高超嗜热微生物的耐热能力，目前仅在 *Thermotoga* 属和 *Aquifex* 属的超嗜热细菌中被发现（Santos and da Costa，2011）。

表 4.4　（超）嗜热微生物中的相容性溶质

Table 4.4　Compatible solute in hyperthermophilic microorganisms

分类	菌株	最适生长温度/℃	相容性溶质								参考文献
			cBPG	Tre	MG	DIP	α-Glu	β-Glu	Asp	其他	
古菌	*Pyrolobus fumarii*	106				+					Gonçalves et al.，2008
	Pyrodictium occultum	105				+	+				Martins et al.，1997
	Pyrobaculum aerophilum	100		+							Martins et al.，1997
	Pyrobaculum islandicum	100									Martins et al.，1997
	Pyrococcus furiosus	100					+				Martins and Santos，1995
	Hyperthermus butylicus	99				+					Santons and da Costa，2011
	Pyrococcus horikoshii	98		+		+	+				Empadinhas et al.，2001
	Methanopyrus kandleri	98	+				+				Martins et al.，1997
	Stetteria hydrogenophila	95		+	+	+					Neves et al.，2005
	Aeropyrum pernix	90			+	+					Santos and da Costa，2011
	Methanococcus igneus	88									Ciulla et al.，1994；Robertson et al.，1990
	Thermoproteus tenax	88		+							Martins et al.，1997
	Thermococcus stetteri	87					+				Lamosa et al.，1998
	Thermococcus celer	87					+				Lamosa et al.，1998
	Thermococcus litoralis	85					+			GalHl	Lamosa et al.，1998
	Thermococcus kodakarensis	85				+	+		+		Borges et al.，2010
	Methanocaldococcus jannaschii	85									Robertson et al.，1990
	Palaeococcus ferrophilus	83									Neves et al.，2005
	Methanothermus fervidus2	83	+				+				Martins et al.，1997
细菌	*Archaeoglobus fulgidus* VC-16	83					+			DGP	Martins et al.，1997
	Archaeoglobus profundus	83			+	+	+				Gonçalves et al.，2003
	Acidianus ambivalens	80		+						DGP	Martins et al.，1997
	Archaeoglobus veneficus	75			+	+	+				Gonçalves et al.，2003
	Thermococcus zilligii	75									Lamosa et al.，1998
	Sulfolobus solfataricus	75		+							Martins et al.，1997
	Metallosphaera sedula	75		+							Martins et al.，1997
	Methanothermobacter thermautotrophicus	70	+				+			TCH	Gorkovenko et al.，1994
	Methanothermococcus okinawensis	70					+		+		Santos et al.，2007
	Methanothermobacter marburgensis	65	+				+			TCH	Ciulla et al.，1994
	Methanothermococcus thermolithotrophicus	65					+	+	+	NAL	Robertson et al.，1992

续表

分类	菌株	最适生长温度/℃	相容性溶质								参考文献
			cBPG	Tre	MG	DIP	α-Glu	β-Glu	Asp	其他	
细菌	*Aquifex pyrophilus*	80								GPI MDIP	Lamosa et al.，2006
	Thermotoga maritima	80								MDIP	Martins et al.，1996
	Thermotoga neapolitana	80				+				MDIP	Martins et al.，1996
	Thermosipho africanus	75				+				Pro	Martins et al.，1996
	Thermotoga thermarum	70									Martins et al.，1996
	Marinitoga piezophila	70				+				Pro	Santos et al.，2007
	Fervidobacterium islandicum	70									Martins et al.，1996
	Persephonella marina	70			+		+			GG GGG	Santos et al.，2007
	Thermus thermophilus	70				+				GB	Nunes et al.，1995
	Rhodothermus marinus	65		+		+				MGA	Nunes et al.，1995，Silva et al.，1999

注：环状 2，3-双磷酸甘油酸酯（cyclic-2，3-bisphosphoglycerate，cBPG）；海藻糖（trehalose，Tre）；甘露糖基甘油酸酯（mannosylglycerate，MG）；磷酸二肌醇磷酸酯（di-*myo*-inositol phosphate，DIP）；α-谷氨酸（α-glutamate，α-Glu）；β-谷氨酸（β-glutamate，β-Glu）；天冬氨酸（aspartate，Asp）；β-吡喃半乳糖基-5-羟基赖氨酸（β-galactopyranosyl-5-hydroxylysine，GalHl）；磷酸二甘油酯（diglycerol phosphate，DGP）；1,3,4,6-四羧基己烷（1,3,4,6-tetracarboxyhexane，TCH）；N-乙酰基-赖氨酸（N-acetyl-b-lysine，NAL）；甘油-磷酸肌醇（glycero-phospho-inositol，GPI）；甘露糖基-磷酸二肌醇磷酸酯-1（mannosyl-di-*myo*-inositol phosphate，MDIP）；脯氨酸（proline，Pro）；葡萄糖基甘油酸酯（glucosylglycerate，GG）；双葡萄糖基甘油酸酯（glucosyl-glucosylglycerate，GGG）；甘露糖基甘油酰胺（mannosylglyceramide，MGA）；甘氨酸甜菜碱（glycine betaine，GB）；+表示该有机相容质首次被报道存在于嗜热菌中。

多元醇磷酸二酯类相容性溶质还包括磷酸二甘油酯（diglycerol phosphate，DGP），以及目前只在超嗜热古菌 *Archaeoglobus* 中检测到的甘油-磷酸肌醇（glycero-phospho-inositol，GPI）。GPI 是 DGP 和 DIP 的结构嵌合体，其中 DGP 主要对盐胁迫作出响应，而 DIP 负责对温度胁迫作出响应。因此，GPI 在应对高盐和高温胁迫时，对两者都有响应。

在 α-己糖衍生物中，甘露糖基甘油酸酯（mannosylglycerate，MG）也是超嗜热微生物的特征相容性溶质。尽管 MG 最早发现于中温红藻中，但暂未有研究发现其能在嗜温微生物中积累。相反，MG 在海洋环境分离出来的超嗜热菌中积累的现象比较常见（表 4.4）。通常情况下，MG 的积累是应对生长环境中盐浓度的增加，但实际上它也是一种典型的热保护化合物。MG 的结构包含一个甘露糖基团，该基团通过 α-糖苷键与甘油酯上的羟基连接，并充当多种化学物质的前体。因此，MG 也常被用作体外蛋白的稳定剂。此外，在超嗜热细菌 *Rhodothermus marinus*（Nunes et al.，1995）和 *Persephonella marina*（Empadinhas and Costa，2008）中也发现了一些典型的相容性溶质。

不同的超嗜热菌通常表现出不同的溶质积累模式，而特征相容性溶质的含量也会对特定应激因子产生响应。在大多数情况下，MG、DGP 和带电荷的氨基酸响应于盐度的增加，而 DIP 或 DIP 衍生物往往对最适生长温度升高作出响应。此外，相容性溶质的类别和性质也与微生物培养基的组成有较大关系。例如，当嗜热古菌 *Archaeoglobus fulgidus* 生长在乳酸盐培养基中，其对盐度的响应主要是积累 DGP；当淀粉取代乳酸时，DGP

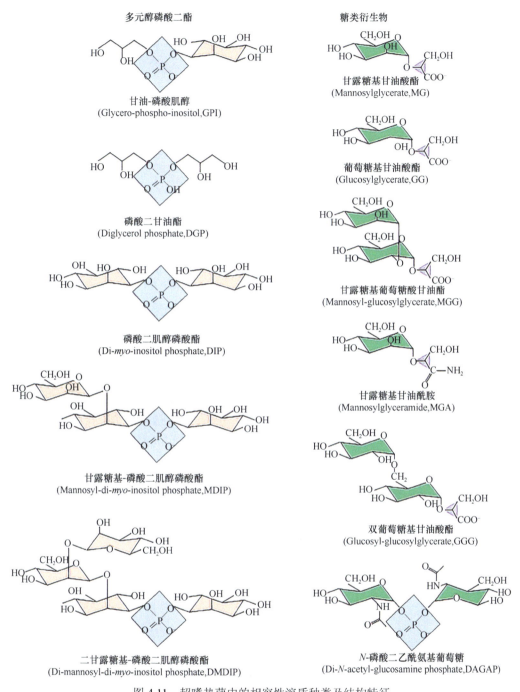

多元醇磷酸二酯

甘油-磷酸肌醇
(Glycero-phospho-inositol,GPI)

磷酸二甘油酯
(Diglycerol phosphate,DGP)

磷酸二肌醇磷酸酯
(Di-*myo*-inositol phosphate,DIP)

甘露糖基-磷酸二肌醇磷酸酯
(Mannosyl-di-*myo*-inositol phosphate,MDIP)

二甘露糖基-磷酸二肌醇磷酸酯
(Di-mannosyl-di-*myo*-inositol phosphate,DMDIP)

糖类衍生物

甘露糖基甘油酸酯
(Mannosylglycerate,MG)

葡萄糖基甘油酸酯
(Glucosylglycerate,GG)

甘露糖基葡萄糖酸甘油酯
(Mannosyl-glucosylglycerate,MGG)

甘露糖基甘油酰胺
(Mannosylglyceramide,MGA)

双葡萄糖基甘油酸酯
(Glucosyl-glucosylglycerate,GGG)

N-磷酸二乙酰氨基葡萄糖
(Di-N-acetyl-glucosamine phosphate,DAGAP)

图 4.11　超嗜热菌中的相容性溶质种类及结构特征

Fig. 4.11　Types and structural characteristics of compatible solutes in hyperthermophilic microorganisms

积累现象消失，而 MG 作为唯一相容性溶质发生积累（图 4.12）。尽管相容性溶质的积累在微生物热保护中发挥了重要作用，但却不是高温下细胞所必需的条件，例如，从含盐量低的高温环境中分离出来的超嗜热菌 *Thermotoga thermarum*、*Hydrogenobacter islandicum*、*Thermococcus zilligii* 和 *Pyrobaculum islandicum* 等并不积累相容性溶质。

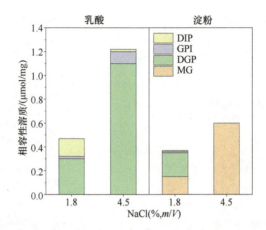

图 4.12　以乳酸或淀粉为生长碳源时，盐度对超嗜热古菌积累相容性溶质的影响

Fig. 4.12　Effect of salinity on the accumulation of compatible solutes by hyperthermophilic archaea when lactic acid or starch is used as carbon source for growth

MG，甘露糖基甘油酸酯；DGP，磷酸二甘油酯；GPI，甘油-磷酸肌醇；DIP，磷酸二肌醇磷酸酯

　　原核微生物也会利用带负电荷的相容性溶质来适应高温环境。当外界渗透压变化时，这些溶质不仅可以维持细胞体积，还能在进化中保护大分子以抵抗体内的热变性。例如，将 *Thermococcus kodakarensis* 中最常见的溶质 DIP 的合成基因破坏，获得的突变体在热胁迫下的生长曲线与原始菌株相似。对突变体溶质的分析表明，DIP 被天冬氨酸（Asp）所取代（图 4.13）。该结果也证实，DIP 是超嗜热古菌应对高温胁迫的保护机制之一，而 Asp 可作为一种具有类似功能的相容性溶质。尽管这类带负电荷的离子参与了热保护，但是这些化合物如何作为相容性溶质介导生理作用并参与热保护，仍缺乏明确的实验证据。

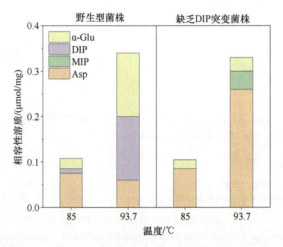

图 4.13　生长温度对超嗜热古菌 *Thermococcus kodakarensis* 的野生型菌株和耐热突变菌株积累相容性溶质的影响

Fig. 4.13　Effect of growth temperature on accumulation of compatible solutes in wild-type and heat-resistant mutant strains of *Thermococcus kodakarensis*

α-Glu，α-谷氨酸；DIP，磷酸二肌醇磷酸酯；MIP，磷酸肌醇磷酸酯；Asp，天冬氨酸

参 考 文 献

陈华友, 张春霞, 马晓珂, 等. 2008. 极端嗜热古菌的热休克蛋白[J]. 生物工程学报, 24(12): 2011-2021.

丁彦蕊, 蔡宇杰, 孙俊, 等. 2007. 盐桥与全基因组微生物耐热性的关系研究[J]. 华中农业大学学报, 26(3): 335-339.

郦惠燕, 邵靖宇. 2000. 嗜热菌的耐热分子机制[J]. 生命科学, 12(1): 30-33.

李艳, 张国强, 邵东燕, 等. 2017. 小分子热休克蛋白的结构与功能[J]. 生命科学, 29(1): 55-61.

梁宠荣. 2004. 嗜热蛋白热稳定机理研究进展[J]. 世界科技研究与发展, 26(3): 75-80.

茆璇, 郭江峰. 2018. 极端微生物及其相关功能蛋白研究进展[J]. 生命科学, 30(1): 107-112.

饶冉. 2012. 极端环境微生物的适应机理及应用[J]. 安徽农业科学, 40(27): 13512-13515.

盛祖嘉, 陶无凡, 王丽莉, 等. 1991. 嗜热细菌的高温适应机制[J]. 自然科学进展, 1(4): 335-338.

王霁. 2009. 嗜热微生物的基因组分析[D]. 青岛: 中国海洋大学博士学位论文.

王笑虹, 苗迎秋, 宋光. 2003. 热休克蛋白70生物学功能研究的新进展[J]. 大连大学学报, 24(2): 103-105.

王宇萍, 蒋建东. 2010. 热休克蛋白70的结构和功能[J]. 中国细胞生物学学报, 32(2): 305-313.

曾静, 郭建军, 邱小忠, 等. 2015. 极端嗜热微生物及其高温适应机制的研究进展[J]. 生物技术通报, 31(9): 30-37.

赵春杰, 吕耀龙, 马玉玲. 2008. 极端微生物研究进展[J]. 内蒙古农业大学学报(自然科学版), 29(1): 271-274.

Atomi H, Matsumi R, Imanaka T. 2004. Reverse gyrase is not a prerequisite for hyperthermophilic life[J]. Journal of Bacteriology, 186(14): 4829-4833.

Borges N, Matsumi R, Imanaka T, et al. 2010. *Thermococcus kodakarensis* mutants deficient in di-myo-inositol phosphate use aspartate to cope with heat stress[J]. Journal of Bacteriology, 192(1): 191-197.

Cacciapuoti G, Fuccio F, Petraccone L, et al. 2012. Role of disulfide bonds in conformational stability and folding of 5'-deoxy-5'-methylthioadenosine phosphorylase II from the hyperthermophilic archaeon *Sulfolobus solfataricus*[J]. Biochimica et Biophysica Acta (BBA) - Proteins and Proteomics, 1824(10): 1136-1143.

Chen H Y, Chu Z M, Ma Y H, et al. 2007. Expression and characterization of the chaperonin molecular machine from the hyperthermophilic archaeon *Pyrococcus furiosus*[J]. Journal of Basic Microbiology, 47(2): 132-137.

Ciulla R, Clougherty C, Belay N, et al. 1994b. Halotolerance of *Methanobacterium thermoautotrophicum* delta H and Marburg[J]. J Bacteriol, 176:3177-3187.

Ciulla R A, Burggraf S, Stetter K O, et al. 1994. Occurrence and role of di- myo-inositol-1,1'-phosphate in *Methanococcus igneus*[J]. Applied and Environmental Microbiology, 60(10): 3660-3664.

Empadinhas N, da Costa MS. 2008. Osmoadaptation mechanisms in prokaryotes: distribution of compatible solutes[J]. International Microbiology: the Official Journal of the Spanish Society for Microbiology, 11(3): 151-161.

Empadinhas N, Marugg J D, Borges N, et al. 2001. Pathway for the synthesis of mannosylglycerate in the hyperthermophilic archaeon *Pyrococcus horikoshii*[J]. Journal of Biological Chemistry, 276(47): 43580-43588.

Empadinhas N, Mendes V, Simões C, et al. 2007. Organic solutes in *Rubrobacter xylanophilus*: the first example of di-myo-inositol-phosphate in a thermophile[J]. Extremophiles, 11(5): 667-673.

England J L, Shakhnovich B E, Shakhnovich E I. 2003. Natural selection of more designable folds: a mechanism for thermophilic adaptation[J]. Proceedings of the National Academy of Sciences of the United States of America, 100(15): 8727-8731.

Fareleira P, Santos B S, António C, et al. 2003. Response of a strict anaerobe to oxygen: Survival strategies in *Desulfovibrio gigas*[J]. Microbiology, 149(Pt 6): 1513-1522.

Fernandes C, Mendes V, Costa J, et al. 2010.Two alternative pathways for the synthesis of the rare compatible solute mannosylglucosylglycerate in *Petrotoga mobilis*[J]. Journal of Bacteriology, 192(6):1624-1633.

Fernández-Fernández M R, Valpuesta J M. 2018. Hsp70 chaperone: a master player in protein homeostasis[J]. F1000Research, 7:1497.

Gonçalves L G, Huber R, da Costa M S, et al. 2003.A variant of the hyperthermophile *Archaeoglobus fulgidus* adapted to grow at high salinity[J]. FEMS Microbiology Letters, 218(2): 239-244.

Gonçalves L G, Lamosa P, Huber R. et al. 2008.Di-myo-inositol phosphate and novel UDP-sugars accumulate in the extreme hyperthermophile *Pyrolobus fumarii*[J]. Extremophiles, 12(3): 383-389.

Gorkovenko A, Roberts M F, White R H. 1994.Identification, biosynthesis, and function of 1,3,4,6-hexanetetracarboxylic acid in *Methanobacterium thermoautotrophicum* DeltaH[J]. Applied and Environmental Microbiology, 60(4): 1249-1253.

Gutsche I, Essen L O, Baumeister W. 1999. Group II chaperonins: new TRiC(k)s and turns of a protein folding machine[J]. Journal of Molecular Biology, 293(2): 295-312.

Hays F A, Teegarden A, Jones Z J, et al. 2005. How sequence defines structure: a crystallographic map of DNA structure and conformation[J]. Proc Natl Acad Sci USA, 102: 7157-7162.

Jorge C D, Lamosa P, Santos H. 2007. α-D-mannopyranosyl-(1: >2)-α-D-glucopyranosyl-(1: >2)-glycerate in the thermophilic bacterium Petrotoga miotherma: structure, cellular content and function[J]. The FEBS Journal, 274(12): 3120-3127.

Kampmann M,Stock D. 2004. Reverse gyrase has heat-protective DNA chaperone activity independent of supercoiling[J]. Nucleic Acids Research, 32(12): 3537-3545.

Kube M, Chernikova T N, Al-Ramahi Y, et al. 2013. Genome sequence and functional genomic analysis of the oil-degrading bacterium *Oleispira antarctica*[J]. Nature Communications, 4: 2156.

Lamosa P, Gonçalves L G, Rodrigues M V, et al. 2006.Occurrence of 1-glyceryl-1-myo-inosityl phosphate in hyperthermophiles[J]. Applied and Environmental Microbiology, 72(9): 6169-6173.

Lamosa P, Martins L O, Ms D C, et al. 1998.Effects of temperature, salinity, and medium composition on compatible solute accumulation by *Thermococcus* spp.[J]. Applied and Environmental Microbiology, 64(10): 3591-3598.

Liu R C, Wang J, C Xiong P, et al. 2021.De novo sequence redesign of a functional Ras binding domain globally inverted the surface charge distribution and led to extreme thermostability[J]. Biotechnology and Bioengineering, 118(5): 2031-2042.

Luo H B, Robb F T. 2011. A modulator domain controlling thermal stability in the Group II chaperonins of Archaea[J]. Archives of Biochemistry and Biophysics, 512(1): 111-118.

Maheshwari R. 2005. Life at high temperatures[J]. Resonance, 10(9): 23-36.

Martins L O, Carreto L S, Da Costa M S, et al. 1996.New compatible solutes related to Di-myo-inositol-phosphate in members of the order Thermotogales[J]. Journal of Bacteriology, 178(19):5644-5651.

Martins L O, Huber R, Huber H, et al. 1997. Organic solutes in hyperthermophilic Archaea[J]. Applied and Environmental Microbiology, 63(3): 896-902.

Martins L O, Santos H. 1995. Accumulation of mannosylglycerate and di-myo-inositol-phosphate by *Pyrococcus furiosus* in response to salinity and temperature[J]. Applied and Environmental Microbiology, 61(9): 3299-3303.

Neves C, da Costa M S, Santos H. 2005. Compatible solutes of the hyperthermophile *Palaeococcus ferrophilus*: Osmoadaptation and thermoadaptation in the order Thermococcales[J]. Appl Environ Microbiol, 71: 8091-8098.

Noon K R, Bruenger E, McCloskey J A. 1998.Posttranscriptional modifications in 16S and 23S rRNAs of the archaeal hyperthermophile *Sulfolobus solfataricus*[J]. Journal of Bacteriology, 180(11): 2883-2888.

Nunes O C, Manaia C M, Da Costa M S, et al. 1995. Compatible solutes in the thermophilic bacteria *Rhodothermus marinus* and *Thermus thermophilus*[J]. Applied and Environmental Microbiology, 61(6): 2351-2357.

Ohira T, Minowa K, Sugiyama K, et al. 2022.Reversible RNA phosphorylation stabilizes tRNA for cellular thermotolerance[J]. Nature, 605(7909): 372-379.

Oksala N K J, Ekmekçi F G, Özsoy E, et al. 2014.Natural thermal adaptation increases heat shock protein levels and decreases oxidative stress[J]. Redox Biology, 3: 25-28.

Perugino G, Valenti A, D'Amaro A, et al. 2009. Reverse gyrase and genome stability in hyperthermophilic organisms[J]. Biochemical Society Transactions, 37(Pt 1): 69-73.

Privé G G, Yanagi K, Dickerson R E, et al. 1991. Structure of the B-DNA decamer C-C-A-A-C-G-T-T-G-G and comparison with isomorphous decamers C-C-A-A-G-A-T-T-G-G and C-C-A-G-G-C-C-T-G-G[J]. J Mol Biol, 217: 177-199.

Robertson D E, Noll D, Roberts M F. 1992.Free amino acid dynamics in marine methanogens. beta-Amino acids as compatible solutes[J]. The Journal of Biological Chemistry, 267(21): 14893-14901.

Robertson D E, Roberts M F, Belay N, et al. 1990. Occurrence of beta-glutamate, a novel osmolyte, in marine methanogenic bacteria[J]. Applied and Environmental Microbiology, 56(5): 1504-1508.

Rudolph M G, del Toro Duany Y, Jungblut S P, et al. 2013.Crystal structures of Thermotoga maritima reverse gyrase: inferences for the mechanism of positive DNA supercoiling[J]. Nucleic Acids Research, 41(2): 1058-1070.

Sang P, Liu S Q, Yang L Q. 2020. New insight into mechanisms of protein adaptation to high temperatures: acomparative molecular dynamics simulation study of thermophilic and mesophilic subtilisin-like serine proteases[J]. International Journal of Molecular Sciences, 21(9): 3128.

Santos H, Lamosa P, Faria T Q, et al. 2007. The physiological role, biosynthesis and mode of action of compatible solutes from (hyper)thermophiles[M]//Gerday C, Glandorff N. Physiology and Biochemistry of Extremophiles. Washington: ASM: 86-104.

Santos H, da Costa M S. 2001. Organic solutes from thermophiles and hyperthermophiles[J]. Methods in Enzymology, 334: 302-315.

Silva Z, Borges N, Martins L O, et al. 1999.Combined effect of the growth temperature and salinity of the medium on the accumulation of compatible solutes by *Rhodothermus marinus* and *Rhodothermus obamensis*[J]. Extremophiles, 3(2): 163-172.

Sugai A, Uda I, Itoh Y, et al. 2004. The core lipid composition of the 17 strains of hyperthermophilic Archaea, thermococcales[J]. Journal of Oleo Science, 53(1): 41-44.

Verghese J, Abrams J, Wang Y Y, et al. 2012. Biology of the heat shock response and protein chaperones: budding yeast (*Saccharomyces cerevisiae*) as a model system[J]. Microbiology and Molecular Biology Reviews, 76(2): 115-158.

Wang A H, Quigley G J, Kolpak F J, et al. 1979. Molecular structure of a left-handed double helical DNA fragment at atomic resolution[J]. Nature, 282: 680-686.

Wolff P, Lechner A, Droogmans L, et al. 2023. Identification of U^{P}47 in three thermophilic Archaea, one mesophilic archaeon, and one hyperthermophilic bacterium[J]. RNA, 29(5): 551-556.

第五章　超嗜热酶

中温酶是多种工业催化剂的重要替代品，但由于其热稳定温度范围较窄，导致在实际生产中适用性较差（Bhalla et al.，2013）。近年来，超嗜热微生物相关研究进展为超嗜热酶工业化应用提供了有力支撑（Yano and Poulos，2003）。从超嗜热微生物分离的超嗜热酶，最适酶活温度接近或超过100℃，且酶活半衰期在多种变性条件下（酸性、碱性、高盐、高压）较长，为其替代中温酶提供了可能（Koko et al.，2020）。

超嗜热酶在降低反应体系黏度、增加底物溶解度、提高底物转化率、提升催化效率和避免微生物污染等方面具有明显优势。上述特征能够与聚合酶链反应（PCR）所需的热循环条件完美契合（Kim et al.，1995；Lawyer et al.，1989）。而且，超嗜热酶在促进超嗜热微生物的能量代谢过程中，以及催化水解生物大分子（淀粉、蛋白质、纤维素）和生物合成（阿斯巴甜）等方面同样具有显著优势（Koko et al.，2020；Xia et al.，2021）。基于上述优势，本章主要介绍超嗜热 DNA 聚合酶、氧化还原酶和水解酶等几类常见的超嗜热酶，并重点总结它们的分子结构特征及关键催化功能。

第一节　超嗜热 DNA 聚合酶

早期的 PCR 技术使用耐热性差的大肠杆菌 Klenow 聚合酶，该酶在 DNA 变性过程中会因高温失活，故每一循环需追加酶，不仅操作烦琐，且成本较高、污染严重。1976年，华裔女科学家钱嘉韵（Alice Chien）等从 *Thermus aquaticus* 中分离出首个超嗜热 DNA 聚合酶（*Taq* DNA 聚合酶）（Chien et al.，1976）；Saiki 等（1988）随后将其应用于 PCR 技术中，实现了 DNA 的自动扩增。应用超嗜热 DNA 聚合酶极大地提高了 PCR 反应的扩增效率，对 PCR 技术的推广和普及具有里程碑式的意义。迄今为止，从各类细菌和古菌中克隆、测序和鉴定的超嗜热 DNA 聚合酶达数十种。下面分别对来自细菌和古菌的超嗜热 DNA 聚合酶进行介绍。

一、超嗜热细菌 DNA 聚合酶

分离自 *Thermus aquaticus* 的 *Taq* DNA 聚合酶是当前研究使用范围最广的超嗜热 DNA 聚合酶。该酶序列全长 2496 bp，编码 832 个氨基酸，蛋白质分子质量约 94 kDa，与大肠杆菌 DNA 聚合酶高度同源（Lawyer et al.，1989）。该酶属 DNA 聚合酶家族 I，具有 5′→3′聚合酶活性和 5′→3′外切酶活性，不具有 3′→5′外切酶校对活性。该酶包括三个主要结构域：N 端第 1～291 位残基构成的 5′→3′核酸外切酶活性结构域；第 292～423 位残基构成的 3′→5′核酸外切酶结构域（无活性）；第 424～832 位残基构成的 5′→3′聚合酶活性结构域。结构域的三维立体结构如同人的右手，分为拇指区、手指区和手掌区。

其中，拇指区负责保持 DNA 聚合酶与引物、模板复合物紧密结合，有助于聚合酶延伸；手指区负责结合脱氧核糖核苷三磷酸（deoxy-ribonucleoside triphosphate，dNTP）；而手掌区是二价金属离子结合的活性区域，负责调节 dNTP 与引物 3'-OH 端反应时的微区化学环境，从而催化聚合反应进行。

  Taq DNA 聚合酶的最适酶活温度为 75～80℃，在 92.5℃、95℃和 97.5℃时活性半衰期分别为 130 min、40 min 和 6 min（Lawyer et al.，1989）。*Taq* DNA 聚合酶的三维结构由 Kim 等（1995）首次提出，该研究还报道了 *Taq* DNA 聚合酶 2.4Å 分辨率的晶体结构（图 5.1），从结构特征方面证实其 3'→5'核酸外切酶结构域活性缺失。*Taq* DNA 聚合酶无法扩增 6 kb 以上的基因片段，保真度相对较低，碱基错配率约 10^{-4}，主要用于对保真度要求不高的 PCR 扩增和荧光定量 PCR 检测。将 *Taq* DNA 聚合酶通过基因改造删除 N 端 289 个氨基酸，获得的 Stoffel 片段是一种新的超嗜热 DNA 聚合酶。相比 *Taq* DNA 聚合酶，Stoffel 酶热稳定性和保真度均有所提高（Dabrowski and Kur，1998）。

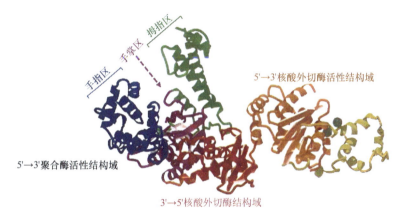

图 5.1 *Taq* DNA 聚合酶的三维结构（Kim et al.，1995）

Fig. 5.1 Three-dimensional structure of *Taq* DNA polymerase

  分离自 *Thermus thermophilus* HB-8 的 *Tth* DNA 聚合酶是一种分子质量约 94 kDa 的单亚基超嗜热 DNA 聚合酶，与 *Taq* DNA 聚合酶氨基酸序列同源性约为 88%（Myers and Gelfand，1991）。与 *Taq* DNA 聚合酶不同，该酶在 Mg^{2+} 参与下，不仅具有以 DNA 为模板的聚合酶功能，同时具有以 RNA 为模板合成 cDNA 的反转录酶功能，可在同一反应体系中完成 cDNA 的合成与扩增（Myers and Gelfand，1991）。该特点使其在临床医学 RNA 病毒逆转录荧光定量 PCR 检测领域具有较高适用性。*Tth* DNA 聚合酶对于血液等生物组织中含有的 PCR 抑制成分具有较强的耐受性，适合粗样本的快速检测（Abu and Râdström，1998）。

  分离自 *Thermus scotoductus* strain K1 的 *Ts*K1 DNA 聚合酶序列全长为 2496 bp，编码 830 个氨基酸，蛋白质分子质量约 94 kDa，与 *Taq* DNA 聚合酶的同源性约为 86%（Lawyer et al.，1989）。该酶最适反应温度为 72℃，在 80℃时稳定性依然较高，而在 88℃ 和 95℃时的半衰期分别为 30 min 和 15 min（Saghatelyan et al.，2021）。针对 *Ts*K1 DNA 聚合酶扩增产物突变频率的检测结果表明，该酶保真度显著优于 *Taq* DNA 聚合酶。分

离自 *Thermus* 属超嗜热 DNA 聚合酶序列的系统发育分析结果表明（图 5.2），*Ts*K1 DNA 聚合酶与 *Thermus scotoductus* SA-01 和 *Thermus antranikianii* DNA 聚合酶序列的相似度较高，而与 *Thermus aquaticus* 和 *Thermus thermophilus* DNA 聚合酶序列有较大差异。

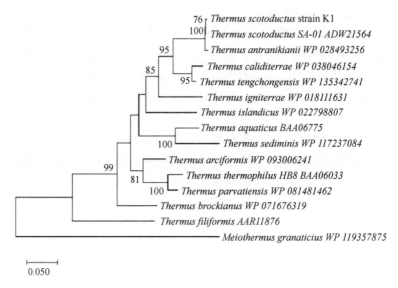

图 5.2　常见 *Thermus* 属超嗜热 DNA 聚合酶序列的系统发育树（Saghatelyan et al.，2021）

Fig. 5.2　Phylogenetic tree of *Thermus* DNA polymerase sequences

分离自 *Thermotoga maritima* 的 *Tma* DNA 聚合酶由 893 个编码氨基酸组成，蛋白质分子质量约为 103 kDa（Bae et al.，2009）。该酶的核酸序列与 *Taq* DNA 聚合酶相似性仅有 61%。与其他超嗜热细菌 DNA 聚合酶类似，该酶同时拥有 3′→5′ 和 5′→3′ 核酸外切酶结构域。通过删除该酶 N 端的 5′→3′ 核酸外切酶结构域，可获得一种与 *Taq* DNA 聚合酶 Stoffel 片段类似、由 610 个氨基酸组成、大小约为 70 kDa 的商业化（UlTma™）超嗜热 DNA 聚合酶（Bae et al.，2009）。该酶最佳反应条件、保真度及抑制因子均与 *Taq* DNA 聚合酶类似，且酶的活性和热稳定性更高（97.5℃下的活性半衰期约为 50 min）。该酶与一些来自古菌的聚合酶特征类似，这可能与细菌和古菌之间发生的水平基因转移现象有关。

另一种分离自 *Thermotoga neopolitana* 的 *Tne* DNA 聚合酶，与 *Tma* DNA 聚合酶具有相同的蛋白质分子质量和外切酶活性（Yang et al.，2002）。该酶在 97.5℃下的活性半衰期为 60 min（Terpe，2013）。

二、超嗜热古菌 DNA 聚合酶

相比于细菌，古菌的超嗜热 DNA 聚合酶保真度和热稳定性更高，种类更多。因此，超嗜热古菌 DNA 聚合酶在高保真 PCR、DNA 测序和定点突变等方面应用更加广泛。*Tli* DNA 聚合酶是首个报道的超嗜热古菌 DNA 聚合酶，由 Mattila 等（1991）在 *Thermococcus litoralis* 中分离并表征。该酶是首个报道具有 3′→5′ 校对（识别和切除 DNA 生长链末端的错配核苷酸，以便重新聚合核苷酸）核酸外切酶活性的热稳定 DNA 聚合酶。相比于没有 3′→5′ 校对核酸外切酶活性的热稳定 DNA 聚合酶，该酶的保真度提高了 5～10 倍

（Mattila et al.，1991）。此外，该酶具有超高的热稳定性，95℃下的活性半衰期超过 2h，100℃下的半衰期约 2h。该酶的大肠杆菌重组酶可保持其原有的活性和保真度，并基于此实现了商业化应用（Vent™）。

分离自 *Thermococcus gorgonarius* 的 *Tgo* DNA 聚合酶是首个报道的古菌超嗜热 DNA 聚合酶晶体结构（Hopfner et al.，1999）。*Tgo* DNA 聚合酶的分子呈环状结构（图 5.3），尺寸约为 50 Å×80 Å×100 Å，由 773 个氨基酸组成并折叠形成 5 个结构域[N 端结构域（残基 1～130）、3′→5′核酸外切酶域（残基 131～326）、聚合酶单元的手掌结构域（残基 369～449 和 500～585）、手指结构域（残基 450～499）和拇指结构域（残基 586～773）]，以及一段位于核酸外切酶结构域和手掌结构域之间的域间螺旋结构（残基 327～368）（Hopfner et al.，1999）。该酶没有 5′→3′核酸外切酶活性，但具有高的 3′→5′校对核酸外切酶活性。*Tgo* DNA 聚合酶的保真度达到 $3.5×10^{-6}$，热稳定性表现为 95℃条件下活性半衰期超过 2h（Terpe，2013）。

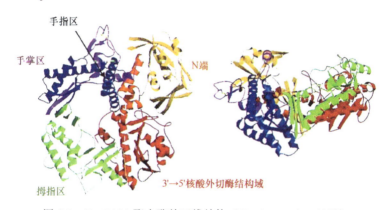

图 5.3 *Tgo* DNA 聚合酶的三维结构（Hopfner et al.，1999）

Fig. 5.3 Three-dimensional structure of *Tgo* DNA polymerase

分离自 *Pyrococcus furiosus* 的 *Pfu* DNA 聚合酶是 PCR 反应中最常用的高保真 DNA 聚合酶，其平均错误率仅为 $1.3×10^{-6}$，准确度约为 *Taq* DNA 聚合酶的 8 倍（Cline et al.，1996）。该酶的重组酶和天然酶具有相同活性，均已实现商业化应用（Terpe，2013）。*Pfu* DNA 聚合酶分子具有 B 族 DNA 聚合酶的典型环状结构，外形尺寸约为 50 Å×80 Å×100 Å。该酶由 775 个氨基酸组成的单个多肽链折叠形成 5 个不同的结构域：N 端结构域（残基 1～130、327～368）、3′→5′核酸外切酶域（残基 131～326）、手掌结构域（残基 369～450 和 501～588）、手指结构域（残基 451～500）和拇指结构域（残基 589～775）。

Pfu DNA 聚合酶的结构与分离自 *Pyrococcus kodakaraensis* KOD1 的 *KOD* DNA 聚合酶非常类似（图 5.4）。两者最适酶活温度和保真度几乎相同，但 *KOD* DNA 聚合酶的延伸效率和核苷酸聚合持久性比 *Pfu* DNA 聚合酶分别高出 5 倍和 10～15 倍（Takagi et al.，1997）。*KOD* DNA 聚合酶分子尺寸约为 60 Å×80 Å×100 Å，由 N 端（残基 1～130 和 327～368）、3′→5′核酸外切酶（残基 131～326）、聚合酶结构域组成，其中，聚合酶结构域包括手掌结构域（残基 369～449 和 500～587）、手指结构域（残基 450～499）和拇指结构域（包含 2 个子域，残基 588～774）等 3 个子域。

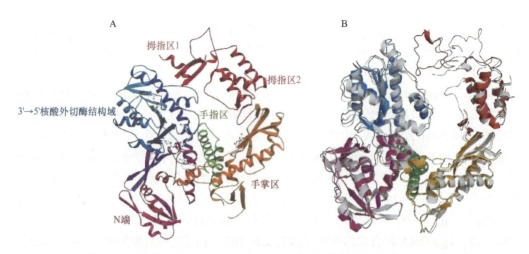

图 5.4　*KOD* DNA 聚合酶三维结构（A）及其与 *Pfu* DNA 聚合酶三维结构比较（B）（Hashimoto et al.，
2001；Kim et al.，2008）

Fig. 5.4　Three-dimensional structure of *KOD* DNA polymerase（A）and its comparison with *Pfu* DNA
polymerase（B）

图 B 中银色区域代表 *KOD* DNA 聚合酶

　　分离自 *Pyrococcus* 属的另一种超嗜热古菌 DNA 聚合酶为源于 *Pyrococcus woesei* 的
Pwo DNA 聚合酶。该酶的分子质量约 90 kDa，拥有与其他 B 族 DNA 聚合酶类似的高 3′→5′
核酸外切酶校对活性，且无 5′→3′核酸外切酶活性。该酶在用于高保真 PCR 反应时，每
个 dNTP 核苷酸浓度要求高于 200 μmol/L（Terpe，2013）。尽管 dNTP 浓度降低可能会
增加反应保真度，但同时可能因 5′→3′核酸外切酶活性提高，导致引物和产物被降解。
在实际 PCR 反应中，可通过采用磷酸化手段保护引物，或利用提高 GC 含量的长引物，
克服引物缓慢降解的问题（Terpe，2013）。

　　Pwo DNA 聚合酶在 100℃下的半衰期为 2h。当使用商业化 *Pwo* DNA 聚合酶时，需
对最佳 Mg^{2+} 条件进行验证，一般范围在 1～10 mmol/L，标准浓度为 2 mmol/L。与同样
需要使用 $MgCl_2$ 达到最佳活性的 *Taq* DNA 聚合酶相比，*Pwo* DNA 聚合酶在使用 $MgSO_4$
作为 Mg^{2+} 源时活性更高。*Pwo* DNA 聚合酶的 PCR 产物为平端 DNA，可直接用于平端
克隆试验，因此无需对末端进行额外预处理（Terpe，2013）。

　　另一种已商业化（Deep Vent™）的分离自 *Pyrococcus* 属的超嗜热古菌 DNA 聚合酶
是源于 *Pyrococcus* species GB-D 的 *Pst* DNA 聚合酶（Cline et al.，1996）。由于 *Pyrococcus*
species GB-D 可在 104℃下生长，因此该聚合酶具有极高的热稳定性，其大肠杆菌重组
酶的活性半衰期在 100℃条件下为 8h，在 95℃条件下为 23h。与 *Pfu* 和 *Pwo* DNA 聚合
酶类似，*Pst* DNA 聚合酶没有 5′→3′核酸外切酶校对活性，其 PCR 产物 95%为平端 DNA
（Terpe，2013）。

　　分离自 *Desulfurococcus* sp. Tok 的 D. *Tok* DNA 聚合酶同样拥有较高热稳定性（95℃
下保持活性 1h 以上）和 3′→5′核酸外切酶校对活性。该酶与 *Pfu*、*Tli* 等其他古菌的 DNA
聚合酶氨基酸序列同源性超过 75%。D. *Tok* DNA 聚合酶分子呈不规则扁平环状结构
（图 5.5），由聚合酶结构域（残基 390～773）、核酸外切酶域（残基 133～385）及 N 端

结构域（残基 1～131）组成。聚合酶结构域由拇指结构域（残基 607～756）、手掌结构域（残基 390～445 和 500～606）和手指结构域（残基 446～499）等 3 个子域组成。该酶的聚合酶结构域活性位点附近有一个中心空腔，且在上述 5 个结构域的空间结构内形成了两条进出聚合酶活性位点的通道（Zhao et al.，1999）。

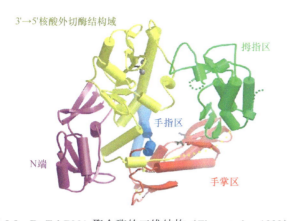

图 5.5 D. *Tok* DNA 聚合酶的三维结构（Zhao et al.，1999）
Fig. 5.5 Three-dimensional structure of D. *Tok* DNA polymerase

第二节 超嗜热氧化还原酶

超嗜热微生物生长在极端嗜热环境中，参与其能量代谢过程的氧化还原酶相对特殊，获取能量的方式较为简单。例如，分离自超嗜热古菌 *Pyrococcus furiosus* 的膜结合氢化酶（membrane bound hydrogenase，MBH）是一种由氧化还原反应驱动的 Na^+/H^+ 转运蛋白，可利用氧化底物产氢，同时产生能量催化质膜上的质子泵实现 Na^+/H^+ 跨膜交换，形成了独特的能量传递机制（Yu et al.，2018）。此外，钨元素能够显著促进 *Pyrococcus furiosus* 的生长代谢（Bryant and Adams，1989）。其他超嗜热古菌如 *Thermococcus litoralis*，尽管可以在无钨培养基中生长，但在培养基中加入钨酸盐后，其生长速率和超嗜热酶的活性都会大大改善（Afshar et al.，1998）。下面主要就分离自超嗜热微生物的几种氧化还原酶进行介绍。

一、含钨醛铁氧还蛋白氧化还原酶

1989 年，Bryant 和 Adams 偶然发现钨元素能够显著促进 *Pyrococcus furiosus* 的生长（Bryant and Adams，1989）。随后，Mukund 和 Adams 纯化出一种含钨的超嗜热并具有氧化还原活性的蛋白酶（Mukund and Adams，1990）。该蛋白质后来被证明是非活性形态的醛铁氧还蛋白氧化还原酶（aldehyde ferredoxin oxidoreductase，AOR）（Mukund and Adams，1991）（图 5.6）。

截至目前，已从 *Pyrococcus furiosus* 等超嗜热菌株中纯化鉴定出 5 种类型的含钨超嗜热醛氧化还原酶，它们分别是：醛铁氧还蛋白氧化还原酶，从 *Pyrococcus furiosus*、*Pyrococcus* strain ES-4（Koehler et al.，1996）和 *Thermococcus* strain ES-1（Heider et al.，

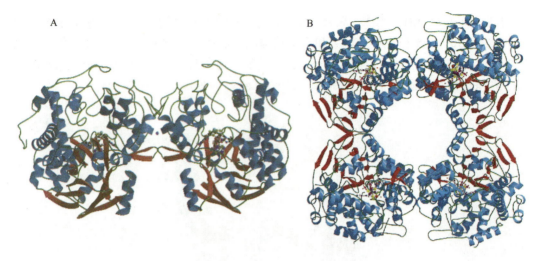

图 5.6　分离自 *Pyrococcus furiosus* 的超嗜热 AOR（A）和超嗜热 FOR（B）的三维结构（Chan et al.，1995；Hu et al.，1999）

Fig. 5.6　Three-dimensional structure of hyperthermophilic AOR（A）and FOR（B）from *Pyrococcus furiosus*

1995）等分离纯化；甲醛铁氧还蛋白氧化还原酶（formaldehyde ferredoxin oxidoreductase，FOR），从 *Thermococcuslitoralis*（Mukund and Adams，1993）和 *Pyrococcus furiosus*（Roy et al.，1999）中分离纯化；甘油醛-3-磷酸铁氧还蛋白氧化还原酶（glyceraldehyde-3-phosphate ferredoxin oxidoreductase，GAPOR），从 *Pyrococcus furiosus*（Hagedoorn et al.，1999）和 *Archaeoglobus fulgidus* 7324（Labes and Schönheit，2001）中分离纯化；含钨氧化还原酶 4（tungsten-containing oxidoreductase number four，WOR4），从 *Pyrococcus furiosus*（Roy and Adams，2002）中分离纯化；含钨氧化还原酶 5（tungsten-containing oxidoreductase number five，WOR5），从 *Pyrococcus furiosus*（Bevers et al.，2005）中分离纯化。上述所有超嗜热醛氧化还原酶都包含一个单核钨中心（该中心与活性位点上的 2 个蝶呤辅因子和 1 个[Fe_4-S_4]簇结合），最佳酶活温度均在 80℃左右。

　　AOR 和 FOR 的晶体结构在文献中已有报道（Chan et al.，1995；Hu et al.，1999），二者活性位点结构非常相似，氨基酸序列同源性约 40%，其活性中心的钨离子均与 2 个蝶呤辅因子结合（Hu et al.，1999）。AOR、FOR 和 WOR5 的底物利用范围较广，其中 AOR 对源自氨基酸的醛活性最强，FOR 对一至三碳醛类活性最高，而 WOR5 对数种不同链长脂肪醛和芳香醛均具有较高亲和力（Bevers et al.，2005）。GAPOR 对底物甘油醛-3-磷酸具有高度特异性，而 WOR4 尚未发现任何活性。由于 WOR4 必须在含 S_0 的培养基中才能将其纯化，故研究者推测该蛋白质可能在 S_0 还原过程中发挥作用。

　　Pyrococcus furiosus 的糖酵解过程是利用非常规 Emden-Meyerhof（EM）途径，即以超嗜热 GAPOR 酶替代常规糖酵解途径中的两个酶催化步骤（3-磷酸甘油醛脱氢酶和磷酸甘油酸激酶）（Mukund and Adams，1995），一步将甘油醛-3-磷酸转化为 3-磷酸甘油酸（图 5.7）。GAPOR 酶可将 3-磷酸甘油醛的氧化与铁氧化还原蛋白的还原偶联，直接生成 3-磷酸甘油酸。该过程中产生的大部分还原性铁氧还蛋白被氢化酶氧化并伴有 H_2 生成，同时形成钠离子梯度驱动 ATP 合成（Yu et al.，2018）。从发酵工程角度来看，非

常规 EM 途径产生的铁氧还蛋白氧化还原电位较低，可利用该特征为以 NADPH 为电子供体时热力学上不利的氧化还原反应提供还原力。该设想在一株用于将乙酸盐还原为乙醛和乙醇的 *Pyrococcus furiosus* 工程菌中得以实现（Basen et al.，2014）。

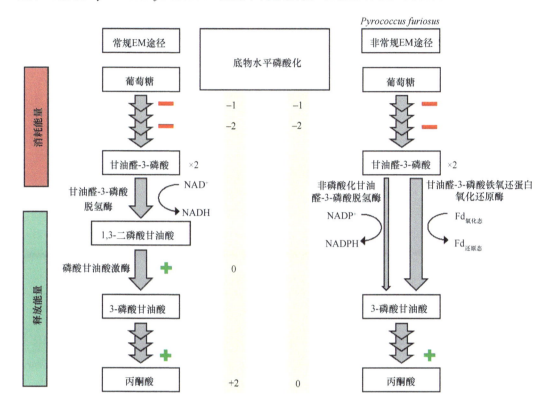

图 5.7　常规与非常规 EM 糖酵解途径比较（Straub et al.，2020）

Fig. 5.7　Comparison of conventional and unconventional Emden-Meyerhof glycolysis pathways

二、产氢膜结合氢化酶

部分超嗜热古菌不具有线粒体复合物Ⅰ，而是通过与其同源的、具有产氢功能的膜结合氢化酶，并以钠泵机制为 ATP 合成提供化学势（Yu et al.，2018）。比较典型的 3 类超嗜热产氢膜结合氢化酶为 14 亚基 MBH、18 亚基甲酸氢裂解酶（18-subunit formate hydrogen lyase，FHL）和 16 亚基一氧化碳脱氢酶（16-subunit carbon monoxide dehy-drogenase，CODH）。上述 3 种膜结合氢化酶与线粒体复合物Ⅰ为同源呼吸复合物，同属 Na^+/H^+ 转运蛋白，均含有催化产 H_2 的[Ni-Fe]氢化酶模块。其中，MBH 氧化糖酵解产生还原性铁氧还蛋白并释放 H_2；FHL 和 CODH 由于有额外的亚基，使其能够分别利用甲酸和 CO 作为电子供体，从而产生 H_2。

MBH 是在 *Pyrococcus furiosus* 中首次分离纯化的（Sapra et al.，2000）。冷冻电镜结构分析表明，MBH 酶含有膜锚定氢化酶模块，该模块与泛醌氧化还原酶（NADH）的醌结合 Q 模块结构高度相似，其膜嵌入离子转运模块可分为 H^+ 和 Na^+ 转运单元（Yu et al.，2018）。与 NADH 相比，MBH 的 H^+ 转运单元在膜中旋转了 180°，导致两个原本具有高度保守质子泵机制的呼吸系统结构出现较大差异。而 Na$^+$转运单元（NADH 中不存在）使 MBH 酶能够在超高温条件下产氢并形成 Na$^+$梯度以驱动 ATP 合成（图 5.8）。

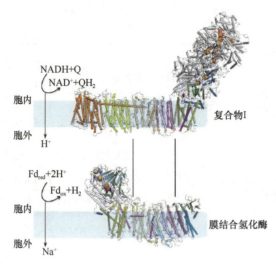

图 5.8　*Pyrococcus furiosus*14 亚基膜结合氢化酶（MBH）与泛醌氧化还原酶（NADH）的功能差异示意图（Yu et al.，2018）

Fig. 5.8　Schematic diagram of functional differences between *Pyrococcus furiosus* 14 subunit membrane binding hydrogenase（MBH）and ubiquinone oxidoreductase（NADH）

　　FHL 存在于多株可在超高温条件下单独实现甲酸厌氧氧化产氢的超嗜热古菌中，包括 *Thermococcus gammatolerans*、*Thermococcus onnurineus* NA1、*Thermococcus barophilus* Ch5、*Thermococcus* sp. DS-1 和 *Thermococcus* sp. DT-4 等（Kim et al.，2010）。一般来说，室温条件下的甲酸厌氧氧化产氢为吸热反应（ΔG = +1.3 kJ/mol），理论上无法提供足够的能量支持微生物生长。然而在 *Thermococcus onnurineus* NA1 的 80℃最适生长温度条件下，该反应的吉布斯自由能变为-2.6 kJ/mol，实现了在近乎热力学平衡状况下，甲酸厌氧氧化产氢驱动的微生物生长（Lim et al.，2014）。在极端高温环境下，FHL 酶催化甲酸厌氧氧化产氢并形成 Na$^+$梯度，是最简单的微生物无氧呼吸类型之一（图 5.9）。

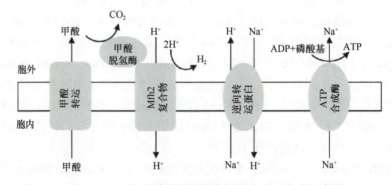

图 5.9　*Thermococcus onnurineus* NA1 甲酸厌氧氧化产氢驱动 ATP 合成示意图（Kim et al.，2010）

Fig. 5.9　Schematic diagram of coupled ATP formation in the oxidation of formic acid to hydrogen production in *Thermococcus onnurineus* NA1

2004 年，Sokolova 等报道了 *Thermococcus onnurineus* NA1 可实现厌氧 CO 氧化耦合产氢，由此发现了一种新的超嗜热还原酶 CODH（Sokolova et al.，2004）。与上述两种膜结合氢化酶类似，CODH 包含 CO 脱氢酶、[Ni-Fe]氢化酶和 Na^+/H^+ 逆向转运 3 个模块，可以将厌氧 CO 氧化与产氢过程耦合，并形成 Na^+ 梯度驱动 ATP 合成。*Thermococcus onnurineus* NA1 可表达多种利用单碳化合物（甲酸、CO）耦合生物产氢的氢化酶，已成为研究生物产氢的模式菌株。然而，该菌用肽或氨基酸异养培养时，需要 S_0 作为电子受体才能生长，因此关于 CODH 的研究大多集中在利用重组技术将 CODH 异源表达至其他容易培养的超嗜热菌中。例如，Schut 等（2016）使用细菌人工染色体克隆载体将 CODH 酶 13.2 kb 的基因簇插入到 *Pyrococcus furiosus* 的基因组中，构建了以糖为碳源的产氢工程菌，从而为以廉价 CO 为原料的工业化生物产氢提供了新方向。

三、超嗜热硫氧化还原酶

超嗜热硫氧化还原菌是火山口、海底热泉等高温生态系统初级生产力的主要贡献者。在这些极端嗜热环境下，大量化能自养型超嗜热微生物以异化氧化 S_0 和（或）无机硫化物获得能量，超嗜热硫氧化还原酶无疑在该过程中发挥了关键作用。硫元素具有多价态特征，故催化其生物转化的酶和代谢中间产物种类较多。图 5.10 简要概括了超嗜热古菌的硫代谢途径（Ferreira et al.，2022），本书主要就其中研究较多的超嗜热硫氧化还原酶进行介绍。

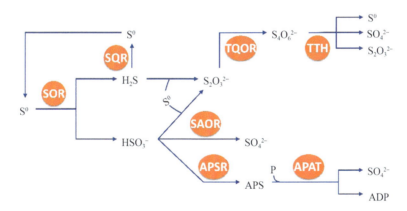

图 5.10　超嗜热古菌硫氧化还原代谢途径的超嗜热酶（Ferreira et al.，2022）

Fig. 5.10　The hyperthermophilic enzymes involving elemental sulfur redox metabolic pathway of hyperthermophilic archaea

SOR，硫加氧还原酶；SQR，硫醌氧化还原酶；SAOR，亚硫酸盐受体氧化还原酶；APSR，腺苷磷酸硫酸盐还原酶；APAT，腺苷酰硫酸盐磷酸腺苷酸转移酶；TQOR，硫代硫酸盐醌氧化还原酶；TTH，四硫化物水解酶

超嗜热硫加氧还原酶（sulfur oxygenase reductase，SOR）可在有氧条件下催化 S_0 发生歧化反应生成硫化氢和亚硫酸盐。当 S_0 过量时，亚硫酸盐会与其进一步发生非酶反应，生成硫代硫酸盐。该酶在古菌硫化叶菌目（Sulfolobus）中发现较多，其中又以嗜酸两面菌属（*Acidianus*）最为普遍，此外在细菌中也有发现 SOR（Pelletier et al.，2008）。目前，研究较为深入的古菌和细菌 SOR 分别为来自 *Acidianus ambivalens* 和

Halothiobacillus neapolitan。经序列比对，古菌中的 2 目 17 个种和细菌中的 9 目 21 个种，分别与 *Acidianus ambivalens* 和 *Halothiobacillus neapolitan* 的 SOR 序列同源性超过 40%。

SOR 是一种细胞质酶，通常位于硫氧化途径下游的膜酶（SAOR 和 TQOR）附近。图 5.11 展示了来自 3 种不同古菌（*Acidianus ambivalens*、*Acidianus tengchongensis*、*Sulfurisphaera tokodaii*）和 1 种细菌（*Halothiobacillus neapolitanus*）的 SOR 酶的三维晶体结构。它们的共同特征是：酶分子直径约为 150Å，含有 1 个较大的中空结构和 6 个供底物进入内部的疏水通道。值得注意的是，尽管 *Halothiobacillus neapolitanus* 的最适生长温度仅为 30℃，然而其产生的 SOR 最适酶活温度能达到 80℃，说明非超嗜热微生物同样可能表达具有很高热稳定性的超嗜热酶（Veith et al.，2012）。

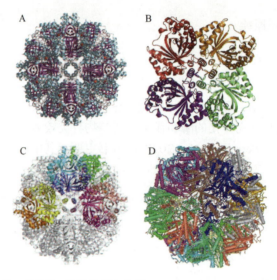

图 5.11 超嗜热 SOR 酶的三维结构，分别分离自古菌 *Acidianus ambivalens*（A）、*Acidianus tengchongensis*（B）、*Sulfurisphaera tokodaii*（C）和细菌 *Halothiobacillus neapolitanus*（D）（Li et al.，2008；Pelletier et al.，2008；Sato et al.，2020；Veith et al.，2012）

Fig. 5.11 Three-dimensional structure of hyperthermophilic SOR enzymes. Three-dimensional structure of the hyperthermophilic SOR enzymes from archaea *Acidianus ambivalens*（A），*Acidianus tengchongensis*（B），*Sulfurisphaera tokodaii*（C）；bacteria *Halothiobacillus neapolitanus*（D）

超嗜热硫醌氧化还原酶（sulfide：quinone oxidoreductase，SQR）是一类氧化 H_2S 产生 S_0 并将电子转移至相应醌的黄素蛋白（单体大小约 50 kDa），在维持细胞稳态方面具有重要作用。超嗜热细菌 *Aquifex aeolicus* 的 SQR 蛋白结构表明，该酶为具有明显椭圆度特征的同源三聚体整合膜蛋白（Marcia et al.，2009）。SQR 蛋白结构有利于疏水醌进入其结合位点，并能促进不稳定的聚硫产物释放到膜外。

超嗜热古菌 *Acidianus ambivalens* 的 SQR 蛋白结构则表明，该酶为包含两个活性位点的二聚体不对称结构（Brito et al.，2009），其分子表面有一个大小约 5Å、可供硫化物进入和 S_0 排出的通道。在 *Acidianus ambivalens* 硫代谢过程中，由 SOR 介导的硫歧化反应不能将能量完全利用，因为部分能量会在硫还原成硫化物时损失，但这部分损失的能量可通过 SQR 氧化硫化物（产生多硫化物/磺酸盐，同为 SOR 的底物）并还原醌回收。因此，SQR 有利于微生物在代谢 S_0 过程中获得更多能量（Brito et al.，2009）。图 5.12 展示了分离纯化自 *Aquifex aeolicus* 和 *Acidianus ambivalens* 的超嗜热 SQR 酶的三维晶体结构。

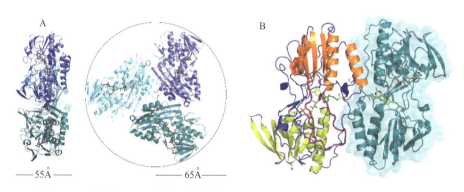

图 5.12　超嗜热 SQR 酶的三维结构（Brito et al.，2009；Marcia et al.，2009）

Fig. 5.12　Three-dimensional structure of the hyperthermophilic SQR enzymes

A. 细菌 *Aquifex aeolicus*；B. 古菌 *Acidianus ambivalens*

　　超嗜热硫代硫酸盐醌氧化还原酶（thiosulfate：quinone oxidoreductase，TQOR）是最早在 *Acidianus ambivalens* 中被分离纯化的氧化硫代硫酸盐生成连四硫酸盐的整合膜糖蛋白，也是第一种含有醌并将其用作电子受体的酶（Muller et al.，2004）。TQOR 可以利用铁氰化物或癸基泛醌作为人工电子受体氧化硫代硫酸盐（Muller et al.，2004），而且在以还原态亚甲基蓝作电子供体时，该反应可逆。凝胶渗透色谱法分析表明，TQOR 全酶大小约 102 kDa，最适温度为 85℃，但其晶体结构目前还未见报道。TQOR 由两个亚基组成，分别为 DoxD 和 DoxA。DoxD 可催化两个硫代硫酸盐分子转化为连四硫酸盐，同时产生两个转移到醌的电子。*Acidianus ambivalens* 的基因组揭示了该菌株具有编码 DoxD 和 DoxA 蛋白的基因序列。因此，研究者推测该酶可能使用泛醌作为电子受体，催化硫代硫酸盐转化为连四硫酸盐（Kanao et al.，2020）。

　　在超嗜热微生物中，用于催化亚硫酸盐氧化的酶类型较多，目前已报道的有亚硫酸盐脱氢酶（sulfite dehydrogenase，SDH）、亚硫酸盐受体氧化还原酶（sulfite：acceptor oxidoreductases，SAOR）、腺苷磷酸硫酸盐还原酶（adenosine phosphosulfate reductase，APSR）和腺苷酰硫酸盐磷酸腺苷酸转移酶（adenosine sulfate phosphate adenylate transferase，APAT）4 种。

　　SDH 首次被发现于 *Aquifex aeolicus* 中，是一种对亚硫酸盐和醌具有高亲和力的膜结合酶，可利用硝基蓝四唑为电子受体催化亚硫酸盐氧化，同时可逆向利用甲基紫精作为电子供体还原 S_0 或连四硫酸盐。SDH 由 2 个异源三聚体组成，大小约为 390 kDa，属于复合铁硫钼酶家族（Boughanemi et al.，2020）。通过研究 *Acidianus ambivalens* 的硫代谢过程，发现该菌具有两种亚硫酸盐氧化通路，分别为细胞膜中的亚硫酸盐受体氧化还原通路（利用 SAOR）和细胞质中的氧化腺苷酸硫酸盐通路（利用 APSR 和 APAT，以腺苷酸硫酸盐为中间产物）。

SAOR 为膜结合酶，可以利用铁氰化物或癸基泛醌为电子受体氧化亚硫酸盐，其最适温度超过 90℃（Zimmermann et al.，1999）。由分离自超嗜热古菌 *Archaeoglobus fulgidus* 的 APSR 晶体结构可以看出，该酶由两个异源二聚体组成。APSR 是一类与富马酸还原酶功能相似度较高的黄素蛋白，尤其在与黄素腺嘌呤二核苷酸（flavin-adenine dinucleotide，FAD）α-亚基结合方面（Fritz et al.，2002）（图 5.13）。

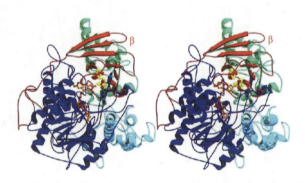

图 5.13　分离自 *Archaeoglobus fulgidus* 的超嗜热酶 APSR 的二聚体三维结构（Fritz et al.，2002）
Fig. 5.13　Three-dimensional structure of the hyperthermophilic APSR enzyme from *Archaeoglobus fulgidus*

另外，研究者还从 *Thermus thermophilus* AT62 中分离鉴定出一种新的超嗜热亚硫酸盐氧化酶（Di Salle et al.，2006）。尽管该酶与其他细菌或真核细胞中已鉴定的亚硫酸盐氧化酶氨基酸序列高度同源，但其动力学分析结果表明，该酶与细菌或真核生物的亚硫酸盐氧化酶差异较大。分离自菌株 AT62 的亚硫酸盐氧化酶几乎完全位于周质部分，其单体表观分子质量约为 39.1 kDa。该酶仅当以铁氰化物作为电子受体时才显示亚硫酸盐氧化酶活性，而其他亚硫酸盐氧化酶则是以细胞色素 c 作为底物（Di Salle et al.，2006）。

四、其他超嗜热氧化还原酶

纯化自 *Thermus thermophilus* HB8 的超嗜热 NADH 氧化酶是较早报道的超嗜热氧化还原酶之一（Park et al.，1992）。该酶表观分子质量约 25 kDa，在 pH 为 5.0 时表现出最高活性，并在 80℃的超高温下保持稳定。该酶有两种异构体，分别包含黄素腺嘌呤二核苷酸（flavin-adenine dinucleotide，FAD）和黄素单核苷酸（flavin mononucleotide，FMN）（Hecht et al.，1995）。该酶不需要黄素穿梭体辅助，能够同时催化电子从 NADH 转移到多种人工电子受体，如亚甲基蓝、细胞色素 c、对硝基蓝四唑、2,6-二氯吲哚酚和铁氰化钾等。与其他 NADH 氧化酶相比，*Thermus thermophilus* HB8 的超嗜热 NADH 氧化酶分子质量较小，热稳定性更高，pH 范围更宽，上述特征使其在生物工业领域应用前景广阔（Park et al.，1992）（图 5.14）。

纯化自 *Pyrococcus furiosus* 的超嗜热红素氧还蛋白是首个被鉴定结构的超嗜热酶（Day et al.，1992）。该酶是一种简单的铁硫蛋白，包含一个[Fe(SCys)$_4$]中心，其酶活最适温度超过 100℃，熔融温度接近 200℃，是目前已知的耐热性最高的蛋白质之一

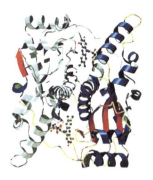

图 5.14　纯化自 *Thermus thermophilus* HB8 的超嗜热 NADH 氧化酶（含辅酶 FMN）的三维结构（Hecht et al.，1995）

Fig. 5.14　Three-dimensional structure of hyperthermophilic NADH oxidase（with coenzyme FMN）from *Thermus thermophilus* HB8

（Hiller et al.，1997）。通过核磁共振仪、中子成像平板衍射仪、X 射线衍射仪等对超嗜热红素氧还蛋白和中温红素氧还蛋白中的氢键骨架和化学键进行比较，发现超嗜热红素氧还蛋白中有特殊的氢键、较多数量的丙氨酸残基和 β 折叠，从蛋白质结构角度说明了该酶具有超乎寻常的耐热特性的原因（Hiller et al.，1997）（图 5.15）。

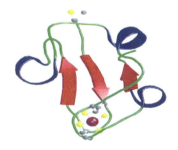

图 5.15　分离自 *Pyrococcus furiosus* 的超嗜热红素氧还蛋白酶的三维结构（Bau et al.，1998）

Fig. 5.15　Three-dimensional structure of the hyperthermophilic rubredoxin form*Pyrococcus furiosus*

超嗜热乙醇脱氢酶（alcohol dehydrogenase，ADH）普遍存在于 *Thermococcus* 属和 *Pyrococcus* 属，是超嗜热微生物代谢纤维素产乙醇最重要的酶之一（Wu and Zhang，2022）。超嗜热乙醇脱氢酶属Ⅲ型 ADH，其在细菌和古菌中的晶体结构类似，均包含由 3 个 His 残基和 1 个 Asp 残基组成的保守催化裂隙（Wu and Zhang，2022）。Wang 等（2021）从超嗜热细菌 *Thermotoga neapolitana* strain NS-E 中发现一种能催化乙酰辅酶 A 到乙醛、催化乙醛到乙醇两种反应的双功能乙醛/醇脱氢假定酶。该酶在 80～85℃、pH 7.5 时表现出最高的乙酰辅酶 A 和乙醛还原活性，且在 92℃时的活性半衰期仍有 1h。此外，Hitschler 等（2021）从 *Thermoanaerobacter* sp. strain X514 中分离纯化出两种表观分子质量约为 100 kDa 和 37.8 kDa 的超嗜热 ADH，分别为 NADH 依赖型（AdhE）和 NADPH 依赖型 ADH（AdhB）。其中，AdhE 在 75℃和 80℃条件下的酶活半衰期分别为 20 min 和 5 min；AdhB 在 80℃和 85℃条件下的酶活半衰期分别为 70 min 和 50 min（图 5.16）。

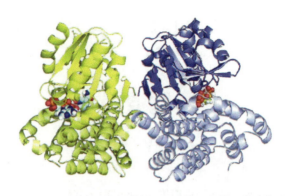

图 5.16 分离自 *Thermotoga thioreducens* 的超嗜热 ADH 的二聚体三维结构（Larson et al.，2019）
Fig. 5.16 Three-dimensional structure of the hyperthermophilic ADH from *Thermotoga thioreducens*

第三节 超嗜热水解酶

超嗜热水解酶中的淀粉酶、葡聚糖酶、脂肪酶、蛋白酶等是已知种类最多、应用最广的超嗜热酶，在食品、医药、制革、造纸、生物肥料等行业发挥重要作用。例如，在淀粉水解浆化过程中，使用异源表达的超嗜热淀粉水解酶替代中温酶，极大地提高了产品回收率和原料利用率；在造纸工业木浆处理过程中，使用超嗜热 1,4-β-木聚糖内切酶替代化学试剂去除木质素，有效地减少了化学漂白剂的用量。下面重点对超嗜热糖苷酶、蛋白酶和脂肪酶等三类超嗜热水解酶的特点进行介绍。

一、超嗜热糖苷酶

超嗜热糖苷酶是分布最为广泛的一种水解酶，是超嗜热微生物参与碳水化合物代谢的关键酶，主要作用于碳水化合物之间、碳水化合物与非碳水化合物之间形成的糖苷键。参与淀粉水解的 α-淀粉酶，以及木质纤维素降解的内切-β-葡聚糖酶、外切-β-葡聚糖酶和 β-葡萄糖苷酶都属于糖苷酶类。

（一）超嗜热淀粉酶

淀粉酶催化水解淀粉、部分寡糖和多糖 α-1,4-糖苷键，释放葡萄糖、麦芽糖和麦芽三糖单元等低分子质量产物。超嗜热淀粉水解酶通常在温度 80℃以上可保持较高活性。该酶取代了淀粉工业使用的化学降解法，是生产不同淀粉水解产物、提高产品回收率和原料利用率的理想生物催化剂。目前已从细菌和古菌中获得了多种超嗜热淀粉水解酶，这些酶的最适温度为 75～115℃，如分离自 *Pyrococcus furiosus* 的胞内酶 α-amylase，其活性温度范围为 60～100℃；分离自 *Sulfolobus solfataricus* 的同源二聚体淀粉酶在 80℃和 pH 3 的条件下活性最佳；分离自 *Pyrococcus woesei* 的淀粉酶可在 98℃下水解淀粉。此外，超嗜热淀粉酶的重组酶（如异源表达于大肠杆菌的 *Thermotoga maritima* 中的 amyA）保持了类似其天然酶的耐热性能（Liebl et al.，1997）。表 5.1 总结了部分超嗜热淀粉水解酶的最适酶活温度、酶活半衰期及分离菌株等。

表 5.1　部分超嗜热淀粉水解酶的催化特性

Table 5.1　Hyperthermophilic starch hydrolases with their biochemical properties

名称	最适酶活温度/℃	酶活半衰期（$t_{1/2}$）	分离菌株	参考文献
α-淀粉酶	75	75℃，1h，保持 95%最佳活性	*Alicyclobacillus* sp. A4	Bai et al.，2012
α-淀粉酶	75	NR*	*Alicyclobacillus acidocaldarius*	Matzke et al.，1997
α-淀粉酶	80	90℃，6h	*Anoxybacillus beppuensis*	Kikani and Singh，2012
淀粉酶	100	100℃，3h	*Bacillus* sp. HUTBS71	Al-Quadan et al.，2009
α-淀粉酶	80	NR*	*Geobacillus* species	Mollania et al.，2010
α-淀粉酶	75～80	90℃，3h	*Bacillus* sp. KR-8104	Kikani and Singh，2012
淀粉酶	90	NR*	*Thermococcus celer*	Canganella et al.，1994
α-淀粉酶	80	80℃，3h	*Thermococcus profundus*	Lee et al.，1996
淀粉酶	98	NR*	*Thermococcus litoralis*	Brown and Kelly，1993
α-淀粉酶	85	NR*	*Thermococcus hydrothermalis*	Horváthová et al.，2006
麦芽糖淀粉酶	100	NR*	*Staphylothermus marinus*	Li et al.，2010
α-淀粉酶	115	98℃，13h	*Pyrococcus furiosus*	Savchenko et al.，2002
α-淀粉酶	98	100℃，>4h	*Pyrococcus woesei*	Koch et al.，1991

*NR 表示暂无数据。

　　图 5.17 展示了 6 种超嗜热淀粉水解酶的三维晶体结构。尽管分离自不同微生物的超嗜热淀粉酶的氨基酸序列不同，但其结构特征相似度较高，都存在 α-β 桶状折叠并由 3 个结构域组成（Ahmad et al.，2022）。Dickmanns 等（2006）报道了分离自 *Thermotoga maritima* 超嗜热淀粉酶 AmyC 的三维结构，发现该酶与分离自 *Thermococcus litoralis* 的 4-葡聚糖转移酶结构明显相似，其至与 *Thermus thermophilus* 中一种未知功能酶的结构相似度更高。

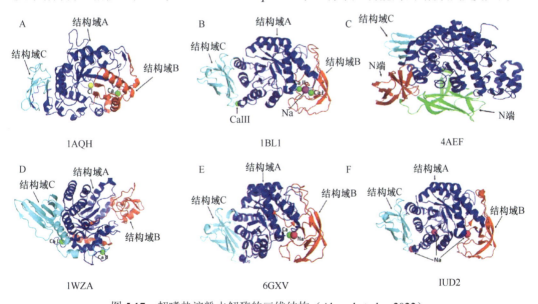

图 5.17　超嗜热淀粉水解酶的三维结构（Ahmad et al.，2022）

Fig. 5.17　Three-dimensional structure of hyperthermophilic α-amylases

分离菌株：*Alteromonas haloplanctis*（A）；*Bacillus licheniformis*（B）；*Pyrococcus furiosus*（C）；*Halothermothrix orenii*（D）；
Alicyclobacillus sp.（E）；*Bacillus* sp. strain KSM-K38（F）

（二）超嗜热内切葡聚糖酶

内切葡聚糖酶在生物质糖化过程中发挥至关重要的作用，可将纤维素水解成小分子质量的低聚物，然后由其他酶进一步水解。超嗜热内切葡聚糖酶因其耐高温特征，可与生物质甚至生物燃料转化过程的高温条件兼容，具有较好的应用前景。表 5.2 列举了部分超嗜热内切葡聚糖酶及其催化特性。例如，分离自 *Aquifex aeolicus* VF5 的 Cel8Y 内切葡聚糖酶，最适酶活温度为 80℃，在 100℃时酶活半衰期为 2h（Kim et al.，2000）；来自 *Fervidobacterium nodosum* 的 Cel5A 内切葡聚糖酶在 80℃时酶活半衰期为 48h，且在高温下催化活性更高（Zheng et al.，2009）；分离自 *Pyrococcus furiosus* 的 EglA 内切葡聚糖酶，其最适酶活温度为 100℃，在 95℃时酶活半衰期为 40h（Bauer et al.，1999）。大多数热稳定性较高的内切葡聚糖酶活性相对较低，而活性相对较高的则耐热性相对较差。为满足工业生产需求，应当对超嗜热内切葡聚糖酶的催化特性进行深入研究，以获取高温条件下具有较高活性的内切葡聚糖酶。

表 5.2　部分超嗜热内切葡聚糖酶种类及其生化特性

Table 5.2　Hyperthermophilic endoglucanases with their biochemical properties

名称	最适酶活温度/℃	酶活半衰期（$t_{1/2}$）	分离菌株/分离源	参考文献
CelBtr1nc	80	80℃，1h	*Alicyclobacillus acidocaldarius*	Eckert and Schneider，2003
CelA	85	95～100℃，40min	*Anaerocellum thermophilum*	Zverlov et al.，1998
Cel8Y	80	100℃，2h	*Aquifex aeolicus* VF5	Kim et al.，2000
CelB	85	70℃，29h	*Caldicellulosiruptor saccharolyticus*	Saul et al.，1990
CelZ	80～90	80℃，>12h	*Clostridium stercorarium*	Bronnenmeier and Staudenbauer，1990
Cel9R	78.5	90℃，30min	*Clostridium thermocellum*	Zverlov et al.，2005
FnCel5A	80	80℃，48h	*Fervidobacterium nodosum*	Zheng et al.，2009
EglA	100	95℃，45h	*Pyrococcus furiosus*	Bauer et al.，1999
EGPh	>97	97℃，>3h	*Pyrococcus horikoshii*	Ando et al.，2002
CelA	100	90℃，>8h	*Rhodothermus marinus*	Halldórsdóttir et al.，1998
SSO1354	95	95℃，53min	*Sulfolobus solfataricus*	Maurelli et al.，2008
SSO1949	80	80℃，8h	*Sulfolobus solfataricus*	Huang et al.，2005
Cel5A	80	80℃，18h	*Thermotoga maritima*	Chhabra et al.，2002
CelA	90	85℃，48h	*Thermotoga maritima*	Liebl et al.，1996
CelB	85～90	95℃，12h	*Thermotoga maritima*	Liebl et al.，1996
Tm Cel74	90	90℃，5h	*Thermotoga maritima*	Chhabra and Kelly，2002
CelB	106	106℃，130min	*Thermotoga neapolitana*	Bok et al.，1998
TeEgl5A	90	90℃，10min	*Talaromyces emersonii*	Wang et al.，2014
LC-CelA-His	90	90℃，>30min	枯枝落叶样品堆肥宏基因组	Okano et al.，2014
PersiCel4	85	85℃，>150h	绵羊瘤胃样品宏基因组	Ariaeenejad et al.，2020

图 5.18 展示了两种超嗜热内切葡聚糖酶的三维结构。对比分析分离自 *Thermotoga maritima* 的超嗜热内切葡聚糖酶（图 5.18A）和分离自 *Clostridium cellulolyticum* 的中温内切葡聚糖酶晶体结构，超嗜热内切葡聚糖酶具有超高热稳定性的原因可能与其晶体中环结构

缩短、原子掩埋比例提高、可及表面积增大和氢键网络改进有关（Pereira et al.，2010）。离子液体因可增加生物质溶解度而引入到水解反应中，Manna 和 Ghosh 研究了分离自 *Rhodothermus marinus* 的超嗜热内切葡聚糖酶（图 5.18B）在离子液体中的稳定性，发现该酶能够耐受 40%体积浓度的 1-乙基-3-甲基咪唑乙酸酯，提高了其在工业生产中的应用潜力（Manna and Ghosh，2020）。

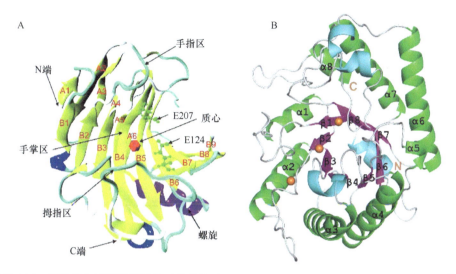

图 5.18　超嗜热内切葡聚糖酶的三维结构（Manna and Ghosh，2020；Pereira et al.，2010）

Fig. 5.18　Three-dimensional structure of hyperthermophilic endoglucanase

A. 分离自 *Rhodothermus marinus*；B. 分离自 *Thermotoga maritima*

（三）超嗜热纤维素二糖水解酶

与内切葡聚糖酶类似，高活性超嗜热纤维素二糖水解酶对于生物质的高效糖化有重要作用。已报道的超嗜热纤维素二糖水解酶数量比其他类型糖苷水解酶数量要少（表 5.3）。其中，分离自 *Chaetomium thermophilum* 的 CtCel7 在 80℃下的活性半衰期为 90 min（Han et al.，2020）；另一种具有较高热稳定的纤维二糖水解酶 Cellulase II 分离自 *Thermotoga maritima*，其最适酶活温度为 95℃（Bronnenmeier et al.，1995）。

表 5.3　部分超嗜热纤维素二糖水解酶种类及其生化特性

Table 5.3　Hyperthermophilic cellobiohydrolase with their biochemical properties

名称	最适酶活温度/℃	酶活半衰期（$t_{1/2}$）	分离菌株	参考文献
CtCel7	60[*]	80℃，90 min	*Chaetomium thermophilum*	Han et al.，2020
Cellulase II	95	95℃，30 min	*Thermotoga maritima*	Bronnenmeier et al.，1995
CBH	105	108℃，70 min	*Thermotoga* sp. FjSS3-B.1	Ruttersmith and Daniel，1991

*尽管最适酶活温度较低，但热稳定性好，活性半衰期在 80℃，90 min。

（四）超嗜热 β-葡萄糖苷酶

与上述几种糖苷水解酶类似，超嗜热 β-葡萄糖苷酶能够水解纤维素末端结合非还原

性的 β-D-葡萄糖键，对于生物质高效水解具有重要作用。目前，已从细菌或古菌中分离纯化出丰富多样的超嗜热 β-葡萄糖苷酶（表 5.4）。例如，分离自 *Pyrococcus furiosus* 的 β-葡萄糖苷酶 CelB 具有极高的热稳定性，其最适酶活温度达到 102～105℃，活性半衰期在 100℃下 85h、110℃下 13h（Kengen et al.，1993）；分离自 *Thermosphaera aggregans* 的超嗜热 β-葡萄糖苷酶 Gly 在 80℃持续 130h 仍保持其 95%的活性（Chi et al.，1999）；分离自 *Dictyoglomus turgidum* 的超嗜热 β-葡萄糖苷酶 *Dtur*β-Glu 同样具有较高的热稳定性，最适酶活温度为 80℃，该温度下 2h 可保持 70%的最大活性（Fusco et al.，2018）。

表 5.4　部分超嗜热 β-葡萄糖苷酶种类及其生化特性

Table 5.4　Hyperthermophilic β-glucosidases with their biochemical properties

名称	最适酶活温度/℃	酶活半衰期（$t_{1/2}$）	分离菌株/分离源	参考文献
BglA	85	70℃，38h	*Caldicellosiruptor saccharolyticus*	Love et al.，1988
BglA	95	NR*	*Fervidobacterium* sp.	Aït et al.，1979
CelB	102～105	100℃，85h	*Pyrococcus furiosus*	Kengen et al.，1993
BGPh	>100	90℃，15h	*Pyrococcus horikoshii*	Matsui et al.，2000
BgaS	90	80℃，60h	*Sulfolobus acidocaldarius*	Park et al.，2010
rSSG	95	75℃，15h	*Sulfolobus shibatae*	Park et al.，2010
Gly	NR*	80℃，>130h	*Thermosphaera aggregans*	Chi et al.，1999
BglA	90	95℃，>6h	*Thermotoga maritima*	Gabelsberger et al.，2004
BglA	95	100℃，3.6h	*Thermotoga neapolitana*	Park et al.，2005
BglB	90	90℃，3h	*Thermotoga neapolitana*	Zverlov et al.，1997
T.n.-Gly	90	90℃，2.5h	*Thermus nonproteolyticus* HG102	He et al.，2001
β-glucosidase	85	75℃，120h	*Thermus* sp. Z-1	Takase and Horikoshi，2004
DturβGlu	80	80℃，2h	*Dictyoglomus turgidum*	Fusco et al.，2018
EngU	90	NR*	火山口样品宏基因组	Angelov et al.，2017

*NR 表示暂无数据。

二、超嗜热蛋白酶

蛋白水解酶可将蛋白类物质水解成氨基酸，是一类在科学研究（去除 DNA 样本中蛋白质）和工业生产（纺织、食品、皮革、洗涤剂和制药工业）中广泛应用的生物酶。与大多数超嗜热酶类似，分离自古菌的超嗜热蛋白酶的耐热性能通常比分离自细菌的耐热性能更好（表 5.5）。细菌的超嗜热蛋白酶的分离源大多为 *Bacillus* 属，且需添加 Ca^{2+} 以提高其最适酶活温度。例如，分离自 *Bacillus* sp. JB-99 的丝氨酸蛋白酶最适酶活温度为 70℃，但在添加 10 mmol/L Ca^{2+} 后，其最适酶活温度提高至 80℃，且在该温度下 1h 仍能保持 78%的最大酶活（Johnvesly and Naik，2001）；分离自 *Bacillus stearothermophilus* F1 的碱性蛋白酶在 Ca^{2+} 存在时最适酶活温度从 70℃提高至 85℃，酶活半衰期在 85℃下为 4h，在 90℃下为 25 min（Rahman et al.，1994）。此外，分离自 *Aquifex pyrophilus* 的丝氨酸蛋白酶热稳定性较高，其天然酶最适酶活温度为 85℃；该酶经重组后热稳定性有所提升,其最适酶活温度达到95℃,半衰期在85℃下超过90h,在105℃下达到6h(Choi et al.,1999)。

分离自古菌的超嗜热蛋白酶种类相对较多,如分离自 *Desulfurococcus* strain Tok$_{12}$S$_1$ 的丝氨酸蛋白酶,最适酶活温度为85℃(Cowan et al.,1987);分离自 *Sulfolobus solfataricus* MT-4 的丝氨酸蛋白酶在90℃下能保持长期稳定,92℃下酶活半衰期为342 min,而在101℃下为7 min(Burlini et al.,1992);分离自 *Pyrococcus furiosus* DSM 3638 的丝氨酸蛋白酶最适酶活温度达到115℃,甚至高于该菌株的生长温度,其酶活半衰期在80℃下超过96h,在95℃、100℃、105℃和110℃下的酶活半衰期分别为9h、4h、20 min 和 3 min(Eggen et al.,1990)。

通过克隆并在嗜温菌中异源表达的超嗜热蛋白酶,同样能够获得与其自然酶类似的耐热性能,如源自 *Thermoanaerobacter yonseiensis* KB-1 的丝氨酸蛋白酶大肠杆菌重组酶,其最适酶活温度为92.5℃,在80℃下的活性半衰期为30h(Jang et al.,2002);源自 *Coprothermobacter proteolyticus* 的丝氨酸蛋白酶大肠杆菌重组酶在80℃下仍具有较高活性(Majeed et al.,2013);源自 *Pyrococcus furiosus* DSM 3638 脯氨酸内肽酶的肠杆菌重组酶,其最适酶活温度为85~90℃,同时有偶氮酪蛋白水解能力。

近年来快速发展的宏基因组测序技术为寻找超嗜热蛋白酶开辟了新的思路(DeCastro et al.,2016)。例如,Sun 等(2020)从我国东海沉积物的微生物群落宏基因组数据库中挖掘出一种新 S8A 多肽酶家族的水解酶基因(图 5.19B),并将该基因克隆至 *Escherichia coli* 中进行异源表达后,获得了一种最适酶活温度为80℃的超嗜热丝氨酸蛋白酶。

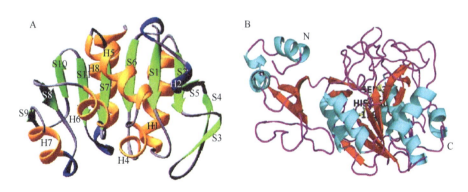

图 5.19 超嗜热蛋白酶的三维结构(Du et al.,2000;Sun et al.,2020)
Fig. 5.19 Three-dimensional structure of hyperthermophilic protease
A. 分离自 *Pyrococcus horikoshii*;B. 挖掘自海洋沉积物宏基因组

表 5.5 部分超嗜热蛋白酶种类及其生化特性
Table 5.5 Hyperthermophilic proteases with their biochemical properties

名称	最适酶活温度/℃	酶活半衰期($t_{1/2}$)	分离菌株/分离源	参考文献
丝氨酸蛋白酶	85	85℃,>1h	*Bacillus* sp. JB-99	Johnvesly and Naik,2001
丝氨酸蛋白酶	85	85℃,4h	*Bacillus stearothermophilus* sp.	Rahman et al.,1994
丝氨酸蛋白酶	80	90℃,30h	*Thermococcus* AN 1	Klingeberg et al.,1991

续表

名称	最适酶活温度/℃	酶活半衰期（$t_{1/2}$）	分离菌株/分离源	参考文献
丝氨酸蛋白酶	85	90℃，1.5h	*Thermobacteroides proteolyticus* DSM 5265	Klingeberg et al.，1991
丝氨酸蛋白酶	90	90℃，30~35h	*Thermococcus* strain AN 1DSM 2770	Klingeberg et al.，1991
丝氨酸蛋白酶	95	90℃，>50h	*Thermococcus litoralis* DSM 5473	Klingeberg et al.，1991
丝氨酸蛋白酶	95	90℃，35~40h	*Thermococcus celer* DSM 2476	Klingeberg et al.，1991
丝氨酸蛋白酶	95	90℃，5h	*Staphylothermus marinus* DSM 3639	Klingeberg et al.，1991
丝氨酸蛋白酶	80	NR*	*Thermus aquaticus*YT1	Green et al.，1993
半胱氨酸蛋白酶	110	100℃，1h	*Pyrococcus* sp. KOD1	Morikawa et al.，1994
丝氨酸蛋白酶	95	95℃，6h	*Pyrococcus abyssi* strainst 549	Dib et al.，1998
丝氨酸蛋白酶	85	100℃，1h	*Geobacillus* sp. YMTC 1049	Zhu et al.，2007
丝氨酸蛋白酶	>95	95℃，70~90 min	*Desulfurococcus* strain Tok$_{12}$S$_1$	Cowan et al.，1987
丝氨酸蛋白酶	>90	92℃，342 min	*Sulfolobus solfataricus* strain MT-4	Burlini et al.，1992
热蛋白酶	90	NR*	*Sulfolobus acidocaldarius*	Lin and Tang，1990
胶蛋白	>95	NR*	*Staphylothermus marinus*	Mayr et al.，1996
丝氨酸蛋白酶	80	70℃，6h	海洋沉积物宏基因组	Sun et al.，2020
丝氨酸蛋白酶	85~90	NR*	*Pyrococcus furiosus* DSM 3638	Eggen et al.，1990

*NR 表示暂无数据。

三、超嗜热脂肪酶

　　超嗜热脂肪酶在有机合成、油脂水解和改性、木浆加工、生物燃料生产和污水处理等工业应用中有着重要作用。脂肪酶催化的反应发生在油水界面，而天然脂肪酶底物是不溶性脂类化合物，易于在水溶液中聚集。超嗜热脂肪酶除拥有其他超嗜热酶的优势之外，还可促进底物的溶解和分散，从而提高反应速率。例如，在油脂污染场地原位生物修复过程中，使用超嗜热脂肪酶可提高污染物脂质组分的生物亲和性和溶解度，从而提高生物修复效率。

　　目前已从不同细菌和古菌中分离出了多种超嗜热脂肪酶（表5.6，图5.20），例如，Salameh 和 Wiegel 从一株在油脂上与产甲烷菌共生的超嗜热厌氧菌 *Thermosyntropha lipolytica* DSM 11003 中分离得到 2 种最适酶活温度为 96℃的超嗜热脂肪酶（Salameh and Wiegel，2007）。从 *Shewanella putrefaciens*（Akbas et al.，2015）、*Burkholderia territorii* GP3（Putra et al.，2019）等嗜温微生物基因组中同样能获得超嗜热脂肪酶基因，例如，将从 *Shewanella putrefaciens* 中鉴定出的超嗜热脂肪酶基因克隆到大肠杆菌中异源表达后，得到一种最适酶活温度为 80℃的超嗜热脂肪酶（Akbas et al.，2015）。将该酶用于菜籽油和废油的酯交换反应，发现其在 90℃下 30 min 仍具有 50%的最佳酶活，而在 100℃下 20 min 仍保持 20%的酶活性。此外，利用宏基因组测序技术筛选高温环境样本功能基因，同样能获得超嗜热脂肪酶。例如，Lu 等（2019）从堆肥宏基因组数据中筛选并经异源表达获得了最适酶活温度为 80℃的超嗜热脂肪酶。

表 5.6 部分超嗜热脂肪种类及其生化特性
Table 5.6 Hyperthermophilic lipases with their biochemical properties

名称	最适酶活温度/℃	酶活半衰期（$t_{1/2}$）	分离菌株/分离源	参考文献
碱性脂肪酶	80	80℃，150 min	*Bacillus sonorensis* 4R	Bhosale et al.，2016
胞外脂肪酶	75～80	70℃，30 min	*Bacillus stearothermophilus* MC 7	Kambourova et al.，2003
脂肪酶	80	90℃，30 min	*Shewanella putrefaciens*	Akbas et al.，2015
LipA 碱性脂肪酶	96	100℃，6h	*Thermosyntropha lipolytica* DSM 11003	Salameh and Wiegel，2007
LipB 碱性脂肪酶	96	100℃，2h	*Thermosyntropha lipolytica* DSM 11003	Salameh and Wiegel，2007
羧酸酯酶	90	110℃，56 min	*Pyrobaculum calidifontis* VA1	Hotta et al.，2002
羧酸酯酶	60[*]	100℃，>18h	*Geobacillus* sp. JM6	Zhu et al.，2015
碱性脂肪酶	90	90℃，>13h	*Pseudomonas* sp.	Rathi et al.，2000
羧酸酯酶	NR	90℃，>1h	油藏样品宏基因组	Lewin et al.，2016
脂蛋白酶	80	70℃，15 min	堆肥样品宏基因组	Lu et al.，2019
脂肪酶	80	NR[**]	*Burkholderia territorii* GP3	Putra et al.，2019

*最适温度未达到超高温，但超高温下热稳定性较好；**NR 表示暂无数据。

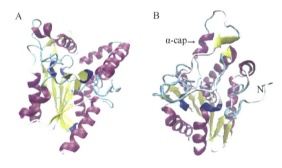

图 5.20 超嗜热脂肪酶的三维结构（Putra et al.，2019；Zhu et al.，2015）
Fig. 5.20 Three-dimensional structure of hyperthermophilic lipases
A. 分离自 *Burkholderia territorii* GP3；B. 分离自 *Geobacillus* sp. JM6

参 考 文 献

Abu Al-Soud W, Rådström P. 1998. Capacity of nine thermostable DNA polymerases to mediate DNA amplification in the presence of PCR-inhibiting samples[J]. Appl Environ Microbiol, 64(10): 3748-3753.

Afshar S, Kim C, Monbouquette H G, et al. 1998. Effect of tungstate on nitrate reduction by the hyperthermophilic archaeon *Pyrobaculum aerophilum*[J]. Appl Environ Microbiol, 64(8): 3004-3008.

Ahmad A, Rahamtullah, Mishra R. 2022. Structural and functional adaptation in extremophilic microbial α-amylases[J]. Biophys Rev, 14(2): 499-515.

Aït N, Creuzet N, Cattanéo J. 1979. Characterization and purification of thermostable β-glucosidase from *Clostridium thermocellum*[J]. Biochem Biophys Res Commun, 90(2): 537-546.

Akbas F, Arman K, Aydin Sinirlioglu Z, et al. 2015. Molecular cloning and characterization of novel thermostable lipase from *Shewanella putrefaciens* and using enzymatic biodiesel production[J]. J Microbiol Biotechnol Food Sci, 4(4): 297-300.

Al-Quadan F, Akel H, Natshi R. 2009. Characteristics of a novel highly thermostable and extremely thermophilic alkalitolerant amylase from hyperthermophilic *Bacillus* strain HUTBS71[J]. OnLine J Biol Sci, 9(3): 67-74.

Ando S, Ishida H, Kosugi Y, et al. 2002. Hyperthermostable endoglucanase from *Pyrococcus horikoshii*[J]. Appl Environ Microbiol, 68(1): 430-433.

Angelov A, Pham V T T, Übelacker M, et al. 2017. A metagenome-derived thermostable β-glucanase with an unusual module architecture which defines the new glycoside hydrolase family GH148[J]. Sci Rep, 7: 17306.

Ariaeenejad S, Sheykh Abdollahzadeh Mamaghani A , Maleki M, et al. 2020. A novel high performance in-silico screened metagenome-derived alkali-thermostable endo-β-1,4-glucanase for lignocellulosic biomass hydrolysis in the harsh conditions[J]. BMC Biotechnol, 20: 56.

Bae H, Kim K P, Lee J I, et al. 2009. Characterization of DNA polymerase from the hyperthermophilic archaeon *Thermococcus marinus* and its application to PCR[J]. Extremophiles, 13: 657-667.

Bai Y G, Huang H Q, Meng K, et al. 2012. Identification of an acidic α-amylase from *Alicyclobacillus* sp. A4 and assessment of its application in the starch industry[J]. Food Chem, 131(4): 1473-1478.

Basen M, Schut G J, Nguyen D M, et al. 2014. Single gene insertion drives bioalcohol production by a thermophilic archaeon[J]. PNAS, 111(49): 17618-17623.

Bau R, Rees D C, Kurtz D M Jr, et al. 1998. Crystal structure of rubredoxin from *Pyrococcus furiosus* at 0.95 Å resolution, and the structures of N-terminal methionine and formylmethionine variants of Pf Rd. Contributions of N-terminal interactions to thermostability[J]. J Biol Inorg Chem, 3(5): 484-493.

Bauer M W, Driskill L E, Callen W,. et al. 1999. An endoglucanase, EglA, from the hyperthermophilic archaeon *Pyrococcus furiosus* hydrolyzes β-1,4 bonds in mixed-linkage (1→3),(1→4)-β-D-glucans and cellulose[J]. J Bacteriol, 181(1): 284-290.

Bevers L E, Bol E, Hagedoorn P L, et al. 2005. WOR5, a novel tungsten-containing aldehyde oxidoreductase from *Pyrococcus furiosus* with a broad substrate specificity[J]. J Bacteriol, 187(20): 7056-7061.

Bhalla A, Bansal N, Kumar S, et al. 2013. Improved lignocellulose conversion to biofuels with thermophilic bacteria and thermostable enzymes[J]. Bioresour Technol, 128: 751-759.

Bhosale H, Shaheen U, Kadam T. 2016. Characterization of a hyperthermostable alkaline lipase from *Bacillus sonorensis* 4R[J]. Enzyme Res, 2016: 4170684.

Bok J D, Yernool D A, Eveleigh D E. 1998. Purification, characterization, and molecular analysis of thermostable cellulases CelA and CelB from *Thermotoga neapolitana*[J]. Appl Environ Microbiol, 64(12): 4774-4781.

Boughanemi S, Infossi P, Giudici-Orticoni M T, et al. 2020. Sulfite oxidation by the quinone-reducing molybdenum sulfite dehydrogenase SoeABC from the bacterium *Aquifex aeolicus*[J]. Biochim Biophys Acta Bioenerg, 1861(11): 148279.

Brito J A, Sousa F L, Stelter M, et al. 2009. Structural and functional insights into sulfide: quinone oxidoreductase[J]. Biochemistry, 48(24): 5613-5622.

Bronnenmeier K, Kern A, Liebl W, et al. 1995. Purification of *Thermotoga maritima* enzymes for the degradation of cellulosic materials[J]. Appl Environ Microbiol, 61(4): 1399-1407.

Bronnenmeier K, Staudenbauer W L. 1990. Cellulose hydrolysis by a highly thermostable endo-1,4-β-glucanase (avicelase I) from *Clostridium stercorarium*[J]. Enzyme Microb Technol, 12(6): 431-436.

Brown S H, Kelly R M. 1993. Characterization of amylolytic enzymes, having both α-1,4 and α-1,6 hydrolytic activity, from the thermophilic archaea *Pyrococcus furiosus* and *Thermococcus litoralis*[J]. Appl Environ Microbiol, 59(8): 2614-2621.

Bryant F O, Adams M W. 1989. Characterization of hydrogenase from the hyperthermophilic archaebacterium, *Pyrococcus furiosus*[J]. J Biol Chem, 264(9): 5070-5079.

Burlini N, Magnani P, Villa A, et al. 1992. A heat-stable serine proteinase from the extreme thermophilic archaebacterium *Sulfolobus solfataricus*[J]. BBA - Protein Struct Mol Enzym, 1122(3): 283-292.

Canganella F, Andrade C M, Antranikian G. 1994. Characterization of amylolytic and pullulytic enzymes from thermophilic archaea and from a new *Fervidobacterium* species[J]. Appl Microbiol Biotechnol, 42(2): 239-245.

Chan M K, Mukund S, Kletzin A, et al. 1995. Structure of a hyperthermophilic tungstopterin enzyme, aldehyde ferredoxin oxidoreductase[J]. Science, 267(5203): 1463-1469.

Chhabra S R, Kelly R M. 2002. Biochemical characterization of *Thermotoga maritima* endoglucanase Cel74 with and without a carbohydrate binding module (CBM)[J]. FEBS Lett, 531(2): 375-380.

Chhabra S R, Shockley K R, Ward D E, et al. 2002. Regulation of endo-acting glycosyl hydrolases in the hyperthermophilic bacterium *Thermotoga maritima* grown on glucan-and mannan-based polysaccharides[J]. Appl Environ Microbiol, 68(2): 545-554.

Chi Y I, Martinez-Cruz L A, Jancarik J, et al. 1999. Crystal structure of the β-glycosidase from the hyperthermophile *Thermosphaera aggregans*: insights into its activity and thermostability[J]. FEBS Lett, 445(2-3): 375-383.

Chien A, Edgar D B, Trela J M. 1976. Deoxyribonucleic acid polymerase from the extreme thermophile *Thermus aquaticus*[J]. J Bacteriol, 127(3): 1550-1557.

Choi I G, Bang W G, Kim S H, et al. 1999. Extremely thermostable serine-type protease from *Aquifex pyrophilus*. molecular cloning, expression, and characterization[J]. J Biol Chem, 274(2): 881-888.

Cline J, Braman J C, Hogrefe H H. 1996. PCR fidelity of *pfu* DNA polymerase and other thermostable DNA polymerases[J]. Nucleic Acids Res, 24(18): 3546-3551.

Cowan D A, Smolenski K A, Daniel R M, et al. 1987. An extremely thermostable extracellular proteinase from a strain of the archaebacterium *Desulfurococcus* growing at 88℃[J]. Biochem J, 247(1): 121-133.

Dabrowski S, Kur J. 1998. Recombinant His-tagged DNA polymerase. II. Cloning and purification of *Thermus aquaticus* recombinant DNA polymerase (Stoffel fragment)[J]. Acta Biochim Pol, 45(3): 661-667.

Day M W, Hsu B T, Joshua-Tor L, et al. 1992. X-ray crystal structures of the oxidized and reduced forms of the rubredoxin from the marine hyperthermophilic archaebacterium *Pyrococcus furiosus*[J]. Protein Sci, 1(11): 1494-1507.

DeCastro M E, Rodríguez-Belmonte E, González-Siso M I. 2016. Metagenomics of thermophiles with a focus on discovery of novel thermozymes[J]. Front Microbiol, 7: 1521.

Di Salle A, D'Errico G, La Cara F, et al. 2006. A novel thermostable sulfite oxidase from *Thermus thermophilus*: characterization of the enzyme, gene cloning and expression in *Escherichia coli*[J]. Extremophiles, 10(6): 587-598.

Dib R, Chobert J M, Dalgalarrondo M, et al. 1998. Purification, molecular properties and specificity of a thermoactive and thermostable proteinase from *Pyrococcus abyssi*, strain st 549, hyperthermophilic Archaea from deep-sea hydrothermal ecosystem[J]. FEBS Lett, 431(2): 279-284.

Dickmanns A, Ballschmiter M, Liebl W, et al. 2006. Structure of the novel α-amylase AmyC from *Thermotoga maritima*[J]. Acta Cryst, D62: 262-270.

Du X, Choi I G, Kim R, et al. 2000. Crystal structure of an intracellular protease from *Pyrococcus horikoshii* at 2-Å resolution[J]. PNAS, 97(26): 14079-14084.

Eckert K, Schneider E. 2003. A thermoacidophilic endoglucanase (CelB) from *Alicyclobacillus acidocaldarius* displays high sequence similarity to arabinofuranosidases belonging to family 51 of glycoside hydrolases[J]. Eur J Biochem, 270(17): 3593-3602.

Eggen R, Geerling A, Watts J, et al. 1990. Characterization of pyrolysin, a hyperthermoactive serine protease from the archaebacterium *Pyrococcus furiosus*[J]. FEMS Microbiol Lett, 71: 17-20.

Ferreira P, Fernandes P A, Ramos M J. 2022. The archaeal non-heme iron-containing sulfur oxygenase reductase[J]. Coord Chem Rev, 455: 214358.

Fritz G, Roth A, Schiffer A, et al, et al. 2002. Structure of adenylylsulfate reductase from the hyper-thermophilic *Archaeoglobus fulgidus* at 1.6-Å resolution[J]. PNAS, 99(4): 1836-1841.

Fusco F A, Fiorentino G, Pedone E, et al. 2018. Biochemical characterization of a novel thermostable β-glucosidase from *Dictyoglomus turgidum*[J]. Int J Biol Macromol, 113: 783-791.

Gabelsberger J, Liebl W, Schleifer K H.1993. Purification and properties of recombinant β-glucosidase of the hyperthermophilic bacterium *Thermotoga maritima*[J]. Appl Microbiol Biotechnol, 40: 44-52.

Green P R, Oliver J D, Strickland L C, et al. 1993. Purification, crystallization and preliminary X-ray investigation of aqualysin I, a heat-stable serine protease[J]. Acta Cryst, D49: 349-352.

Hagedoorn P L, Freije J R, Hagen W R. 1999. *Pyrococcus furiosus* glyceraldehyde 3-phosphate oxidoreductase has comparable $W^{6+/5+}$ and $W^{5+/4+}$ reduction potentials and unusual[4Fe-4S] EPR properties[J]. FEBS Lett,

462: 66-70.

Halldórsdóttir S, Thórólfsdóttir E T, Spilliaert R, et al. 1998. Cloning, sequencing and overexpression of a *Rhodothermus marinus* gene encoding a thermostable cellulase of glycosyl hydrolase family 12[J]. Appl Microbiol Biotechnol, 49(3): 277-284.

Han C, Yang R R, Sun Y X, et al. 2020. Identification and characterization of a novel hyperthermostable bifunctional cellobiohydrolase-xylanase enzyme for synergistic effect with commercial cellulase on pretreated wheat straw degradation[J]. Front Bioeng Biotechnol, 8: 296.

Hashimoto H, Nishioka M, Fujiwara S, et al. 2001. Crystal structure of DNA polymerase from hyper-thermophilic archaeon *Pyrococcus kodakaraensis* KOD1[J]. J Mol Biol, 306(3): 469-477.

He X Y, Zhang S Z, Yang S J. 2001. Cloning and expression of thermostable β-glycosidase gene from *Thermus nonproteolyticus* HG102 and characterization of recombinant enzyme[J]. Appl Biochem Biotechnol, 94(3): 243-255.

Hecht H J, Erdmann H, Park H J, et al. 1995. Crystal structure of NADH oxidase from *Thermus thermophilus*[J]. Nat Struct Mol Biol, 2(12): 1109-1114.

Heider J, Ma K, Adams M W. 1995. Purification, characterization, and metabolic function of tungsten-containing aldehyde ferredoxin oxidoreductase from the hyperthermophilic and proteolytic archaeon *Thermococcus* strain ES-1[J]. J Bacteriol, 177(16): 4757-4764.

Hiller R, Zhou Z H, Adams M W, et al. 1997. Stability and dynamics in a hyperthermophilic protein with melting temperature close to 200°C[J]. PNAS, 94(21): 11329-11332.

Hitschler L, Nissen L S, Kuntz M, et al. 2021. Alcohol dehydrogenases AdhE and AdhB with broad substrate ranges are important enzymes for organic acid reduction in *Thermoanaerobacter* sp. strain X514[J]. Biotechnol Biofuels, 14(1): 187.

Hopfner K P, Eichinger A, Engh R A, et al. 1999. Crystal structure of a thermostable type B DNA polymerase from *Thermococcus gorgonarius*[J]. PNAS, 96(7): 3600-3605.

Horváthová V, Godány A, Šturdík E, et al. 2006. α-Amylase from *Thermococcus hydrothermalis*: Re-cloning aimed at the improved expression and hydrolysis of corn starch[J]. Enzyme Microb Technol, 39(6): 1300-1305.

Hotta Y, Ezaki S, Atomi H, et al. 2002. Extremely stable and versatile carboxylesterase from a hyperthermophilic archaeon[J]. Appl Environ Microbiol, 68(8): 3925-3931.

Hu Y L, Faham S, Roy R, et al. 1999. Formaldehyde ferredoxin oxidoreductase from *Pyrococcus furiosus*: the 1.85 Å resolution crystal structure and its mechanistic implications 1[J]. J Mol Biol, 286(3): 899-914.

Huang Y W, Krauss G, Cottaz S, et al. 2005. A highly acid-stable and thermostable endo-β-glucanase from the thermoacidophilic archaeon *Sulfolobus solfataricus*[J].Biochem J, 385(Pt 2): 581-588.

Jang H, Kim B, Pyun Y,, et al. 2002. A novel subtilisin-like serine protease from *Thermoanaerobacter yonseiensis* KB-1: its cloning, expression, and biochemical properties[J]. Extremophiles, 6(3): 233-243.

Johnvesly B, Naik G R. 2001. Studies on production of thermostable alkaline protease from thermophilic and alkaliphilic *Bacillus* sp. JB-99 in a chemically defined medium[J]. Process Biochem, 37(2): 139-144.

Kambourova M, Kirilova N, Mandeva R, et al. 2003. Purification and properties of thermostable lipase from a thermophilic *Bacillus stearothermophilus* MC 7[J]. J Mol Catal, B Enzym, 22: 307-313.

Kanao T, Sharmin S, Tokuhisa M, et al. 2020. Identification of a gene encoding a novel thiosulfate: quinone oxidoreductase in marine *Acidithiobacillus* sp. strain SH[J]. Res Microbiol, 171(7): 281-286.

Kay T. 2013. Overview of thermostable DNA polymerases for classical PCR applications: from molecular and biochemical fundamentals to commercial systems[J]. Appl Microbiol Biotechnol, 97(24): 10243-10254.

Kengen S W, Luesink E J, Stams A J, et al. 1993. Purification and characterization of an extremely thermostable β-glucosidase from the hyperthermophilic archaeon *Pyrococcus furiosus*[J]. Eur J Biochem, 213(1): 305-312.

Kikani B A, Singh S P. 2012. The stability and thermodynamic parameters of a very thermostable and calcium-independent α-amylase from a newly isolated bacterium, *Anoxybacillus beppuensis* TSSC-1[J]. Process Biochem, 47(12): 1791-1798.

Kim J O, Park S R, Lim W J, et al. 2000. Cloning and characterization of thermostable endoglucanase (Cel8Y) from the hyperthermophilic *Aquifex aeolicus* VF₅[J]. Biochem Biophys Res Commun, 279(2): 420-426.

Kim S W, Kim D U, Kim J K, et al. 2008. Crystal structure of *Pfu*, the high fidelity DNA polymerase from *Pyrococcus furiosus*[J]. Int J Biol Macromol, 42(4): 356-361.

Kim Y, Eom S H, Wang J M, et al. 1995. Crystal structure of *Thermus aquaticus* DNA polymerase[J]. Nature, 376(6541): 612-616.

Kim Y J, Lee H S, Kim E S, et al. 2010. Formate-driven growth coupled with H_2 production[J]. Nature, 467(7313): 352-355.

Klingeberg M, Hashwa F, Antranikian G. 1991. Properties of extremely thermostable proteases from anaerobic hyperthermophilic bacteria[J]. Appl Microbiol Biotechnol, 34(6): 715-719.

Koch R, Spreinat A, Lemke K, et al. 1991. Purification and properties of a hyperthermoactive α-amylase from the archaeobacterium *Pyrococcus woesei*[J]. Arch Microbiol, 155(6): 572-578.

Koehler B P, Mukund S, Conover R C, et al. 1996. Spectroscopic characterization of the tungsten and iron centers in aldehyde ferredoxin oxidoreductases from two hyperthermophilic archaea[J]. J Am Chem Soc, 118(49): 12391-12405.

Koko M Y F, Mu W M, Hassanin H A M, et al. 2020. Archaeal hyperthermostable mannitol dehydrogenases: A promising industrial enzymes for d-mannitol synthesis[J]. Food Res Int, 137: 109638.

Labes A, Schönheit P. 2001. Sugar utilization in the hyperthermophilic, sulfate-reducing archaeon *Archaeoglobus fulgidus* strain 7324: starch degradation to acetate and CO_2 via a modified Embden-Meyerhof pathway and acetyl-CoA synthetase (ADP-forming) [J]. Arch Microbiol, 176(5): 329-338.

Larson S B, Jones J A, McPherson A. 2019. The structure of an iron-containing alcohol dehydrogenase from a hyperthermophilic archaeon in two chemical states[J]. ACTA Crystallogr, 75(4): 217-226.

Lawyer F C, Stoffel S, Saiki R K, et al. 1989. Isolation, characterization, and expression in *Escherichia coli* of the DNA polymerase gene from *Thermus aquaticus*[J]. J Biol Chem, 264(11): 6427-6437.

Lee J T, Kanai H, Kobayashi T, et al. 1996. Cloning, nucleotide sequence, and hyperexpression of α-amylase gene from an archaeon, *Thermococcus profundus*[J]. J Ferment Bioeng, 82(5): 432-438.

Lewin A, Strand T A, Haugen T, et al. 2016. Discovery and characterization of a thermostable esterase from an oil reservoir metagenome[J]. Adv Enzyme Res, 4(2): 68-86.

Li D, Park J T, Li X L, et al. 2010. Overexpression and characterization of an extremely thermostable maltogenic amylase, with an optimal temperature of 100°C, from the hyperthermophilic archaeon *Staphylothermus marinus*[J]. New Biotechnol, 27(4): 300-307.

Li M, Chen Z W, Zhang P F, et al. 2008. Crystal structure studies on sulfur oxygenase reductase from *Acidianus tengchongensis*[J]. Biochem Biophys Res Commun, 369(3): 919-923.

Liebl W, Ruile P, Bronnenmeier K, et al. 1996. Analysis of a *Thermotoga maritima* DNA fragment encoding two similar thermostable cellulases, CelA and CelB, and characterization of the recombinant enzymes[J]. Microbiology, 142(9): 2533-2542.

Liebl W, Stemplinger I, Ruile P. 1997. Properties and gene structure of the *Thermotoga maritima* α-amylase AmyA, a putative lipoprotein of a hyperthermophilic bacterium[J]. J Bacteriol, 179(3): 941-948.

Lim J K, Mayer F, Kang S G, et al. 2014. Energy conservation by oxidation of formate to carbon dioxide and hydrogen via a sodium ion current in a hyperthermophilic archaeon[J]. PNAS, 111(31): 11497-11502.

Lin X, Tang J. 1990. Purification, characterization, and gene cloning of thermopsin, a thermostable acid protease from *Sulfolobus acidocaldarius*[J]. J Biol Chem, 265(3): 1490-1495.

Love D R, Fisher R, Bergquist P L. 1988. Sequence structure and expression of a cloned β-glucosidase gene from an extreme thermophile[J]. Mol Gen Genet, 213(1): 84-92.

Lu M J, Dukunde A, Daniel R. 2019. Biochemical profiles of two thermostable and organic solvent-tolerant esterases derived from a compost metagenome[J]. Appl Microbiol Biotechnol, 103(8): 3421-3437.

Majeed T, Tabassum R, Orts W J, et al. 2013. Expression and characterization of *Coprothermobacter proteolyticus* alkaline serine protease[J]. Sci World J, 2013: 396156.

Manna B, Ghosh A. 2020. Structure and dynamics of ionic liquid tolerant hyperthermophilic endoglucanase Cel12A from *Rhodothermus marinus*[J]. RSC Adv, 10(13): 7933-7947.

Marcia M, Ermler U, Peng G H, et al. 2009. The structure of *Aquifex aeolicus* sulfide:quinone oxidoreductase, a basis to understand sulfide detoxification and respiration[J]. PNAS, 106(24): 9625-9630.

Matsui I, Sakai Y, Matsui E, et al. 2000. Novel substrate specificity of a membrane-bound β-glycosidase from the hyperthermophilic archaeon *Pyrococcus horikoshii*[J]. FEBS Lett, 467(2/3): 195-200.

Mattila P, Korpela J, Tenkanen T, et al. 1991. Fidelity of DNA synthesis by the *Thermococcus litoralis* DNA polymerase—an extremely heat stable enzyme with proofreading activity[J]. Nucleic Acids Res, 19(18): 4967-4973.

Matzke J, Schwermann B, Bakker E P. 1997. Acidostable and acidophilic proteins: the example of the α-amylase from *Alicyclobacillus acidocaldarius*[J]. Comp Biochem Physiol A: Physiol, 118(3): 475-479.

Maurelli L, Giovane A, Esposito A, et al. 2008. Evidence that the xylanase activity from *Sulfolobus solfataricus* Oα is encoded by the endoglucanase precursor gene (*sso1354*) and characterization of the associated cellulase activity[J]. Extremophiles, 12(5): 689-700.

Mayr J, Lupas A, Kellermann J, et al. 1996. A hyperthermostable protease of the subtilisin family bound to the surface layer of the Archaeon *Staphylothermus marinus*[J]. Curr Biol, 6(6): 739-749.

Mollania N, Khajeh K, Hosseinkhani S, et al. 2010. Purification and characterization of a thermostable phytate resistant α-amylase from *Geobacillus* sp. LH8[J]. Int J Biol Macromol, 46(1): 27-36.

Morikawa M, Izawa Y, Rashid N, et al. 1994. Purification and characterization of a thermostable thiol protease from a newly isolated hyperthermophilic *Pyrococcus* sp.[J]. Appl Environ Microbiol, 60(12): 4559-4566.

Mukund S, Adams M W. 1990. Characterization of a tungsten-iron-sulfur protein exhibiting novel spectroscopic and redox properties from the hyperthermophilic archaebacterium *Pyrococcus furiosus*[J]. J Biol Chem, 265(20): 11508-11516.

Mukund S, Adams M W. 1991. The novel tungsten-iron-sulfur protein of the hyperthermophilic archaebacterium, *Pyrococcus furiosus*, is an aldehyde ferredoxin oxidoreductase. Evidence for its participation in a unique glycolytic pathway[J]. J Biol Chem, 266(22): 14208-14216.

Mukund S, Adams M W. 1993. Characterization of a novel tungsten-containing formaldehyde ferredoxin oxidoreductase from the hyperthermophilic archaeon, *Thermococcus litoralis*. A role for tungsten in peptide catabolism[J]. J Biol Chem, 268(18): 13592-13600.

Mukund S, Adams M W W. 1995. Glyceraldehyde-3-phosphate ferredoxin oxidoreductase, a novel tungsten-containing enzyme with a potential glycolytic role in the hyperthermophilic archaeon *Pyrococcus furiosus*[J]. J Biol Chem, 270(15): 8389-8392.

Müller F H, Bandeiras T M, Urich T, et al. 2004. Coupling of the pathway of sulphur oxidation to dioxygen reduction: characterization of a novel membrane-bound thiosulphate:quinone oxidoreductase[J]. Mol Microbiol, 53(4): 1147-1160.

Myers T W, Gelfand D H. 1991. Reverse transcription and DNA amplification by a *Thermus thermophilus* DNA polymerase[J]. Biochemistry, 30(31): 7661-7666.

Okano H, Ozaki M, Kanaya E, et al. 2014. Structure and stability of metagenome-derived glycoside hydrolase family 12 cellulase (LC-CelA) a homolog of Cel12A from *Rhodothermus marinus*[J]. FEBS Open Bio, 4: 936-946.

Park A R, Kim H J, Lee J K, et al. 2010. Hydrolysis and transglycosylation activity of a thermostable recombinant β-glycosidase from *Sulfolobus acidocaldarius*[J]. Appl Biochem Biotechnol, 160(8): 2236-2247.

Park H J, Reiser C O, Kondruweit S, et al. 1992. Purification and characterization of a NADH oxidase from the thermophile *Thermus thermophilus* HB8[J]. Eur J Biochem, 205(3): 881-885.

Park T H, Choi K W, Park C S, et al. 2005. Substrate specificity and transglycosylation catalyzed by a thermostable β-glucosidase from marine hyperthermophile *Thermotoga neapolitana*[J]. Appl Microbiol Biotechnol , 69(4): 411-422.

Pelletier N, Leroy G, Guiral M, et al. 2008. First characterisation of the active oligomer form of sulfur oxygenase reductase from the bacterium *Aquifex aeolicus*[J]. Extremophiles, 12(2): 205-215.

Pereira J H, Chen Z W, McAndrew R P, et al. 2010. Biochemical characterization and crystal structure of endoglucanase Cel5A from the hyperthermophilic *Thermotoga maritima*[J]. J Struct Biol, 172(3): 372-379.

Putra L, Natadiputri G, Meryandini A, et al. 2019. Isolation, cloning and co-expression of lipase and foldase genes of *Burkholderia territorii* GP3 from Mount Papandayan soil[J]. J Microbiol Biotechnol, 29(6): 944-951.

Rahman R N Z A, Razak C N, Ampon K, et al. 1994. Purification and characterization of a heat-stable alkaline protease from *Bacillus stearothermophilus* F1[J]. Appl Microbiol Biotechnol, 40(6): 822-827.

Rathi P, Bradoo S, Saxena R K, et al. 2000. A hyper-thermostable, alkaline lipase from *Pseudomonas* sp. with the property of thermal activation[J]. Biotechnol Lett, 22(6): 495-498.

Rittmann S K, Lee H S, Lim J K, et al. 2015. One-carbon substrate-based biohydrogen production: microbes, mechanism, and productivity[J]. Biotechnol Adv, 33(1): 165-177.

Roy R, Adams M W W. 2002. Characterization of a fourth tungsten-containing enzyme from the hyperthermophilic archaeon *Pyrococcus furiosus*[J]. J Bacteriol, 184(24): 6952-6956.

Roy R, Mukund S, Schut G J, et al. 1999. Purification and molecular characterization of the tungsten-containing formaldehyde ferredoxin oxidoreductase from the hyperthermophilic archaeon *Pyrococcus furiosus*: the third of a putative five-member tungstoenzyme family[J]. J Bacteriol, 181(4): 1171-1180.

Ruttersmith L D, Daniel R M. 1991. Thermostable cellobiohydrolase from the thermophilic eubacterium *Thermotoga* sp. strain FjSS3-B.1. Purification and properties[J]. Biochem J, 277(3): 887-890.

Saghatelyan A, Panosyan H, Trchounian A, et al. 2021. Characteristics of DNA polymerase I from an extreme thermophile, *Thermus scotoductus* strain K1[J]. MicrobiologyOpen, 10(1): e1149.

Saiki R K, Gelfand D H, Stoffel S, et al. 1988. Primer-directed enzymatic amplification of DNA with a thermostable DNA polymerase[J]. Science, 239(4839): 487-491.

Salameh M A, Wiegel J. 2007. Purification and characterization of two highly thermophilic alkaline lipases from *Thermosyntropha lipolytica*[J]. Appl Environ Microbiol, 73(23): 7725-7731.

Sapra R, Verhagen M F, Adams M W. 2000. Purification and characterization of a membrane-bound hydrogenase from the hyperthermophilic archaeon *Pyrococcus furiosus*[J]. J Bacteriol, 182(12): 3423-3428.

Sato Y, Yabuki T, Adachi N, et al. 2020. Crystallographic and cryogenic electron microscopic structures and enzymatic characterization of sulfur oxygenase reductase from *Sulfurisphaera tokodaii*[J]. J Struct Biol: X, 4: 100030.

Saul D J, Williams L C, Grayling R A, et al. 1990. celB, a gene coding for a bifunctional cellulase from the extreme thermophile "*Caldocellum saccharolyticum*"[J]. Appl Environ Microbiol, 56(10): 3117-3124.

Savchenko A, Vieille C, Kang S, et al. 2002. *Pyrococcus furiosus* α-amylase is stabilized by calcium and zinc[J]. Biochemistry, 41(19): 6193-6201.

Schut G J, Lipscomb G L, Nguyen D M N, et al. 2016. Heterologous production of an energy-conserving carbon monoxide dehydrogenase complex in the hyperthermophile *Pyrococcus furiosus*[J]. Front Microbiol, 7: 29.

Sokolova T G, Jeanthon C, Kostrikina N A, et al. 2004. The first evidence of anaerobic CO oxidation coupled with H_2 production by a hyperthermophilic archaeon isolated from a deep-sea hydrothermal vent[J]. Extremophiles, 8(4): 317-323.

Straub C T, Schut G, Otten J K, et al. 2020. Modification of the glycolytic pathway in *Pyrococcus furiosus* and the implications for metabolic engineering[J]. Extremophiles, 24(4): 511-518.

Sun J N, Li P, Liu Z, et al. 2020. A novel thermostable serine protease from a metagenomic library derived from marine sediments in the East China Sea[J]. Appl Microbiol Biotechnol, 104(21): 9229-9238.

Takagi M, Nishioka M, Kakihara H, et al. 1997. Characterization of DNA polymerase from *Pyrococcus* sp. strain KOD1 and its application to PCR[J]. Appl Environ Microbiol, 63(11): 4504-4510.

Takase M, Horikoshi K. 1988. A thermostable *β*-glucosidase isolated from a bacterial species of the genus *Thermus*[J]. Appl Microbiol Biotechnol, 29(1): 55-60.

Veith A, Botelho H M, Kindinger F, et al. 2012. The sulfur oxygenase reductase from the mesophilic bacterium *Halothiobacillus neapolitanus* is a highly active thermozyme[J]. J Bacteriol, 194(3): 677-685.

Wang K, Luo H, Bai Y, et al. 2014. A thermophilic endo-1,4-β-glucanase from *Talaromyces emersonii*

CBS394.64 with broad substrate specificity and great application potentials[J]. Appl Microbiol Biotechnol, 98(16): 7051-7060.

Wang Q, Sha C, Wang H, et al. 2021. A novel bifunctional aldehyde/alcohol dehydrogenase catalyzing reduction of acetyl-CoA to ethanol at temperatures up to 95°C[J]. Sci Rep, 11(1): 1050.

Wu L L, Zhang L K. 2022. Biochemical and functional characterization of an iron-containing alcohol dehydrogenase from *Thermococcus barophilus* Ch5[J]. Appl Biochem Biotechnol, 194(11): 5537-5555.

Xia W, Zhang K, Su L Q, et al. 2021. Microbial starch debranching enzymes: developments and applications[J]. Biotechnol Adv, 50(3): 107786.

Yang S W, Astatke M, Potter J, et al. 2002. Mutant *Thermotoga neapolitana* DNA polymerase I: altered catalytic properties for non-templated nucleotide addition and incorporation of correct nucleotides[J]. Nucleic Acids Res, 30(19): 4314-4320.

Yano J K. Poulos T L. 2003. New understandings of thermostable and peizostable enzymes[J]. Curr Opin Biotechnol, 14(4): 360-365.

Yu H J, Wu C H, Schut G J, et al. 2018. Structure of an ancient respiratory system[J]. Cell, 173(7): 1636-1649.

Zhao Y X, Jeruzalmi D, Moarefi I, et al. 1999. Crystal structure of an archaebacterial DNA polymerase[J]. Structure, 7(10): 1189-1199.

Zheng B S, Yang W, Wang Y G, et al. 2009. Crystallization and preliminary crystallographic analysis of thermophilic cellulase from *Fervidobacterium nodosum* Rt17-B1[J]. Acta Crystallogr Sect F: Struct Biol Cryst Commun, 65(3): 219-222.

Zhu W, Cha D M, Cheng G Y, et al. 2007. Purification and characterization of a thermostable protease from a newly isolated *Geobacillus* sp. YMTC 1049[J]. Enzyme Microb Technol, 40(6): 1592-1597.

Zhu Y B, Zheng W G, Ni H, et al. 2015. Molecular cloning and characterization of a new and highly thermostable esterase from *Geobacillus* sp. JM6[J]. J Basic Microbiol, 55(10): 1219-1231.

Zimmermann P, Laska S, Kletzin A. 1999. Two modes of sulfite oxidation in the extremely thermophilic and acidophilic archaeon *Acidianus ambivalens*[J]. Arch Microbiol, 172(2): 76-82.

Zverlov V, Mahr S, Riedel K, et al. 1998. Properties and gene structure of a bifunctional cellulolytic enzyme (CelA) from the extreme thermophile 'Anaerocellum thermophilum' with separate glycosyl hydrolase family 9 and 48 catalytic domains[J]. Microbiology, 144(2): 457-465.

Zverlov V V, Schantz N, Schwarz W H. 2005. A major new component in the cellulosome of *Clostridium thermocellum* is a processive endo-β-1,4-glucanase producing cellotetraose[J]. FEMS Microbiol Lett, 249(2): 353-358.

Zverlov V V, Volkov I Y, Velikodvorskaya T V, et al. 1997. *Thermotoga neapolitana bgIB* gene, upstream of *lamA*, encodes a highly thermostable β-glucosidase that is a laminaribiase[J]. Microbiology, 143(11): 3537-3542.

第六章　超嗜热酶工程与应用

　　分离自超嗜热微生物的超嗜热酶具有接近或超过 100℃的最适酶活温度，热稳定性极高，已成为工业生物催化的重要组成部分。超嗜热酶的 pH 适应范围较大，并且对一些酶抑制剂具有明显的拮抗作用，可抵抗化学变性剂如表面活性剂、有机溶剂和高酸、高碱等环境的不利影响，使其在聚合酶链反应（PCR）、食品和造纸等工业中发挥着重要作用。例如，从 *Thermus aquaticus* 中分离出的 *Taq* DNA 聚合酶，使 PCR 真正走向自动化；而来自 *Pyrococcus furiosus* 等的高保真 DNA 聚合酶可降低 DNA 扩增中的错配率，使 PCR 成为现代分子生物学中应用非常广泛的技术（Saiki et al.，1988）。

　　超嗜热微生物的研究为超嗜热酶的工业化应用提供了有力支撑。然而，超嗜热微生物培养难度大、丰度低，极大地阻碍了超嗜热酶的分离纯化与工业应用。采用异源重组过表达与超嗜热微生物基因组功能挖掘技术能够克服上述障碍，实现超嗜热酶的快速开发与工业化生产。例如，研究者应用测序技术从中温、甚至常温微生物或宏基因组中筛选出超嗜热酶基因，将其克隆并异源表达，获得了最适温度大于 80℃的超嗜热酶（Lewin et al.，2016；Lu et al.，2019），而且蛋白质定向进化等新兴技术进一步促进了具有特定催化功能超嗜热酶的开发。为此，本章着重介绍超嗜热酶的规模化制备、纯化、重组过表达等遗传基因改造及其在工业上的应用。

第一节　超嗜热酶的制备与纯化

一、超嗜热微生物的规模培养

　　超嗜热微生物能产生具有极高热稳定性的酶，因而在工业生产中得到广泛应用。在超嗜热酶研究初期，主要是通过培养具有特定底物催化能力的超嗜热微生物而获取超嗜热酶（Kristjansson，1989）。例如，Stetter 等（1983）采用 300 L 搪瓷发酵罐生产 *Pyrodictium occultum*、*Pyrodictium brockii* 等，最早实现了超嗜热微生物的规模化培养。

　　工业上对超嗜热微生物的培养主要有分批培养、分批补料培养和连续培养等 3 种方式。其中，分批培养可按典型微生物培养曲线进行，但有限的营养成分通常难以达到高密度培养要求，而单纯增加营养成分又会导致菌体失水，反而使生长受到抑制。分批补料培养是在分批培养的基础上，连续或按某一规律向发酵系统内补充营养物质，使发酵系统保持充足但浓度又相对较低的营养物质。该方式的优点在于可消除微生物快速利用碳源后形成的阻遏效应，避免由菌体快速生长导致质粒不稳定等问题。

　　连续培养是在深入研究分批培养中微生物生长曲线的基础上发展的一种培养方式，可使培养物一直处于指数生长期。该方法通过在培养过程中不断补充新鲜营养液，并不断收集培养产物，可解除抑制因子，优化生长环境，因此具有显著优势。该方法还可根据不同培养目的，在一定程度上人为控制生长曲线中的某个阶段，加速或降低该时期的细胞生长速率，从而大大提高微生物培养过程的可控性。但由于基因工程菌质粒的不稳定性，经过基因改造的超嗜热微生物通常很难进行连续培养。

连续培养常应用于发酵工业，用于提高菌体的生产效率，或提高目的产物在培养液中的含量。采用该方法对超嗜热微生物进行连续培养，可以持续生产各种所需的超嗜热酶。在工业化连续培养过程中，新鲜的培养基在不断搅拌下连续加入发酵罐，同时菌和酶不断从容器中被提取出来。图6.1展示了一种用于微生物连续培养的发酵罐结构。

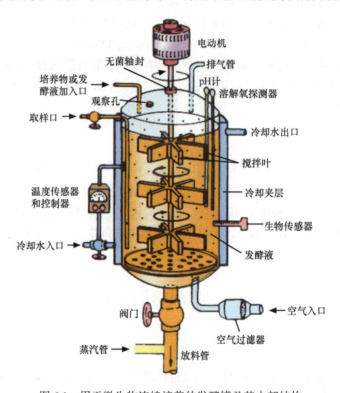

图 6.1　用于微生物连续培养的发酵罐及其内部结构
Fig. 6.1　Continuous culture fermenter and its internal structure

嗜热微生物生长温度的上限从 1903 年发现的 *Bacillus stearothermophilus* 的 55℃（Singh et al.，2011）提高到 1997 年发现的 *Pyrolobus fumarii* 的 113℃（Blochl et al.，1997），并且随着新的超嗜热微生物不断被发现，其生长温度不断提高，目前已知最高生长温度是 121℃（Kashefi and Lovley，2003）（图 6.2）。因此，分离和培养超嗜热微生物及超嗜热酶等衍生物均需要在特殊条件下进行。例如，培养栖息在深海热液喷口的超嗜热微生物 *Pyrococcus furiosus* 需同时满足高温和高压条件（98℃、0.2 MPa）（林谦，2003），这就要求生物反应器在高温高压条件下能保持结构的稳定性。表 6.1 列举了部分可用于培养超嗜热微生物的高温高压生物反应器，不仅可配备磁力搅拌器以混合培养基，而且能够用于扩大培养和间歇取样。

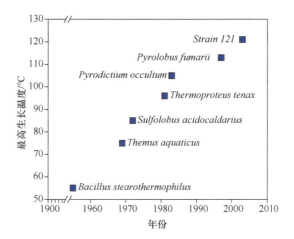

图 6.2 （超）嗜热微生物最高生长温度的提升（Blochl et al.，1997；Brock et al.，1972；Brock and Freeze，1969；Kashefi and Lovley，2003；Singh et al.，2011；Stetter et al.，1983；Zillig et al.，1981）

Fig. 6.2 The rising limit of upper temperature of hyperthermophilic microorganisms

表 6.1 部分高温高压生物反应器类型及运行参数

Table 6.1 Types and operating parameters of some high temperature and high pressure bioreactors

反应器类型 （静压/高压）	混合方式	运行模式	材质	最高温度/℃	最高压力/bar	参考文献
静压						
压力容器	运动小球	间歇	钛注射器	69	1035	Yayanos et al.，1983
法式压滤壶	无	间歇	玻璃血清瓶	75	500	Vance and Hunt，1985
压力容器	液体循环	连续	不锈钢	150	200	Bubela et al.，1987
压力容器	无	间歇	玻璃/塑料	108	220	Holden and Baross，1995
压力容器	磁力搅拌	连续	钛	NA	710	Jannasch et al.，1996
压力容器	无	间歇	玻璃	300	400	Marteinsson et al.，1999
高压						
高压灭菌器	无	间歇	镍管	400	4000	Bernhardt et al.，1987
高压灭菌器	磁力搅拌	间歇	不锈钢	250	2000	Sturm et al.，1987
压力容器	气流	间歇	人造蓝宝石	260	3500	Miller et al.，1988
压力容器	气流	间歇	不锈钢	260	1000	Miller et al.，1988
压力容器	气流	间歇	不锈钢	200	880	Park and Clark，2002

注：NA 表示反应器系统仅在环境温度下进行测试，无法确定。

由于超嗜热微生物的生长条件、代谢方式各不相同，因此在对这类微生物进行规模化纯培养时，所需培养基的成分，特别是碳源、氮源类型和比例均有差异。表 6.2 列举了几种超嗜热微生物连续培养时的培养条件和培养基成分。下面以 *Methanocald-ococcus jannaschii* 和 *Pyrodictium abyssi* 两种超嗜热微生物的规模化培养条件进行举例说明。

表 6.2　连续培养超嗜热微生物的培养基和培养条件

Table 6.2　Medium for continuous culture of hyperthermophilic microorganism in high temperature and high pressure bioreactor

超嗜热微生物	最佳培养温度/℃	主要代谢特征	培养基类型	参考文献
Archaeoglobus fulgidus	83	硫/硫代硫酸盐还原剂	STL 培养基 改良的海产培养基	Beeder et al.，1994；Zellner et al.，1989
Methanococcus jannaschii	85	高压促进生长和产甲烷	矿物盐介质	Tsao et al.，1994
Pyrococcus furiosus	100	厌氧化能有机营养型 兼性 $S°$ 还原 $S°$ 促进生长	ASW 培养基 改良的 ASW 培养基 改良的 SME 培养基 改良的 *M. jannaschii* 培养基	Kengen and Stams，1994；Kengens et al.，1994；Michels and Clark，1997；Rinker and Kelly，1996
Thermococcus barossii	83	厌氧化能无机营养型 专性 $S°$ 还原	ASW 培养基	Duffaud et al.，1998
Thermococcus litoralis	88	厌氧化能无机营养型 兼性 $S°$ 还原 $S°$ 促进生长	海产培养基 海产液体培养基 ASW 培养基	Neuner et al.，1990；Belkin，1986
Thermotoga maritima	80	厌氧化能有机营养型 兼性 $S°$ 还原 $S°$ 对生长无促进作用	MMS 培养基 改良的 SME 培养基	Kobayashi et al.，1994
Thermotoga neapolitana	80	厌氧化能有机营养型 兼性 $S°$ 还原 $S°$ 促进生长	TB 培养基 改良的 TB 培养基	Elke et al.，1989；Galperin et al.，1997
Pyrodictium abyssi	97	厌氧化能有机营养型 兼性 $S°$ 还原 $S°$ 对生长无促进	SME 培养基	Andrade et al.，2001

（1）*Methanocaldococcus jannaschii* 的连续培养：基于 Balch 和 Wolfe 所述厌氧培养条件，所需矿物盐介质培养基均在严格厌氧条件下制备。连续培养前，将 50 mL 菌液无菌转移到含有 1.5 L 培养基的厌氧发酵罐中，然后将 H_2 和 CO_2 以 4∶1（*V/V*）混合后充入发酵罐，培养温度保持在 80℃，搅拌速率控制在 500 r/min。当微生物增长进入指数期后期，启动连续培养，液体培养基进料速率随稀释速率的增加而变化，每次调整后应间隔一段时间进行观察，确保系统达到稳定状态。图 6.3 为适用于规模化培养超嗜热微生物的高温高压连续培养设备。

图 6.3　规模化培养超嗜热微生物的高温高压连续培养设备

Fig. 6.3　Large-scale high temperature and high pressure continuous culture equipment for the cultivation of hyperthermophilic microorganisms

（2）*Pyrodictium abyssi* 的高温高压培养：同样采用 Balch 和 Wolfe 所述的厌氧培养技术，制备 SME 基础培养基，并用浓硫酸调节 pH 到 5.5。用单质硫和硫代硫酸盐作为还原剂培养的 *Pyrodictium abyssi* 细胞在产生硫还原酶活性方面没有差异，均为 0.56～0.60 U/mg。小规模培养是在 97℃ 和 H_2/CO_2 加压条件下[80∶20(V/V)；30 kPa]，在 100 mL 具塞血清瓶中进行；大规模培养则是在搅拌速率 80 r/min 和通入 H_2/CO_2[80∶20（V/V），4 L/min]的条件下，在 300 L 搪瓷内衬发酵罐中进行。

二、超嗜热酶的提取

（一）提取预处理

1. 胞内酶提取的预处理

微生物产生的大多数酶都存在于细胞内，这些酶也被称为胞内酶。工业上主要应用的超嗜热胞内酶有蛋白酶、糖化酶等（表 6.3）。提取胞内酶，首先需要对超嗜热微生物的细胞进行破碎处理。目前，破碎细胞的方法主要有机械破碎法、物理破碎法、化学破碎法和酶促破碎法等。表 6.4 列举了可用于超嗜热微生物细胞破碎的预处理方法及原理。

表 6.3　常见的超嗜热胞内酶的来源和性质
Table 6.3　Origin and properties of common hyperthermophilic intracellular enzymes

酶的类型	来源	最适温度/℃	最适 pH	参考文献
蛋白酶	*Fervidobacterium islandicum*	100	9	Nam et al.，2002
	Bacillus thermoproteolyticus	80	9	Voordouw and Roche，1975
	Bacillus stearothermophilus	85	6～8	Tn et al.，2001
	Bacillus stearothermophilus F1	90	9	Rahman et al.，1994
	Pyrococcus furiosus	115	6.5～10.5	Eggen et al.，1990
	Chaetomium thermophilum	80	4.0	Han et al.，2020
糖化酶	*Thermotoga maritima*	95	6.0～7.5	Bronnenmeier et al.，1995
	Thermotoga sp. FjSS3-B.1	105	7.0	Ruttersmith and Daniel，1991

表 6.4　适用于超嗜热微生物细胞破碎的方法及原理
Table 6.4　Methods and principles of cell fragmentation for hyperthermophilic microorganism

破碎方法	主要原理	技术类型
机械破碎	通过机械运动产生的剪切力使细胞破碎	捣碎法、研磨法、匀浆法
物理破碎	通过各种物理作用破坏细胞外层结构使细胞破碎	温度差、压力差、超声波等破碎法
化学破碎	通过各种化学试剂对细胞膜的作用而使细胞破碎	甲苯、丙酮、丁醇、氯仿等有机溶剂；Triton、Tween 等表面活性剂
酶促破碎	通过细胞本身的酶或外加酶制剂的催化作用破坏细胞外层结构，从而使细胞破碎	自溶法、外加酶制剂法

2. 胞外酶提取的预处理

胞外酶是指在细胞内合成而在细胞外起作用的一类酶的统称，包括位于细胞外表面或细胞外周质空间的酶，也包括释放至培养基中的酶。由于获取胞外酶不需要破坏细胞和清除细胞碎片，因此也无须预处理就能够直接进行胞外酶的提取。超嗜热胞外酶在食品、制药、造纸等工业中均有广泛应用，表 6.5 列出了几种常见超嗜热胞外酶的来源和性质。

表 6.5　常见超嗜热胞外酶的来源和性质

Table 6.5　Origin and properties of common hyperthermophilic extracellular enzymes

酶的类型	来源	最适温度/℃	最适 pH	参考文献
α-淀粉酶	*Thermococcus fumocolans*	95	4.0～6.3	Legin et al.，1997
	Thermococcus hydrothermalis	85	4.8～7.8	Legin et al.，1997
	Thermococcus profoundus	80	4.0～5.0	梁利华和阚振荣，2003
普鲁兰酶	*Thermococcus hydrothermalis*	95	5.5	Gantelet and Duchiron，1998
	Thermotoga martima MSB8	90	6.0	Bibel et al.，1998
木聚糖酶	*Bacillus circulans*	80	6.0～7.0	Dhillon and Khanna，2000
	Bacillus sp. strain SPS-0	75	6.0	Bataillon et al.，2000
	Clostridium abosum	75	8.5	Rani and Nand，2000
纤维素酶	*Anaerocellu thermophilum*	85～90	5.0～6.6	Zverlov et al.，1998
	Pyrococcus horicoshi	97	5.0	
	Thermotoga neapolitana	95	6.0	Bok et al.，1998
	Thermotoga neapolitana	106	6.0～6.6	

（二）酶的提取方法

酶的提取是指在一定条件下，用适当的溶剂或溶液处理含酶原料，使酶充分溶解到溶剂或溶液中的过程。酶提取时，首先应根据酶的结构和溶解性质，选择适当的提取溶剂或溶液。超嗜热酶的提取与其他酶的提取方法一致，无须在特定高温条件下进行。目前常用的酶提取方法如表 6.6 所示。

表 6.6　酶的主要提取方法

Table 6.6　The main extraction methods of enzymes

提取方法	使用的溶剂或溶液	提取对象	应用对象
盐溶液提取	0.02～0.5 mol/L 的盐溶液	用于提取在低浓度盐溶液中溶解度较大的酶	糖化酶
酸溶液提取	pH 2～6 的水溶液	用于提取在稀酸溶液中溶解度大且稳定性较好的酶	耐热纤维素酶
碱溶液提取	pH 8～12 的水溶液	用于提取在稀碱溶液中溶解度大且稳定性好的酶	嗜热木糖异构酶
有机溶剂提取	可与水混溶的有机溶剂	用于提取与脂质结合牢固或含有较多非极性基团的酶	淀粉酶

三、超嗜热酶的纯化

酶的纯化是指将酶从组织中、细胞内或细胞外液中提取出来并使之达到与使用目的相适应纯度的过程。酶的纯化过程一般包括以下基本步骤：提取、分离和制剂等（图 6.4）。

其中，酶的分离是酶纯化的关键步骤，主要用到沉淀分离、离心分离、过滤与膜分离、层析分离等分离技术。

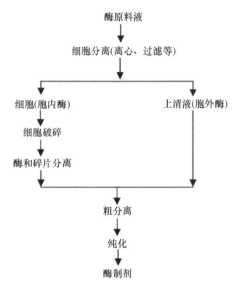

图 6.4　酶分离纯化的基本步骤

Fig. 6.4　Basic steps of enzyme separation and purification

（一）沉淀分离

沉淀分离是指通过改变某些条件或添加某种物质，使酶的溶解度降低后从溶液中沉淀析出，且与其他溶质分离的技术过程。常见的沉淀分离方法如表 6.7 所示。下面以从 *Thermotoga neapolitana* 中提取耐热纤维素酶（内切葡聚糖酶）为例，详细说明沉淀分离技术在超嗜热酶的分离纯化过程中的应用效果。

表 6.7　酶的沉淀分离方法及其主要原理

Table 6.7　Methods and principles of precipitation separation of enzymes

分离方法	主要原理	沉淀剂
盐析沉淀法	利用酶在不同盐浓度条件下溶解度差异，添加一定量中性盐，使酶或杂质从溶液中沉淀析出	硫酸铵、硫酸钠、硫酸钾、硫酸镁、氯化钠和磷酸钠等
等电点沉淀法	利用两性电解质在等电点时溶解度最低的原理，以及不同两性电解质的等电点不同这一特性，通过调节溶液的 pH 使酶或杂质沉淀析出	无
有机溶剂沉淀法	利用酶与其他杂质在有机溶剂中溶解度的差异，通过添加特定有机溶剂，使酶或杂质沉淀析出	甲醇、乙醇、丙酮、异丙醇等
选择性变性沉淀法	在不影响所需酶活性的前提下，选择一定条件使酶溶液中存在的某些杂质变性沉淀	三氯乙酸等

将生长在纤维二糖上的 *Thermotoga neapolitana* 细胞，用 0.1 mol/L Tris-HCl（pH7.5）洗涤两次后，在 4℃下 16 000 *g* 离心 40 min 去除细胞碎片。将获得的上清液用 80%的硫酸铵沉淀后离心收集（4℃；2000 *g*；20 min），沉淀重新溶解于 50 mmol/L 的 Tris-HCl（pH7.5）中。重复以上硫酸铵沉淀过程，将得到的沉淀物溶解在 20 mmol/L 的哌嗪-HCl

缓冲液（pH5.1）中，再用 pm10 型超滤膜进行脱盐处理。加入 0.15 mol/L 柠檬酸钠溶液（pH4.1）将提取物的 pH 调整至 4.3，离心去除沉淀蛋白。用 NaOH 将含有内切葡聚糖酶上清液的 pH 调至 5.1 后，采用 FFQ-Sepharose 柱进行阴离子交换，层析纯化后使用 20 mmol/L 的哌嗪-HCl 缓冲液（pH5.1）维持 pH 稳定。将得到的酶用 0～0.3 mol/L NaCl 进行线性梯度洗脱，并用超滤膜脱盐后得到纯化的酶。该酶耐热性好，在 106℃下的活性半衰期为 130 min（Bok et al.，1998）。

（二）离心分离

离心分离过程可分为离心过滤和离心沉淀两种类型，所使用的设备有过滤式离心机和沉降式离心机等。其中，过滤式离心机的转鼓壁上开有小孔，壁上有过滤介质，可用于处理悬浮固体颗粒较大、含固量较高的混合物；沉降式离心机用于分离固体浓度较低的混合物，如发酵液中的菌体、用盐析法或有机溶剂处理过的蛋白质等。

在超嗜热酶的提取过程中，除应具备一般离心条件外，还应满足生物制品的生产技术要求，包括灭菌、冷却、密封等，从而保证产品不受污染。离心机运行同样也包括 3 个步骤：离心、离心系统的灭菌和清洗。BTPX205 型离心机可用于细胞收集、培养液的净化和细胞碎片的分离，从而进行酶制剂、疫苗等的提取。表 6.8 列举了部分超嗜热酶提取时所需的离心条件。

表 6.8　部分超嗜热酶提取时的离心条件
Table 6.8　Centrifugal conditions for some hyperthermophilic enzymes

超嗜热酶	转速/g	温度/℃	时间/min	参考文献
木聚糖酶	10 000	4	60	Bataillon et al.，2000
纤维素酶	16 000	4	40	Bok et al.，1998
普鲁兰酶	10 000	4	40	Gantelet and Duchiron，1998
α-淀粉酶	20 000	4	20	Legin et al.，1997

（三）过滤与膜分离

酶的过滤是指根据酶蛋白分子大小差异，借助过滤介质，将不同尺寸的酶蛋白分子分开的技术。膜分离所使用的过滤介质主要为由丙烯腈、醋酸纤维素、赛璐玢和尼龙等高分子聚合物制成的高分子膜。常见的过滤与膜分离技术及分离特性如表 6.9 所示。

表 6.9　过滤与膜分离技术及分离特性
Table 6.9　Characteristics of the filtration and membrane separation techniques

过滤与膜分离类型	截留颗粒的大小	分离机理	主要截留物质	过滤介质
粗滤	>2 μm	筛分	酵母、霉菌等	滤纸、滤布、纤维多孔陶瓷膜、烧结金属膜等
微滤	0.2～2 μm	筛分	细菌	微滤膜、微孔陶瓷膜
超滤	10^{-3}～10^{-1} μm	筛分	病毒、生物大分子等	超滤膜
反渗透	<10^{-3} μm	吸附和溶解扩散	生物小分子	反渗透膜

（四）层析分离

层析分离技术也称色谱技术，其原理是利用混合物中各组分的物理化学性质（如吸附力、分子形状及大小、分子亲和力、分配系数等）差异，使各组分在流动相和固定相中的分布程度及移动速率不同，从而达到分离的目的。层析分离技术主要分为离子交换色谱法、亲和色谱法和凝胶层析法等 3 种类型。

1. 离子交换色谱法

离子交换色谱法是指利用离子交换剂上的可解离基团对各种离子作用力的差异进行分离的方法。离子交换过程通常是指在固定相和流动相之间发生的可逆离子交换反应，具体流程如图 6.5 所示。在交换过程中，所用的离子交换剂是指含有若干活性基团的不溶性高分子物质，而这些活性基团在水溶液中可与其他阳离子或阴离子发生交换作用。

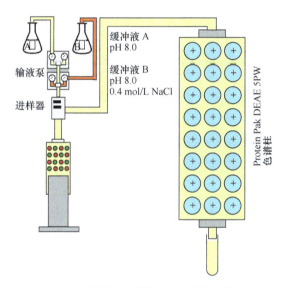

图 6.5　离子交换色谱技术用于酶分离的流程

Fig. 6.5　Process of ion exchange chromatography used for enzyme separation

解离基团为强电离基团的称为强离子交换剂，如碘酸基；带有弱电离基团的则称为弱离子交换剂，如羧甲基。许伟等（2009）将从 *Thermus thermophilus* HB8 中克隆到的超嗜热木糖异构酶基因 *xylA*，在大肠杆菌 *E. coli* BL21 中重组表达，然后采用热变性和 Source15Q 强阴离子交换法进行分离纯化，得到超嗜热木糖异构酶，其最适酶活温度 80℃，最适 pH8.0。经离子交换后，该超嗜热酶的纯化倍数达 5.2 倍，回收率为 38%。

2. 亲和色谱法

亲和色谱法的原理是与酶发生结合的配基通过偶联反应固定于色谱柱载体上，当样品流过色谱柱时，目标酶迅速吸附其上，杂质蛋白质则随缓冲液流出；而后通过在洗脱液中加入亲和力更强的配基，或通过改变吸附条件促使色谱系统解吸，选择性地将酶从亲和吸附柱上分离下来。具体流程如图 6.6 所示。

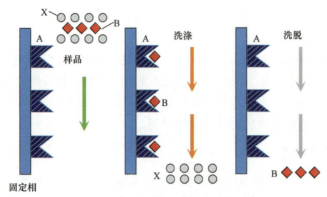

X,杂质；A,亲和基团配体；B,目标酶分子

图 6.6　亲和色谱法的原理及酶的分离纯化流程

Fig. 6.6　Principle of affinity chromatography used for separation and purification of enzyme

该方法选择的配基要求能与酶形成专一且具有可逆亲和力的生物分子对。在成对互配的生物分子中，可把样品溶液中的任何一方作为固定相而对另一分子进行亲和层析，以达到分离纯化目的。孔繁思（2014）从 *Thermotoga naphthophila* RUK-10 中克隆出 β-半乳糖苷酶 Tnap1577 和 β-葡萄糖苷酶 Tnap0602 两种超嗜热糖苷酶，且均在 *E. coli* BL21 中实现了重组表达，并利用 Ni^{2+}-NTA 亲和色谱法得到了纯度较高的目的蛋白。

3. 凝胶层析法

凝胶层析法又称凝胶过滤、分子排阻层析、分子筛层析等，主要是以各种多孔凝胶为固定相，利用流动相中所含各组分相对分子质量的差异而实现物质分离的技术。由于酶蛋白分子大小存在差异，大于凝胶孔径的被凝胶排阻，而小于凝胶孔径的可自由出入凝胶颗粒内，从而使混合溶液中各组分按照酶蛋白分子由大到小的顺序先后流出层析柱，从而达到分离的目的，具体流程如图 6.7 所示。高兆建等（2010）从 *Bacillus stearothermophilus*

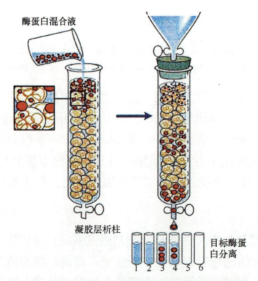

图 6.7　凝胶层析过滤原理及酶的分离纯化流程

Fig. 6.7　Principle of gel chromatography filtration used for separation and purification of enzyme

XG24 发酵液中采用硫酸铵分级盐析、DEAE-Sepharose Fast Flow 阴离子交换层析和 Sephadex G-75 分子筛凝胶过滤层析等系列方法分离纯化得到 β-半乳糖苷酶。经上述流程纯化后,该酶的纯度提高了 54.5 倍,回收率达 20.4%,且在 75℃下能保持 60% 以上的活性。

无论采取上述哪种分离技术,酶的纯化过程中都应遵循三个基本原则:一是要防止酶变性失活,操作时一般要求在低温和 pH 受控条件下进行,而且要防止重金属、有机溶剂引起酶的变性,以及防止微生物污染和蛋白酶的水解等;二是要选择有效的纯化方式,尽量在不破坏待纯化酶的限度内,使用各种"激烈"手段和亲和剂进行纯化;三是对酶活性的测定要贯穿纯化过程的始终。

四、酶的活性测定

酶的活性测定是利用酶能专一而高效地催化化学反应的特性,通过测定酶促反应速率来分析生物样品中特定酶的含量和活性的技术。目前,关于超嗜热酶活性的测定方法与其他酶活性测定方法并无明显差异,主要有光谱吸收法、黏度法和凝胶扩散法等。

(一)光谱吸收法

1. UV-Vis 分光光度法

该方法是利用酶与底物发生反应后,释放的生色基团可用分光光度计测定的原理,通过与已知标准酶的活性进行比较,计算出待测酶的活性。这种方法更适合于测定外切酶的活性。例如,许伟等(2009)采用该方法对超嗜热木糖异构酶的活性进行检测,具体流程如下:将反应后的溶液加入到 96 孔微培养板中,测定 340 nm 处 NADH(还原型辅酶Ⅰ)被氧化的量,并将 1 个酶活单位(U)定义为 1 min 催化产生 1 mol/L 木酮糖所需的酶量。

2. 荧光分光光度法

该方法是利用酶在吸收某一特定波长的光后能够激发出另外波长的光这一特性,通过测定发出荧光与入射光的强度,从而计算出酶的活性。与经典分光光度法相比,荧光分光光度法的灵敏度高 100 倍左右,但由于吸收和发射荧光效率受温度影响较大,故在整个测定过程中需保持温度恒定。

荧光分光光度法的主要问题是荧光猝灭,即荧光物质分子与溶剂分子或其他溶质分子相互作用引起荧光强度降低的现象。此外,酪氨酸和色氨酸能在 330～350 nm 处发出荧光,且它们的残基常存在于各种酶分子中,所以会在紫外光区产生较大的发射背景值。采用荧光分光光度法测定酶活时,应尽可能选择在可见光区进行荧光分析。

(二)黏度法

该方法是根据酶降低一定浓度标准底物(需控制 pH、温度等条件)黏度的能力来确定酶的活性。可利用的底物有化学合成底物（如利用 CMC 测定纤维素酶活性）和自然提取底物（如利用小麦阿拉伯木聚糖测定木聚糖酶活性）两大类。该方法的特点是通过降低底物的黏度来反映酶的活性，由于化学合成的底物可能不利于与酶接触，因此，化学合成底物的效果要优于自然提取底物。

（三）凝胶扩散法

该方法的原理是将与酶作用的底物和某种凝胶混合后倒入培养皿中形成凝胶态，在凝胶上切开一条槽，然后加入标准酶液和待测酶液，培养一定时间后，通过对比观察水解区域的大小来确定待测酶的含量。在某些情况下，还可以加入其他试剂来显示水解区域。该方法培养时间长，一般需要 12 h 以上，而且主要是根据扩散区域的大小来确定酶的活性，因此测量准确性和精度都要低于其他非扩散方法；其优点在于操作简单，且不需要任何复杂的装置。

第二节　超嗜热酶基因的遗传改造

一、超嗜热酶的重组表达

在超嗜热微生物的培养过程中，超嗜热酶基因的表达水平一般较低，且通常只能在特定生长代谢阶段表达，加之培养条件严格，采用传统的提取方法很难获得工业生产所需的超嗜热酶。然而，随着基因克隆技术走向成熟，将超嗜热微生物中的目的基因在中温宿主中进行表达，就能在温和培养条件下获得大量超嗜热酶。目前，用于重组酶表达的系统类型较多，根据表达宿主的不同可分为细菌、酵母、昆虫细胞和哺乳动物细胞等4 种类型（徐义辉和梁国栋，2002）。本节主要针对超嗜热酶基因重组表达的特点，介绍两种较为常见的表达系统。

（一）细菌表达系统

细菌表达系统主要是利用 PCR 方法从超嗜热微生物中扩增得到目标蛋白酶基因，再将扩增的 DNA 片段与表达载体连接构建重组分泌型表达载体，然后转化得到重组菌。细菌是异源蛋白表达的首选宿主，具有容易操作、生长迅速、成本低廉等优点。细菌表达系统常用的宿主菌有 *E. coli* 和 *Bacillus*，其中革兰氏阴性的 *E. coli* 能够广谱表达异源蛋白，而革兰氏阳性的 *Bacillus* 更适合在其周质空间分泌表达重组蛋白。

E. coli 表达系统是目前发展最为完善的重组蛋白表达系统，因其具有生长周期短、遗传背景清楚、成本低等特点而得到广泛应用。常用的 *E. coli* 菌株有 BL21(DE3)、BL21(DE3)Star、BL21(DE3)plysS、B834 等。其中，BL21(DE3)plysS 由于带有编码 T7 溶菌酶的小质粒（图 6.8），可有效降低目标蛋白的本底表达，但不影响异丙基-β-D-硫代半乳糖苷（IPTG）诱导目标蛋白的表达水平，是目前最常用的商业宿主菌之一（Schiraldi et al.，2000）。

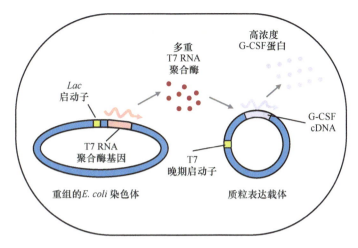

图 6.8 大肠杆菌（*E. coli*）BL21(DE3) plysS 表达系统的具体操作流程

Fig. 6.8 Specific process of *E. coli* BL21(DE3) pLysS expression system

采用细菌表达系统对超嗜热酶进行重组表达时需考虑以下几个因素：①转录和翻译是否高效；②蛋白酶表达于胞质或周质后如何保持其可溶性；③如何避免毒性产物的生成和防止宿主蛋白酶对异源蛋白的降解；④如何简化纯化过程。Ghasemi 等（2015）从超嗜热古菌 *Pyrococcus woesei* 中扩增得到 α-淀粉酶基因，并克隆到 pTYB2 载体上，得到 pTY-α-淀粉酶的重组质粒；再将该质粒转移至 *E. coli* BL21(DE3) pLysS 重组细胞，培养后得到超嗜热 α-淀粉酶。该酶最高活性可达 185 000 U/L，在 pH 4.5～7.0、100℃条件下仍具有 60%的活性（Ghasemi et al.，2015）。

（二）酵母表达系统

酵母表达系统的构建步骤为：首先对超嗜热微生物目标酶基因进行改造获得基因突变体，再通过 PCR 扩增将此基因克隆至酵母表达载体上，并转化至酵母感受态细胞获得重组酵母，然后对重组酵母菌进行培养从而获得目标酶。酵母表达系统兼具原核表达系统和高等真核表达系统的优点，其表达的外源基因具有一定的翻译后加工能力，收获的外源蛋白质在一定程度上可进行折叠加工和糖基化修饰，较原核细菌表达的蛋白质更加稳定。某些酵母表达系统还具有外分泌信号序列，能够将所表达的外源蛋白质分泌到细胞外，因此获得的蛋白酶更加容易纯化。

巴斯德毕赤酵母（*Pichia pastoris*）表达系统是一种外源蛋白的高效表达系统。研究人员利用分离出的毕赤酵母中的醇氧化酶（AOX）基因（包括 AOX 的强启动子）构建了毕赤酵母的载体，并利用此表达系统进行了大量外源基因的表达（图 6.9）。巴斯德毕赤酵母表达系统具有很多优点：①具有目前已知最强的启动子——AOX 启动子；②可进行高密度培养，利于工业化生产；③产物既可胞内表达又可分泌表达，易于纯化；④产物表达量高，最高可达 10 g/L 以上；⑤属于整合型表达，菌株遗传稳定；⑥与酿酒酵母相比，产物糖基化程度更低，且糖基化位点为 Asn-X-Ser/Thr，与哺乳类细胞相同，因此更适合医用。

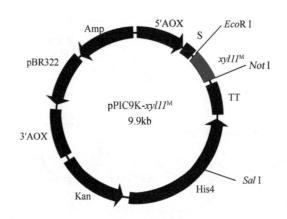

图 6.9　毕赤酵母表达系统的构建及表达（卢桂义等，2016）

Fig. 6.9　Construction and expression process of *Pichia pastoris* expression system

袁铁铮等（2005）利用 *Pichia pastoris* 表达系统得到重组的超高温 α-淀粉酶，该酶的最适 pH 为 5.0，最适温度为 105～110℃。杜冰冰等（2006）对地衣芽孢杆菌（*Bacillus licheniformis*）中的高温 α-淀粉酶基因进行改造后获得基因突变体，通过 PCR 扩增将此突变体克隆至毕赤酵母表达载体 pPIC9K 上，并转化至 GS115 感受态细胞后，获得重组的毕赤酵母菌。通过表达产物的酶活检测和 SDS-PAGE 分析，证明突变 α-淀粉酶在毕赤酵母中得到有效表达，其最适 pH 为 5.5，最适酶活温度为 80～90℃。

二、超嗜热酶的分子改造

酶制剂加工过程中复杂的工艺环节及酶的工业化应用都对酶学特性有着严格的要求。自然界中具有优良酶学特性的新型酶的筛选和开发一直是研究的热点（Bhatia et al.，2002）。但是，由于生物体适应环境的局限性，天然酶蛋白总存在一些自身缺陷，如结构不稳定、对 pH 要求严格、催化活性不高、底物选择性不佳等。因此，往往需要对酶分子进行人为改造，优化酶学特性，从而满足各种应用需求。目前，用于酶分子改造的主要策略有两种：理性设计和非理性设计。

（一）理性设计

传统意义上的理性设计是指在对酶分子的特性，如酶蛋白结构、活性位点、折叠构象和底物结合位点等信息有一定认识的基础上，对酶分子特定位点或区域进行目的明确的分子改造。定点突变技术是理性设计改造酶蛋白分子的主要手段，通过改变或修饰酶分子中的特定氨基酸残基，构建具有全新氨基酸序列的酶分子突变体，进而获得功能改变的酶蛋白（图 6.10）。

Kachan 和 Evtushenkov（2013）采用 Altered Sites® II 体外突变系统（Promega）对来自于 *Bacillus licheniformis* 的 α-淀粉酶基因进行定点突变，获得的新的 α-淀粉酶最高反应温度由原来的 55℃升高至 80℃。Wang 等（2016）同样对来源于 *Bacillus licheniformis* 的 α-淀粉酶基因 *bla* 进行定点突变，共获得了 4 个突变体，其中突变体 G216A 的反应温度升高至 70℃。

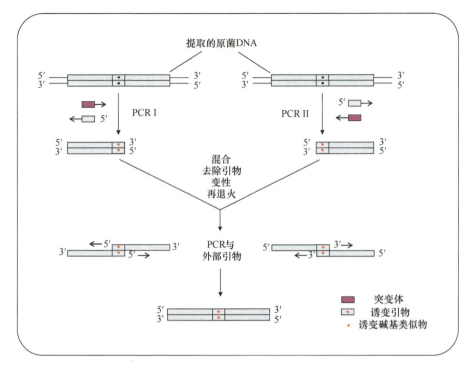

图 6.10　酶的基因定点突变示意图

Fig. 6.10　Schematic diagram of site-directed mutation of an enzyme

（二）非理性设计

非理性设计是根据环境选择原理，在不需酶分子准确结构信息的前提下，通过随机突变、基因重组、定向进化等手段构建突变文库，并以特定的筛选机制获得性状改良的优势突变体的方法，具体流程如图 6.11 所示。相比于理性设计，非理性设计具有操作条件简单等优势。例如，Yang 等（2020）以超嗜热普鲁兰酶为目标，利用生物信息学技术对普鲁兰酶的基因资源进行挖掘，并将得到的 3 个潜在普鲁兰酶基因片段在 *E. coli* BL21(DE3)中进行异源表达获得重组酶。经分离纯化后，该重组酶的最适酶活温度为 80℃，最适 pH 为 5.0。

三、超嗜热酶的过量表达

过量表达是指将克隆所得的目标基因与启动子连接形成过量表达载体，再转化至表达系统中，使目标基因表达增强的过程。在过量表达载体的构建过程中，通常将目标基因插入至强启动子或可诱导启动子的下游，从而使目标基因的表达得到强化或调控。酶基因的过量表达系统的构建如图 6.12 所示。在目标基因转化至基因组后，一般利用 *q*PCR 技术对表达量进行测定，以此确定目标基因是否得到过量表达。

王晓乐等（2011）以 *Acidothermus cellulolyticus* 11B 的超嗜热葡萄糖异构酶基因 *xyl* 为目的基因，将其构建到以 pET-22b（+）为载体的质粒中，然后将该质粒转化至 *E. coli* BL21(DE3)表达系统中获得基因重组菌。IPTG 可诱导该基因重组菌过量表达重组葡萄糖

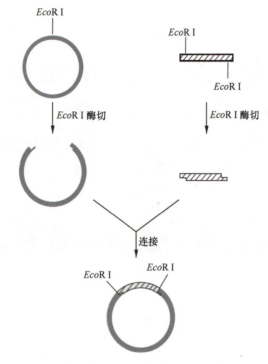

图 6.11　基于非理性设计的酶基因分子改造流程

Fig. 6.11　Molecular modification process of enzyme genes based on irrational design

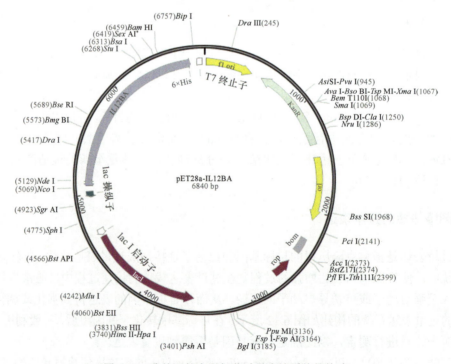

图 6.12　酶基因的大肠杆菌过量表达系统的构建

Fig. 6.12　Construction of enzyme gene overexpression system in *E. coli*

异构酶，表达量可达细胞总蛋白的 40% 以上。张志刚等（2009）在合成超嗜热聚糖内切酶 *XT6* 基因全序列的同时对其密码子进行了优化，且通过构建重组质粒在大肠杆菌中进行过量表达。通过优化表达条件，功能正常的 *XT6* 基因的表达量占细胞总蛋白的 65%。

第三节 超嗜热酶的工程应用

一、α-淀粉酶的工业应用

α-淀粉酶（1,4-α-D-葡聚糖水解酶）能够水解淀粉的 α-1,4-糖苷键生成糊精、低聚糖和单糖等，使糊化淀粉黏度降低后液化。α-淀粉酶在温度 30～120℃、pH 3.0～13.0 的范围内均可保持较高活性。该酶取代了淀粉工业中传统的化学降解法，是生产不同淀粉水解产物、提高产品回收率和原料利用率的理想催化剂。

超嗜热 α-淀粉酶的优点还体现在：①发酵温度高，能够抑制或杀死不耐热菌，减少二次污染；②在高温下液化迅速且彻底，液化后的蛋白质絮凝效果好，分层明显，过滤速度快；③酶的热稳定性好，Ca^{2+} 的消耗量少；④酶的用量少、产率高，可节约能源，降低成本。近年来，α-淀粉酶被广泛应用于高温加工行业，如食品加工、烘焙和酿造等。

（一）食品行业

以玉米和木薯淀粉为原料，可采用 α-淀粉酶和普鲁兰酶或异淀粉酶协同生产低聚麦芽糖。在淀粉的高温水解液化过程中，通常需要添加一定浓度的 Ca^{2+} 来维持 α-淀粉酶的稳定性，但 Ca^{2+} 会强烈抑制后续过程中的葡萄糖异构酶活性。为此，研究人员采用基因重组技术对 α-淀粉酶进行修饰，使其摆脱对 Ca^{2+} 的依赖。

李瑛（2012）以超嗜热古菌 *Thermococcus siculi* HJ21 基因组为模板，经 PCR 扩增得到不含信号肽的 α-淀粉酶结构基因，并通过构建重组质粒 pINA1317-*amy*，获得产酶活性较高且不依赖 Ca^{2+} 的重组菌 G7-5。该菌在 90℃、pH5.0 的最适条件下产生的 α-淀粉酶具有较强的热稳定性，且酶液经高温（80℃、90℃、100℃）处理后仍保持较高酶活，与原始菌株 HJ21 所产的 α-淀粉酶性质基本一致。在超高浓度麦芽糖浆（麦芽糖含量≥80%）生产过程中，超嗜热 α-淀粉酶的使用不但可以使淀粉液化更加完全，还可以减少酶的用量，大幅降低生产成本。表 6.10 列出了部分在淀粉加工行业广泛应用的超嗜热 α-淀粉酶。

表 6.10 淀粉加工行业广泛应用的超嗜热 α-淀粉酶
Table 6.10 Hyperthermophilic α-amylase used in starch processing industry

来源	最佳反应条件	参考文献
Desulfurococcus mucosus	100℃，pH 5.5	Canganella et al.，1994
Pyrococcus friosus	100℃，pH 5.5～6.0；98℃下活性半衰期 13 h	Koch et al.，1990
Pyrococcus woesei	100℃，pH 5.5	Koch et al.，1991
Staphylothermus marinus	100℃，pH 5.0	Bragger et al.，1989
Thermococcus profunds	80℃，pH 4.0～5.0	Chung et al.，1995
Methanococcus jannaschii	120℃，pH 5.0～8.0	Kim et al.，2001
Thermotoga maritima	85～90℃，pH 7.0	Liebl et al.，1997

（二）烘焙行业

α-淀粉酶在焙烤过程中也起到水解淀粉的作用，同时产生一定量的可发酵性糖，如葡萄糖、果糖、麦芽糖等，以供后续酵母发酵所用。由于超嗜热 α-淀粉酶热稳定性很高，因此在面包焙烤过程中淀粉水解仍能进行，从而可加快面团发酵，并提高产品质量。为了增强 α-淀粉酶在超高温条件的活性，刘逸寒等（2007）将耐酸性高温 α-淀粉酶突变基因 *amyd* 克隆到大肠杆菌表达载体 pET-30a 上，得到的重组酶最适温度为 80℃、最适 pH 4.5，且在 80～90℃、pH 4.0～6.5 条件下仍然保持较高酶活。

（三）酿造行业

在乙醇生产过程中，企业出于节能降耗的目的，大多采用 80～85℃的低温蒸煮工艺，使得发酵原料的细胞组织不能充分吸水膨胀，造成夹生、物化不彻底等不良现象，最终影响出酒效率。如果仅提高蒸煮温度，普通的高温淀粉酶又容易失活。胡建恩等（2012）从海底热液口获得了一株超嗜热古菌 *Thermococcus siculi* HJ21，该菌株分泌的耐高温 α-淀粉酶的最适温度为 95℃，且其热稳定性不依赖 Ca^{2+}，因此适用于乙醇生产中温蒸煮工艺（95～100℃）。中温工艺的优势在于，既可高效杀死发酵原料中的杂菌、降低入池酸度和染菌率，又可防止淀粉转化为焦糖或其他物质，大幅提高原料利用率，从而降低生产成本。

二、*Taq* DNA 聚合酶的商业应用

PCR 最初使用的 DNA 聚合酶是大肠杆菌 DNA 聚合酶 I 的 Klenow 片段，但由于该酶存在热稳定性差、产生非特异性扩增等诸多缺陷，导致难以广泛应用。之后发现的 T4 和 T7 DNA 聚合酶虽然能够提高 DNA 合成速率、增强扩增特异性，但仍存在热稳定性差的问题。直到耐热的 *Taq* DNA 聚合酶被发现，才使得 PCR 技术真正走向自动化，并得到迅速发展。

目前，在直接 PCR、等位基因检测等领域，*Taq* DNA 聚合酶仍具有重要的应用价值；在 Sanger 测序、探针法 *q*PCR、TA 克隆等领域，*Taq* DNA 聚合酶仍然不可替代。图 6.13 展示了热启动 DNA 聚合酶在 PCR 反应体系中的作用。表 6.11 列举了在各种 PCR 技术中所使用的 *Taq* DNA 聚合酶产品。

（一）热循环 PCR

Taq DNA 聚合酶具有良好的热稳定性，能够承受热循环 PCR 过程中的温度变化，且无须人为补充聚合酶，有利于自动化扩增；由于其可以在较高温度下进行退火和延伸，因此可显著提高 PCR 的特异性。随着各种来源的 DNA 聚合酶被发现，*Taq* DNA 聚合酶的应用受到一定冲击，不过由于其廉价易得、产品种类齐全，在一般检测性 PCR、插入基因鉴定、基因编辑等领域仍应用广泛。

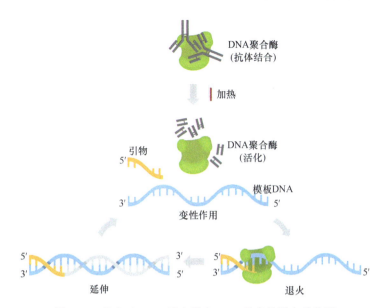

图 6.13　热启动 DNA 聚合酶在 PCR 反应体系中的作用

Fig. 6.13　Role of heat-initiated DNA polymerase in PCR reaction system

表 6.11　PCR 技术中所使用的 *Taq* DNA 聚合酶产品

Table 6.11　*Taq* DNA polymerase products used in PCR techniques

Taq DNA 聚合酶类型	商品	厂家	最佳反应温度/℃
热循环 DNA 聚合酶	Hot Start *Taq*DNA Polymerase	Solarbio® Life Science	95
	EpiMark® Hot Start *Taq*DNA Polymerase	New England BioLabs® Inc.	92
	热启动 *Taq* DNA 聚合酶	Sangon Biotech（Shanghai）Co.，Ltd.	95
易错 DNA 聚合酶	易错 PCR 试剂盒	北京百奥莱博科技有限公司	94
	即用型易错 PCR 试剂盒	上海泽叶生物科技有限公司	95
热启动 DNA 聚合酶	FastStart *Taq* DNA Polymerase	Roche® Life Science	95
	EpiQuik 热启动 *Taq* DNA 聚合酶	艾美捷科技	95
	Platinum II *Taq* 热启动 DNA 聚合酶	Thermo Fisher Scientific	90
SNP 检测 DNA 聚合酶	Diamond *Taq*®DNA Polymerase	博尔迈生物技术	94
*q*PCR DNA 聚合酶	HGS Diamond *Taq*®DNA Polymerase	博尔迈生物技术	94
	S6 miRNA SYBR qPCR Mix	EnzyArtisan	95
TA 克隆 DNA 聚合酶	TOPO TACloning® reagents	基屹生物科技	90

（二）易错 PCR

易错 PCR 是一种常用的基因随机突变方法，在酶的分子改造领域具有重要应用价值。聚合酶在高浓度 Mg^{2+} 或者 Mn^{2+} 存在条件下，延伸错误率会显著提高，所得目标产物容易形成含有随机突变的 DNA 文库。*Taq* DNA 聚合酶因为缺乏 3′→5′校正活性，恰好适用于易错 PCR 技术。

（三）热启动 PCR

利用 *Taq* DNA 聚合酶进行 PCR 时，在 20~40℃较低的温度下，该酶仍具有一定的活性，容易使引物发生非特性退火，导致目标序列扩增失败。Sharkey 等发现的抗体 TP7 能够在低温下抑制 *Taq* DNA 聚合酶活性，明显降低非特性扩增的发生概率。此外，冷敏感 *Taq* DNA 聚合酶突变体的发现进一步降低了 PCR 非特异性扩增的可能性。目前，*Taq* DNA 聚合酶热启动产品在市场上占有很大比例，也为同类 DNA 聚合酶产品的研发提供了思路。

（四）位点特异性 PCR（SNP 检测）

3'→5'校正活性的缺失使 *Taq* DNA 聚合酶也可用在单核苷酸多态性（SNP）检测上。只要把引物 3'端设计在等位基因处，匹配的模板就能正常扩增，而不匹配的模板则无法扩增或产量很低；再根据核酸电泳或者 *q*PCR 检测结果，进行基因型区分（Huang et al.，1992）。随着测序技术的普及，用测序法进行基因分型和 SNP 检测要更加准确，但也存在成本高、耗时等缺陷。总的来说，基于 *Taq* DNA 聚合酶的 PCR/*q*PCR 试剂盒在 SNP 检测领域仍发挥着主导作用。

（五）*q*PCR（*Taq*man 法）

*q*PCR 按照检测模式的不同可以分为荧光染料法、*Taq*man 探针、分子信标和双杂交探针等。分子信标本质上也是一种探针，所以将其和 *Taq*man 统称为探针。荧光染料法基于 SYBR green I 与 dsDNA 的无差别结合，因此对 DNA 聚合酶基本没有要求；而探针法是基于聚合酶 5'→3'外切酶活性实现对 5'端荧光报告基团的切割，因此只能使用 *Taq* DNA 聚合酶及其衍生酶。

（六）TA 克隆

TA 克隆技术正是利用了 *Taq* DNA 聚合酶具有末端转移酶（TdT）活性，却不具有 3'→5'端外切酶校准活性的特点，可在 PCR 产物的 3'端加上一个非模板依赖的 dA。T 载体是一种带有 3'-dT 突出端的载体，在连接酶的作用下，能与 PCR 产物高效连接，极大地提高克隆效率。因此，在 TA 克隆应用上，*Taq* DNA 聚合酶仍具有无可替代的作用。

三、基因组技术在超嗜热酶工程中的应用

基因组（genome）是指一个生物的全部遗传信息，而获得这些信息所采用的测序和分析技术统称为基因组技术，主要包括高通量测序技术、基因组编辑技术、宏基因组技术、比较基因组技术等。近年来，研究者应用基因组测序技术从嗜温微生物或环境样品的宏基因组中筛选出多种超嗜热酶基因，将其克隆并异源表达后，获得了最适温度超过 80℃的超嗜热酶，这也为寻找具有工业化应用前景的新的超嗜热酶开辟了方向（Lewin et al.，2016；Lu et al.，2019）。

（一）高通量测序技术

DNA 测序技术是基因组学的基础，目前已发展到第二代即高通量测序技术。相比末端链终止测序法，高通量测序可在数天内完成一个微生物基因组的测序工作，这也使得大规模基因组测序成为可能。目前，已知的基因组数据基本都是通过高通量测序技术完成的，如 Clinvar 数据库、HGMD 数据库和 OMIM 数据库等。Richardson 等（2002）利用微生物 DNA 文库进行高通量筛选，鉴定出与玉米湿磨工艺条件相匹配的 α-淀粉酶，并通过基因重组获得了具有最优表达性能的改良突变体，其产生的 α-淀粉酶最适 pH 为 4.5，最适反应温度为 95℃（Richardson et al.，2002）。Zhang 等采用生长耦合自适应进化模型和高通量筛选法分离出高产超嗜热 α-淀粉酶的 *Bacillus licheniformis* 菌株，其 α-淀粉酶产量相比原菌提高了 67%（Zhang et al.，2021a）。

（二）基因组编辑技术

基因组编辑技术是一种新兴的、能较精确地对生物体基因组特定目标基因进行修饰的基因工程技术，其原理是：通过精准识别靶细胞 DNA 片段中靶点核苷酸序列，并利用核酸内切酶对 DNA 靶点序列进行切割，从而完成对靶细胞 DNA 目的基因片段的精准编辑。常见的基因组编辑技术有 ZFN、TALEN 和 CRISPR/Cas9 等，其中 CRISPR/Cas9 基因组编辑技术由于其简便性和高效性，已经被广泛应用于生物学、医学、农学等领域的基础与应用研究。Zhang 等利用 CRISPR/Cas9 系统（图 6.14），通过基因组整合模式，将来自 *Pyrococcus furiosus* 的 α-淀粉酶分子伴侣蛋白在 *Bacillus subtilis* 中共表达，不仅增加了 α-淀粉酶的产量，而且酶的活性最高可达 3806.7 U/mL，是对照组的 28.2 倍（Zhang et al.，2021b）。

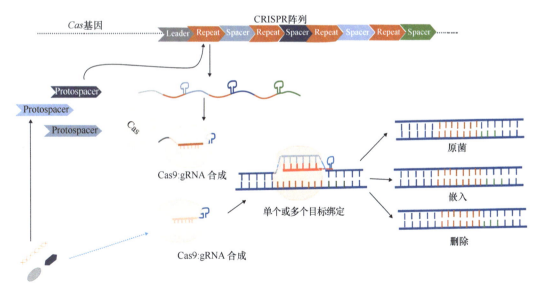

图 6.14　CRISPR/Cas9 基因组编辑技术的基本原理

Fig. 6.14　Basic principles of CRISPR/Cas9 genome editing technology

（三）宏基因组技术

宏基因组（metagenomics）又被称为微生物环境基因组、元基因组，其原理是通过从环境样品中提取全部微生物的 DNA 构建宏基因组文库，并利用基因组学的研究策略分析环境样品所包含的全部微生物遗传组成及其生态功能。利用宏基因组技术，能够发现难培养或不可培养微生物中的天然产物，以及处于"沉默"状态的天然产物。宏基因组不依赖于微生物的分离与培养，减少了因分离培养困难所带来的问题。

表 6.12 列举了几个用于筛选超嗜热酶基因的环境宏基因组文库。石琰璟等（2009）为获得温泉菌中耐热的新型木聚糖酶基因，通过提取即墨温泉样品的基因组 DNA，构建了一个包括 1.2×10^5 kb 克隆的宏基因组文库（外源 DNA 总容量约为 3.0×10^5 kb），并对该文库进行了快速鉴定，结果表明，文库中插入所需大小片段的成功率达 87%。Rhee 等（2005）从来自热泉沉积物的 Fosmid 宏基因组文库中筛选得到 4 个热稳定的酯酶，重组过表达的酯酶在 95℃下依然有较高的热稳定性。

表 6.12　用于筛选超嗜热酶基因的环境宏基因组文库特征（朱允华等，2011）
Table 6.12　Environmental metagenomic library characterization for screening hyperthermophilic enzyme genes

环境样品	目的基因	表达宿主	载体	克隆子数	插入片段大小/kb
温泉水	耐热新型木聚糖酶	*E. coli* DH5α	pUC18	120 000	无
嗜热泥和沉积物	热稳定酯酶	*E. coli* EPI300	Fosmid	5 000	20～40
堆肥	纤维素酶	*E. coli* EPI100	pWEB: TNC	100 000	20～50
堆肥	乳酸解聚酶	*E. coli* DH10B	pUC18	40 000	2.5

参 考 文 献

杜冰冰, 郝帅, 李运敏, 等. 2006. 高温 α-淀粉酶基因突变体在大肠杆菌、毕赤酵母中的表达[J]. 微生物学报, 46 (5): 827-830.

高兆建, 侯进慧, 孙会刚, 等. 2010. 耐高温 β-半乳糖苷酶的分离纯化与酶学性质分析[J]. 食品科学, 31(23): 151-156.

胡建恩, 曹茜, 杨帆, 等. 2012. 耐高温 α-淀粉酶高密度高表达发酵条件的优化[J]. 食品科学, 33(1): 219-225.

孔繁思. 2014. *Thermotoga naphthophila* RUK-10 嗜热糖苷酶的表达与应用[D]. 长春: 吉林大学硕士学位论文: 65.

李瑛. 2012. 超嗜热古菌 *Thermococcus siciuli* HJ21 高温酸性 α-淀粉酶基因的分泌表达及应用研究[D]. 无锡: 江南大学硕士学位论文: 51.

梁利华, 阚振荣. 2003. 嗜热菌及嗜热酶的研究应用[C]//第五届微生物生态学术研讨会论文集. 北京: 中国生态学会:184-191.

林谦. 2003. 超嗜热菌 *Pyrococcus furiosus* 的培养及其 α-淀粉酶基因的克隆与表达[D]. 南宁: 广西大学硕士学位论文: 45.

刘逸寒, 李玉, 田琳, 等. 2007. 耐酸性高温 α-淀粉酶突变基因的异源表达及纯化[J]. 化学与生物工程, 24(3): 58-62.

卢桂义, 邬敏辰, 黄卫宁, 等. 2016. 嗜热裂孢菌木聚糖酶在毕赤酵母中的表达及酶学性质[J]. 食品与生物技术学报, 35(5): 492-497.

石琰璟, 刘财钢, 葛晓萍. 2009. 温泉菌宏基因组文库的构建[J]. 科学技术与工程, 9(17): 5097-5099.

王晓乐, 薛庆海, 江波, 等. 2011. Acidothermus cellulolyticus 11B 葡萄糖异构酶基因的克隆、表达及酶活性研究[J]. 食品工业科技, 32(3): 192-194.

徐义辉, 梁国栋. 2002. 丝氨酸蛋白酶的重组表达[J]. 中国生物工程杂志, 22(3): 4-8.

许伟, 丁莉, 严明, 等. 2009. 嗜热木糖异构酶在大肠杆菌中的表达、纯化及性质研究[J]. 中国生物工程杂志, 29(2): 65-70.

袁铁铮, 姚斌, 罗会颖, 等. 2005. 一种高温酸性 α-淀粉酶基因的高效表达和表达产物分析[J]. 高技术通讯, 15(11): 63-68.

张志刚, 裴小琼, 吴中柳. 2009. 嗜热脂肪土芽孢杆菌木聚糖酶基因的合成及其在大肠杆菌中的表达[J]. 应用与环境生物学报, 15(2): 271-275.

朱允华, 李俭, 方俊, 等. 2011. 宏基因组技术在开发极端环境未培养微生物中的应用[J]. 生物技术通报, (9): 52-58.

Andrade C M, Aguiar W B, Antranikian G. 2001. Physiological aspects involved in production of xylanolytic enzymes by deep-sea hyperthermophilic archaeon *Pyrodictium abyssi*[J]. Applied Biochemistry and Biotechnology, 91/92/93: 655-669.

Bataillon M, Nunes Cardinali A P, Castillon N, et al. 2000. Purification and characterization of a moderately thermostable xylanase from *Bacillus* sp. strain SPS-0. Enzyme and Microbial Technology, 26(2/3/4): 187-192.

Beeder J, Nilsen R K, Rosnes J T, et al. 1994. *Archaeoglobus fulgidus* isolated from hot north sea oil field waters[J]. Applied and Environmental Microbiology, 60(4): 1227-1231.

Belkin S, Wirsen C O, Jannasch H W. 1986. A new sulfur-reducing, extremely thermophilic eubacterium from a submarine thermal vent[J]. Applied and Environmental Microbiology, 51(6): 1180-1185.

Bernhardt G, Jaenicke R, Lüdemann H D. 1987. High-pressure equipment for growing methanogenic microorganisms on gaseous substrates at high temperature[J]. Applied and Environmental Microbiology, 53(8): 1876-1879.

Bhatia Y, Mishra S, Bisaria V S. 2002. Microbial beta-glucosidases: cloning, properties, and applications[J]. Critical Reviews in Biotechnology, 22(4): 375-407.

Bibel M, Brettl C, Gosslar U, et al. 1998. Isolation and analysis of genes for amylolytic enzymes of the hyperthermophilic bacterium *Thermotoga maritima*[J]. FEMS Microbiology Letters, 158(1): 9-15.

Blöchl E, Rachel R, Burggraf S, et al. 1997. *Pyrolobus fumarii*, gen. and sp. nov., represents a novel group of Archaea, extending the upper temperature limit for life to 113 degrees C[J]. Extremophiles: Life Under Extreme Conditions, 1(1): 14-21.

Bok J D, Yernool D A, Eveleigh D E. 1998. Purification, characterization, and molecular analysis of thermostable cellulases CelA and CelB from *Thermotoga neapolitana*[J]. Applied and Environmental Microbiology, 64(12): 4774-4781.

Bragger J M, Daniel R M, Coolbear T, et al. 1989. Very stable enzymes from extremely thermophilic archaebacteria and eubacteria[J]. Applied Microbiology and Biotechnology, 31(5): 556-561.

Brock T D, Brock K M, Belly R T, et al. 1972. *Sulfolobus*: a new genus of sulfur-oxidizing bacteria living at low pH and high temperature[J]. Archiv Für Mikrobiologie, 84(1): 54-68.

Brock T D, Freeze H. 1969. *Thermus aquaticus* gen. n. and sp. n., a nonsporulating extreme thermophile[J]. Journal of Bacteriology, 98(1): 289-297.

Bronnenmeier K, Kern A, Liebl W, et al. 1995. Purification of *Thermotoga maritima* enzymes for the degradation of cellulosic materials[J]. Applied and Environmental Microbiology, 61(4): 1399-1407.

Bubela B, Labone C L, Dawson C H. 1987. An apparatus for continuous growth of microorganisms under oil reservoir conditions[J]. Biotechnology and Bioengineering, 29(2): 289-291.

Canganella F, Andrade C M, Antranikian G. 1994. Characterization of amylolytic and pullulytic enzymes from thermophilic Archaea and from a new *Fervidobacterium* species[J]. Applied Microbiology and Biotechnology, 42(2): 239-245.

Chung Y C, Kobayashi T, Kanai H, et al. 1995. Purification and properties of extracellular amylase from the hyperthermophilic archaeon *Thermococcus profundus* DT5432[J]. Applied and Environmental Microbiology, 61(4): 1502-1506.

Dhillon A, Khanna S. 2000. Production of a thermostable alkali-tolerant xylanase from *Bacillus circulans* AB 16 grown on wheat straw[J]. World Journal of Microbiology and Biotechnology, 16(4): 325-327.

Duffaud G D, d'Hennezel O B, Peek A S, et al. 1998. Isolation and characterization of *Thermococcus barossii*, sp. nov., a hyperthermophilic archaeon isolated from a hydrothermal vent flange formation[J]. Systematic and Applied Microbiology, 21(1): 40-49.

Eggen R, Geerling A, Watts J, et al. 1990. Characterization of pyrolysin, a hyperthermoactive serine protease from the archaebacterium *Pyrococcus furiosus*[J]. FEMS Microbiology Letters, 71(1/2): 17-20.

Galperin M Y, Noll K M, Romano A H. 1997. Coregulation of beta-galactoside uptake and hydrolysis by the hyperthermophilic bacterium *Thermotoga neapolitana*[J]. Applied and Environmental Microbiology, 63(3): 969-972.

Gantelet H, Duchiron F. 1998. Purification and properties of a thermoactive and thermostable pullulanase from *Thermococcus hydrothermalis*, a hyperthermophilic archaeon isolated from a deep-sea hydrothermal vent[J]. Applied Microbiology and Biotechnology, 49(6): 770-777.

Ghasemi A, Ghafourian S, Vafaei S, et al. 2015. Cloning, expression, and purification of hyperthermophile α-amylase from *Pyrococcus woesei*[J]. Osong Public Health and Research Perspectives, 6(6): 336-340.

Han C, Yang R R, Sun Y X, et al. 2020. Identification and characterization of a novel hyperthermostable bifunctional cellobiohydrolase-xylanase enzyme for synergistic effect with commercial cellulase on pretreated wheat straw degradation[J]. Frontiers in Bioengineering and Biotechnology, 8: 296.

Hanzawa S, Hoaki T, Jannasch H W, et al. 1996. An extremely thermostable serine protease from a hyperthermophilic archaeum, *Desulfurococcus* strain SY, isolated from a deep-sea hydrothermal vent[J]. Journal of Marine Biotechnology, 4(2): 121-126.

Holden J F, Baross J A. 1995. Enhanced thermotolerance by hydrostatic pressure in the deep-sea hyper-thermophile *Pyrococcus* strain ES4. [J]. FEMS Microbiology Ecology, 18(1): 27-33.

Huang M M, Arnheim N, Goodman M F. 1992. Extension of base mispairs by *Taq* DNA polymerase: implications for single nucleotide discrimination in PCR[J]. Nucleic Acids Research, 20(17): 4567-4573.

Jannasch H W, Wirsen C O, Doherty K W. 1996. A pressurized chemostat for the study of marine barophilic and oligotrophic bacteria[J]. Applied and Environmental Microbiology, 62(5): 1593-1596.

Kachan A, Evtushenkov A. 2013. Thermostable mutant variants of *Bacillus* sp. 406 α-amylase generated by site-directed mutagenesis[J]. Open Life Sciences, 8(4): 346-356.

Kanno, M. 1986. A *Bacillus acidocaldarius*. α-amylase that is highly stable to heat under acidic conditions[J]. Agricultural and Biological Chemistry, 50(1): 23-31.

Kashefi K, Lovley D R. 2003. Extending the upper temperature limit for life[J]. Science, 301(5635): 934.

Kengen S W, de Bok F A, van Loo N D et al. 1994. Evidence for the operation of a novel Embden-Meyerhof pathway that involves ADP-dependent kinases during sugar fermentation by *Pyrococcus furiosus*[J]. The Journal of Biologocal Chemistry, 269(26): 17537-17541.

Kengen S W M, Stams A J M. 1994. Formation of l-alanine as a reduced end product in carbohydrate fermentation by the hyperthermophilic archaeon *Pyrococcus furiosus*[J]. Archives of Microbiology, 161(2): 168-175.

Kim J W, Flowers L O, Whiteley M, et al. 2001. Biochemical confirmation and characterization of the family-57-like α-amylase of *Methanococcus jannaschii*[J]. Folia Microbiologica, 46(6): 467-473.

Kobayashi T, Kwak Y S, Akiba T, et al. 1994. *Thermococcus profundus* sp. nov., A new hyperthermophilic archaeon isolated from a deep-sea hydrothermal vent[J]. Systematic and Applied Microbiology, 17(2): 232-236.

Koch R, Zablowski P, Spreinat A, et al. 1990. Extremely thermostable amylolytic enzyme from the archaebacterium *Pyrococcus furiosus*[J]. FEMS Microbiology Letters, 71(1/2): 21-26.

Koch R, Spreinat A, Lemke K, et al. 1991. Purification and properties of a hyperthermoactive α-amylase from the archaeobacterium *Pyrococcus woesei*[J]. Archives of Microbiology, 155(6): 572-578.

Kristjansson J K. 1989. Thermophilic organisms as sources of thermostable enzymes[J]. Trends in Biotechnology, 7(12): 349-353.

Legin E, Ladrat C, Godfroy A, et al. 1997. Thermostable amylolytic enzymes of thermophilic microorganisms from deep-sea hydrothermal vents[J]. Comptes Rendus De L'Académie Des Sciences - Series III - Sciences De La Vie, 320(11): 893-898.

Lewin A, Strand T A, Haugen T, et al. 2016. Discovery and characterization of a thermostable esterase from an oil reservoir metagenome[J]. Advances in Enzyme Research, 4(2): 68-86.

Liebl W, Stemplinger I, Ruile P. 1997. Properties and gene structure of the *Thermotoga maritima* alpha-amylase AmyA, a putative lipoprotein of a hyperthermophilic bacterium[J]. Journal of Bacteriology, 179(3): 941-948.

Lu M J, Dukunde A, Daniel R. 2019. Biochemical profiles of two thermostable and organic solvent-tolerant esterases derived from a compost metagenome[J]. Applied Microbiology and Biotechnology, 103(8): 3421-3437.

Marteinsson V T, Birrien J L, Reysenbach A L, et al. 1999. *Thermococcus barophilus* sp. nov., a new barophilic and hyperthermophilic archaeon isolated under high hydrostatic pressure from a deep-sea hydrothermal vent[J]. International Journal of Systematic and Evolutionary Microbiology, 49(2): 351-359.

Michels P C, Clark D S. 1997. Pressure-enhanced activity and stability of a hyperthermophilic protease from a deep-sea methanogen[J]. Applied and Environmental Microbiology, 63(10): 3985-3991.

Miller J F, Almond E L, Shah N N, et al. 1988. High-pressure-temperature bioreactor for studying pressure-temperature relationships in bacterial growth and productivity[J]. Biotechnology and Bioengineering, 31(5): 407-413.

Miller J F, Shah N N, Nelson C M, et al. 1988. Pressure and temperature effects on growth and methane production of the extreme thermophile *Methanococcus jannaschii*[J]. Applied and Environmental Microbiology, 54(12): 3039-3042.

Nam G W, Lee D W, Lee H S, et al. 2002. Native-feather degradation by *Fervidobacterium islandicum* AW-1, a newly isolated keratinase-producing thermophilic anaerobe[J]. Archives of Microbiology, 178(6): 538-547.

Nazina T N, Tourova T P, Poltaraus A B, et al. 2001.Taxonomic study of aerobic thermophilic bacilli: descriptions of *Geobacillus subterraneus* gen. nov., sp. nov. and *Geobacillus uzenensis* sp. nov. from petroleum reservoirs and transfer of *Bacillus stearothermophilus*, *Bacillus thermocatenulatus*, *Bacillus thermoleovorans*, *Bacillus kaustophilus*, *Bacillus thermodenitrificans* to *Geobacillus* as the new combinations G. *stearothermophilus*, G. th[J]. International Journal of Systematic and Evolutionary Microbiology, 51(Pt 2): 433-446.

Neuner A, Jannasch H W, Belkin S, et al. 1990. *Thermococcus litoralis* sp. nov.: a new species of extremely thermophilic marine archaebacteria[J]. Archives of Microbiology, 153(2): 205-207.

Park C B, Clark D S. 2002. Rupture of the cell envelope by decompression of the deep-sea methanogen *Methanococcus jannaschii*[J]. Applied and Environmental Microbiology, 68(3): 1458-1463.

Rahman R N Z A, Razak C N, Ampon K, et al. 1994. Purification and characterization of a heat-stable alkaline protease from *Bacillus stearothermophilus* F_1[J]. Applied Microbiology and Biotechnology, 40(6): 822-827.

Rani D S, Nand K. 2000. Production of thermostable cellulase-free xylanase by *Clostridium absonum* CFR-702[J]. Process Biochemistry, 36(4): 355-362.

Rhee J K, Ahn D G, Kim Y G, et al. 2005. New thermophilic and thermostable esterase with sequence similarity to the hormone-sensitive lipase family, cloned from a metagenomic library[J]. Applied and Environmental Microbiology, 71(2): 817-825.

Richardson T H, Tan X Q, Frey G, et al. 2002. A novel, high performance enzyme for starch liquefaction[J].

Journal of Biological Chemistry, 277(29): 26501-26507.

Rinker K D, Kelly R M. 1996. Growth physiology of the hyperthermophilic archaeon *Thermococcus litoralis*: development of a sulfur-free defined medium, characterization of an exopolysaccharide, and evidence of biofilm formation[J]. Applied and Environmental Microbiology, 62(12): 4478-4485.

Ruttersmith L D, Daniel R M. 1991. Thermostable cellobiohydrolase from the thermophilic eubacterium *Thermotoga* sp. strain FjSS3-B.1. Purification and properties[J]. The Biochemical Journal, 277 (Pt 3): 887-890.

Saiki R K, Gelfand D H, Stoffel S, et al. 1988. Primer-directed enzymatic amplification of DNA with a thermostable DNA polymerase[J]. Science, 239(4839): 487-491.

Schiraldi C, Martino A, Acone M, et al. 2000. Effective production of a thermostable alpha-glucosidase from *Sulfolobus solfataricus* in *Escherichia coli* exploiting a microfiltration bioreactor[J]. Biotechnology and Bioengineering, 70(6): 670-676.

Singh S, Sukla L B, Mishra B K. 2011. Extraction of copper from malanjkhand low-grade ore by *Bacillus stearothermophilus*[J]. Indian Journal of Microbiology, 51(4): 477-481.

Stetter K O, König H, Stackebrandt E. 1983. *Pyrodictium gen.* nov., a new genus of submarine disc-shaped sulphur reducing archaebacteria growing optimally at 105℃[J]. Systematic and Applied Microbiology, 4(4): 535-551.

Sturm F J, Hurwitz S A, Deming J W, et al. 1987. Growth of the extreme thermophile *Sulfolobus acidocaldarius* in a hyperbaric helium bioreactor[J]. Biotechnology and Bioengineering, 29(9): 1066-1074.

Teeri T T, Koivula A, Linder M, et al. 1998. *Trichoderma reesei* cellobiohydrolases: why so efficient on crystalline cellulose?[J]. Biochemical Society Transactions, 26(2): 173-178.

Tsao J H, Kaneshiro S M, Yu S S, et al. 1994. Continuous culture of *Methanococcus jannaschii*, an extremely thermophilic methanogen[J]. Biotechnology and Bioengineering, 43(3): 258-261.

Vance I, Hunt R J. 1985. Technical note: modification of a French Press for the incubation of anaerobic bacteria at elevated pressures and temperatures[J]. Journal of Applied Bacteriology, 58(5): 525-527.

Voordouw G, Roche R S. 1975. The role of bound calcium ions in thermostable, proteolytic enzymes. II. Studies on thermolysin, the thermostable protease from *Bacillus thermoproteolyticus*[J]. Biochemistry, 14(21): 4667-4673.

Wang P, L Qin W T, Xu J T, et al. 2016. Enhancing the soluble expression of an amylase in *Escherichia coli* by the mutations related to its domain interactions[J]. Protein Expression and Purification, 120: 35-41.

Windberger E, Huber R, Trincone A, et al. 1989. *Thermotoga thermarum* sp. nov. and *Thermotoga neapolitana* occurring in African continental solfataric springs[J]. Archives of Microbiology, 151(6): 506-512.

Winterhalter C, Liebl W. 1995. Two extremely thermostable xylanases of the hyperthermophilic bacterium *Thermotoga maritima* MSB8[J]. Applied and Environmental Microbiology, 61(5): 1810-1815.

Yang Y, Zhu Y Y, Obaroakpo J U, et al. 2020. Identification of a novel type I pullulanase from *Fervidobacterium nodosum* Rt17-B1, with high thermostability and suitable optimal pH[J]. International Journal of Biological Macromolecules, 143: 424-433.

Yayanos A A, Van Boxtel R, Dietz A S. 1983. Reproduction of *Bacillus stearothermophilus* as a function of temperature and pressure[J]. Applied and Environmental Microbiology, 46(6): 1357-1363.

Zellner G, Stackebrandt E, Messner P, et al. 1989. Methanocorpusculaceae fam. nov, represented by *Methanocorpusculum parvum*, *Methanocorpusculum sinense* spec. nov. and *Methanocorpusculum bavaricum spec.* nov.[J]. Archives of Microbiology, 151(5): 381-390.

Zhang G Q, Chen Y K, Li Q H, et al. 2021a. Growth-coupled evolution and high-throughput screening assisted rapid enhancement for amylase-producing *Bacillus licheniformis*[J]. Bioresource Technology, 337: 125467.

Zhang K, Tan R T, Yao D B, et al. 2021b. Enhanced production of Soluble *Pyrococcus furiosus* α-amylase in *Bacillus subtilis* through chaperone co-expression, heat treatment and fermentation optimization[J]. Journal of Microbiology and Biotechnology, 31(4): 570-583.

Zillig W, Stetter K O, Schäfer W, et al. 1981. Thermoproteales: a novel type of extremely thermoacidophilic anaerobic archaebacteria isolated from Icelandic solfataras[J]. Zentralblatt Für Bakteriologie Mikrobiologie Und Hygiene: I Abt Originale C: Allgemeine, Angewandte Und Ökologische Mikrobiologie, 2(3): 205-227.

Zverlov V, Mahr S, Riedel K, et al. 1998. Properties and gene structure of a bifunctional cellulolytic enzyme (CelA) from the extreme thermophile 'Anaerocellum thermophilum' with separate glycosyl hydrolase family 9 and 48 catalytic domains[J]. Microbiology, 144(2): 457-465.

第七章　生物能源制备技术

生物能源制备是指在微生物和功能酶作用下，将生物质中的糖类、纤维素等有机底物转化为电能、可燃气或液体燃料等可再生能源的过程。生物能源制备所需酶催化剂和发酵微生物的最适温度一般为 40～50℃，存在生物转化效率低、生产成本居高不下等问题。超嗜热微生物具有底物利用范围广、热稳定性高和极端环境适应能力强等优点，可应用于氢气、甲烷等多种生物能源的生产过程。

本章内容主要围绕燃料乙醇、氢气、甲烷和生物电能等四类生物能源的生产制备过程，重点介绍制备技术的基本原理、具有生物能源转化能力的超嗜热微生物种类及应用案例，以期为超嗜热微生物在生物能源制备领域的广泛应用提供理论支撑。

第一节　燃料乙醇生产技术

一、燃料乙醇制备的原理

（一）燃料乙醇生产工艺

燃料乙醇是指以生物质为原料，通过生物发酵等途径获得的乙醇，其主要原料包括玉米等淀粉类农作物、木薯等非粮农作物和木质纤维素类原料等。其中，淀粉类农作物最适宜用于制备乙醇，但也存在原料成本高、与人争粮等问题；木质纤维素类原料具有来源广泛、价格低廉的优势，用于制备燃料乙醇具有广阔应用前景。

木质纤维素类生物质主要由纤维素（30%～50%）、半纤维素（20%～40%）和木质素（10%～25%）等组成。其中，纤维素主要由六碳糖聚合而成，半纤维素主要由五碳糖聚合形成，而木质素主要是由香豆醇、松柏醇和芥子醇组成的具有网状结构的无定形芳香族聚合物构成。利用木质纤维素类生物质生产燃料乙醇，首先需要经过一定预处理以破坏其致密结构，然后在水解酶催化作用下，多聚糖转化为可发酵性单糖（如六碳糖和五碳糖等），最后经微生物厌氧发酵转化为乙醇。在燃料乙醇制备的工艺流程中，酶水解和发酵是两个核心步骤（图 7.1）。

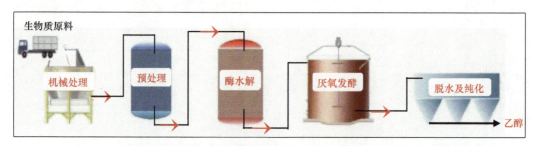

图 7.1　利用木质纤维素类原料制备燃料乙醇的主要工艺流程（Taylor et al.，2012）

Fig. 7.1　The main process of bioethanol production from lignocellulosic feedstocks

（二）高温发酵生产乙醇的优势

1. 超嗜热酶的水解

生物质原料须经水解转化成可发酵性单糖，方可被微生物利用。采用微生物酶替代化学试剂进行水解，可减少化学药剂对环境的二次污染，同时可大幅降低生产成本。常用的生物质水解酶有淀粉酶和葡萄糖苷酶。其中，淀粉酶催化水解淀粉、部分寡糖和多糖的 α-1,4-糖苷键，从而释放单分子糖原，以供后续微生物发酵。目前，从细菌和古菌中获得多种超嗜热淀粉水解酶的最适温度为 75～115℃，如 *Pyroococcus woesei* 的淀粉酶可在 98℃下高效水解淀粉。

葡萄糖苷酶是用于水解葡萄糖苷键并释放出单分子葡萄糖的关键酶，多数 α-葡萄糖苷酶具有较高的热稳定性和最适酶活温度。例如，*Thermoanaerobacter ethanolicus* 和 *Pyrococcus woesei* 的 α-葡萄糖苷酶最适温度分别为 75℃ 和 100℃。*Thermococcus* strain AN1 的 α-葡萄糖苷酶在 98℃时有最佳活性，活性半衰期为 35 min，且在 1%二硫苏糖醇和 5%牛血清存在时，该酶的活性半衰期可增加到 215 min。*Pyrococcus furiosus* 的 α-葡萄糖苷酶在 98℃时的活性半衰期为 48 h。*Thermococcus* sp. HJ21 的 α-淀粉酶和 α-葡萄糖苷酶的最适酶活温度分别为 95℃ 和 100℃，且在 90℃下的活性半衰期分别为 2 h 和 5 h（杨磊等，2008；王淑军等，2009）。

Caldicellulosiruptor bescii 的底物利用范围广，不仅可利用己糖、戊糖作为碳源，还能以纤维素为底物，不经水解直接产生乙醇，并且该菌株还具有较高的乙醇耐受性；其产生的 CelA 超嗜热纤维素酶，由糖苷水解酶家族 9 和家族 48 的催化结构域、中间连接肽和一些纤维素结合模块构成，对纤维素的消化速率比纤维素酶 Cel7A 快 2 倍。CelA 不仅能消化常见材料表层的纤维素，还能够在材料中形成空腔，并通过与传统纤维素酶协同作用获得更高的糖释放量，从而为乙醇的生产提供更多原料来源（Brunecky et al.，2013）。

2. 超嗜热菌的发酵

传统生物质发酵产乙醇工艺中的微生物大多为嗜温菌，发酵温度一般应控制在 28～35℃。例如，常见发酵菌株 *Saccharomyces cerevisiae* 的生长温度为 30～35℃。然而，发酵过程产热会导致系统温度升高，因此需注入大量冷水降低温度，以保持发酵菌株的活性。此外，低温下发酵系统很容易出现生物污染等问题，需添加化学药剂抑制杂菌生长，导致生产成本大幅增加。

大量研究表明，利用超嗜热菌发酵制备燃料乙醇具有显著优势。首先，超嗜热菌的底物利用范围广，它们不仅可以代谢来源于木质纤维素的五碳糖和六碳糖，还可以利用多聚糖，甚至可以直接利用纤维素和半纤维素（Taylor et al.，2012）。其次，超嗜热菌对 pH、温度等环境的适用范围较宽，有利于商业化生产。再次，利用超嗜热菌进行发酵不但能有效解决生物污染等问题，还能节约冷却成本。此外，高温发酵也有利于发挥超嗜热酶的催化活性。更加重要的是，乙醇作为典型的挥发性目标产物，在 50℃以上，略为减压即可实现乙醇的蒸发回收（Barnard et al.，2010）。利用超嗜热菌发酵纤维素产乙醇，在工艺上有望同步实现"生物降解-发酵-蒸馏"，可最大限度降低乙醇生产成本（乐易林和邵蔚蓝，2013）。

（三）超嗜热菌产乙醇途径

嗜热菌产乙醇的代谢途径与嗜温菌基本相同，包括糖酵解、丙酮酸还原等关键步骤。大多数超嗜热菌的糖酵解过程采用 EM（Embden-Meyerhof）或 ED（Entner-Doudoroff）途径（图 7.2），即代谢 1 分子葡萄糖产生 2 分子丙酮酸。超嗜热菌与嗜温菌在糖酵解代谢途径上的差异主要体现在某些代谢酶种类，以及相应中间产物的产生途径上。

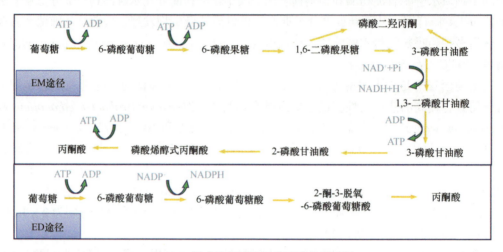

图 7.2　超嗜热菌糖酵解的两种代谢途径

Fig. 7.2　Two metabolic pathways of glycolysis in hyperthermophiles（Selig et al.，1997）

在传统糖酵解的 EM 途径中，3-磷酸甘油醛（GAP）首先被 3-磷酸甘油醛脱氢酶（GAPDH）催化转化为 1, 3-二磷酸甘油酸（1，3-BPG），然后被磷酸甘油酸激酶（PGK）催化转化为 3-磷酸甘油酸（3-PG）。然而，超嗜热古菌 *Pyrococcus furiosus* 采用了一种新的 EM 代谢途径，即在铁氧还蛋白依赖性甘油醛-3-磷酸铁氧还蛋白氧化还原酶（GAPOR）或 NADP$^+$ 依赖性非磷酸化 3-磷酸甘油醛脱氢酶（GAPN）的催化作用下，一步将 GAP 转化为 3-PG，然后经多步生化催化反应转变为丙酮酸，再在丙酮酸-铁氧化还原蛋白酶（POR）作用下转化为乙酰辅酶 A。GAPOR 酶可将 GAP 的氧化与铁氧化还原蛋白的还原偶联，直接生成 3-PG（图 7.3）。

由于酶催化功能的差异，超嗜热菌以葡萄糖为底物，经糖酵解产丙酮酸、生成乙醇可能存在多条代谢途径，所涉及的关键酶主要包括丙酮酸脱羧酶（pyruvate decarboxylase，PDC）、丙酮酸脱氢酶（pyruvate dehydrogenase，PDH）、丙酮酸甲酸裂解酶（pyruvate formate lyase，PFL）、丙酮酸铁氧化还蛋白氧化还原酶（pyruvate ferredoxin oxidoreductase，PFOR）、醛脱氢酶（aldehyde dehydrogenase，AldH）、乙醇脱氢酶（alcohol dehydrogenase，ADH）、甲酸脱氢酶（formate dehydrogenase，FDH）、烟酰胺氧化还原酶（nicotinamide ferredoxin oxidoreductase，NFO）和乙醛/乙醇脱氢酶（aldehyde/alcohol dehydrogenase，AdhE）等。用上述关键酶的组合表示代谢途径，超嗜热菌经丙酮酸产乙醇的途径主要有以下几种（图 7.4）：①PDC + ADH；②PDH + AldH + ADH；③PFL + FDH + AldH + ADH；④PFOR + NFO + AldH + ADH；⑤乙酰辅酶 A→AdhE→乙醇。

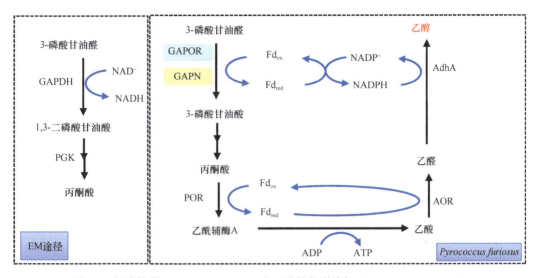

图 7.3　超嗜热菌 *Pyrococcus furiosus* 产乙醇的代谢途径（Straub et al.，2020）

Fig. 7.3　The metabolic pathways of ethanol production in *Pyrococcus furiosus*

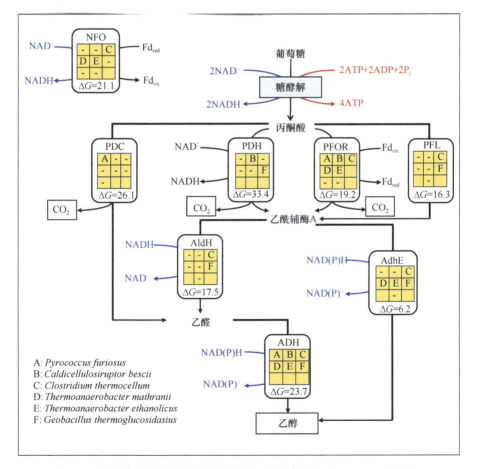

图 7.4　超嗜热菌经丙酮酸产乙醇的可能代谢途径（Olson et al.，2015）

Fig. 7.4　Possible metabolic pathways of ethanol production from pyruvic acid by hyperthermophiles

在上述几种产乙醇的代谢路径中，丙酮酸的脱羧过程分别由不同酶催化，这也是不同类型嗜热菌脱羧过程存在差异的主要原因。例如，*Thermoanaerobacter* 由 PFOR 催化脱羧；*Geobucillus* 在有氧条件下由 PDH 催化脱羧，在无氧条件下则由 PFL 催化脱羧。丙酮酸经 PFOR、PDH 和 PFL 催化脱羧后，产生乙酰辅酶 A，接着再被 AldH 或 AdhE 催化生成乙醇。Bryant 等（1988）纯化了 *Thermoanaerobacter ethanolicus* 中的醇脱氢酶 AdhA 和 AdhB，其中 AdhB 的主要功能是产生乙醇；而 AdhA 的主要功能则是消耗乙醇，以维持菌株在乙醇耐受范围内的正常生长。此外，在产乙醇过程中，细胞内 NADH/NAD$^+$ 值对代谢产物的流向具有调控作用，高的 NADH/NAD$^+$ 值更有利于乙醇生成（Pei et al.，2011）。

二、产乙醇的超嗜热菌

（一）野生型产乙醇菌

能在高温条件下产乙醇的超（极端）嗜热菌主要包括：*Pyrococcus furiosus*（生长温度范围为 70～103℃，最适生长温度为 100℃）；*Caldicellulosiruptor bescii*（42～90℃，最适 78～80℃）；*Clostridium thermocellum*（38～72℃，最适 65℃）；*Thermoanaerobacter mathranii*（50～75℃，最适 70～75℃）；*Thermoanaerobacter ethanolicus*（37～78℃，最适 72℃）；*Thermoanaerobacterium saccharolyticum*（45～70℃）；*Geobacillus thermoglucosidasius*（42～69℃）等（表 7.1）。

表 7.1　产乙醇的超嗜热菌
Table 7.1　The main hyperthermophiles for bioethanol production

菌株	底物	最适温度/℃	乙醇产量	参考文献
Thermoanaerobacter pseudoethanolicus	淀粉、木聚糖	65	1.88 mol/mol 果糖	Lovitt et al.，1988
Thermoanaerobacter ethanolicus JW200	葡萄糖	72	78.4 μmol/（L·mL）	Wiegel et al.，1981
Thermoanaerobacter ethanolicus	葡萄糖	65	3.3～4.5 mmol/（L·g）葡萄糖	Barnard et al.，2010
Thermoanaerobacter ethanolicus	木糖	68	0.44 g/g 木糖	Barnard et al.，2010
Thermoanaerobacter ethanolicus	甜菜糖蜜	65	4.81 mmol/（L·g）果糖	Avci and Donmez，2006
Thermoanaerobacter mathranii	葡萄糖	70	33.4 mmol/（L·mL）	Yao and Mikkelsen，2010a
Thermoanaerobacter BG1L1	玉米秸秆	70	8.5～9.2 mmol/（L·g）果糖	Georgieva and Ahring，2007
Thermoanaerobacter BG1L1	麦秸	70	8.5～9.2 mmol/（L·g）果糖	Georgieva and Ahring，2007
Thermoanaerobacter sp. AK5	木糖	65	1.6 mmol/（L·mol）己糖	Brynjarsdottir et al.，2012
Thermoanaerobacter sp. AK5	葡萄糖	65	1.7 mmol/（L·mol）己糖	Brynjarsdottir et al.，2012
Thermoanaerobacter sp. AK5	纤维	65	7.7 mmol/（L·g）果糖	Brynjarsdottir et al.，2012
Thermoanaerobacter sp. J1	纤维素	65	7.5 mmol/（L·g）纤维素	Jessen and Orlygsson，2012
Thermoanaerobacter sp. J1	木质纤维素（酸预处理）	65	4.2 mmol/（L·g）纤维素	Jessen and Orlygsson，2012
Thermoanaerobacter pentosaceus	食物残渣、厨余垃圾	65	9.1 g/L	Dhiman et al.，2017
Geobacillus thermoglucosidasius	葡萄糖	70	0.42 g/g 葡萄糖	Cripps et al.，2009
Pyrococcus furiosus DSM 3638	纤维素	70	2.10 mmol/（L·g）己糖	Chou et al.，2008

其中，*Thermoanaerobacter ethanolicus* 发酵 D-葡萄糖的乙醇产量能够达到 3.3～4.5 mmol/（L·g 葡萄糖）；在 68℃下采用连续培养法发酵木糖，乙醇产量为 0.44 g/mol/（L·g 木糖）（Barnard et al.，2010）。*Thermoanaerobacter* sp. AK5 能以葡萄糖和木糖为底物发酵产乙醇，在葡萄糖浓度为 3.6 g/L 时，乙醇产量为 1.7 mmol/（L·mol 己糖）；在木糖浓度为 3.0 g/L 时，乙醇产量为 1.6 mmol/（L·mol 己糖）。该菌株还可直接利用纤维素产乙醇，在浓度为 2.25 g/L 时乙醇产量为 7.7 mmol/（L·g 果糖）（Brynjarsdottir et al.，2012）。

Geobacillus 属能在 55～70℃高温下发酵 D-葡萄糖、D-木糖和 L-阿拉伯糖等，并在发酵葡萄糖时可产生乳酸、甲酸、乙酸和乙醇等混合物。此外，*Geobacillus thermoglucosidasius* 还可发酵己糖和戊糖，在 70℃最适生长温度条件下，乙醇产量达 2.10 mmol/（L·g 己糖）（Chou et al.，2008）。由于木聚糖酶的存在，*Geobacillus* 也能降解木聚糖等复杂的碳水化合物（Barnard et al.，2010）。

（二）基因工程产乙醇菌

目前，在乙醇工业生产中，仍缺乏高产率（＞90%理论值）和高乙醇耐受性（＞40 g/L）的超嗜热菌株。利用基因工程改变菌株代谢途径，通常可提高菌株的乙醇产量和耐受能力（表 7.2）。例如，Burdette 等（2002）通过敲除 *Thermoanaerobacter ethanolicus* 的脱氢酶编码基因，使得跨膜脂肪酸含量增加，菌株对乙醇的耐受能力由原来的 2%提高到 8%，且突变株的乙醇转化速率达到 3 g/（L·h）。Cripps 等（2009）以 *Geobacillus thermoglucosidasius* 为母株，在敲除乳酸脱氢酶基因（*ldh*）的同时上调丙酮酸脱氢酶基因（*pdh*）表达量，从而加快丙酮酸代谢速率，获得了乙醇产量为 0.42 g/g 葡萄糖的突变株。Yao 和 Mikkelsen（2010b）敲除 *Thermoanaerobacter mathranii* 中 *ldh* 基因，同时过量表达乙醇脱氢酶基因 *AdhE*，使得突变株乙醇产量提高 10%～13%。尽管国内外研究者通过构建基因突变株大幅度提高了乙醇转化速率，但这些工程菌株的底物利用率仍然较低，乙醇产量大多达不到商业化生产标准，这也对产乙醇基因工程菌的研究提出了更高要求（尚淑梅，2013）。

表 7.2　基因工程产乙醇（超）嗜热菌（Scully and Orlygsson，2015）
Table 7.2　Genetically engineered （hyper） thermophiles for bioethanol production

菌株	基因类型	底物	底物浓度/（g/L）	运行模式	乙醇产量/（mol/mol 己糖）
Clostridium thermocellum	Δ*pyrF*，Δ*pta*∷ *gapDHp*-cat	Ce	5	序批	0.59
Clostridium thermocellum	Δ*pyrF*，Δ*pta*∷ *gapDHp*-cat	Av	5	序批	0.71
Clostridium thermocellum adhE* （EA） Δldh	Δ*hpt*，Δ*ldh*	Ce	5	序批	0.37
Clostridium thermocellum	Δ*hpt*，Δ*ldh*，Δ*pta* （evolved）	Av	19.5	序批	1.08
Thermoanaerobacter saccharolyticum	Δ*pta*，Δ*AK*，Δ*ldh*	Av	19.5	序批	1.26
Thermoanaerobacter saccharolyticum TD1	Δ*ldh*	X	5	序批	0.98
Thermoanaerobacter saccharolyticum HK07	Δ*ldh*，Δ*hfs*	Ce	1.8	序批	0.86
Thermoanaerobacter saccharolyticum M0355	Δ*ldh*，Δ*AK* Δ*pta*	Ce	50	序批	1.73
Thermoanaerobacter saccharolyticum M1051	Δ*ldh*，Δ*AK* Δ*pta*, ureABCDEFG	Ce	27.5	序批	1.73
Thermoanaerobacter thermocellum BG1L1	Δ*ldh*	WS	30	连续	1.53

续表

菌株	基因类型	底物	底物浓度/ (g/L)	运行 模式	乙醇产量/ (mol/mol 己糖)
Thermoanaerobacter thermocellum BG1L1	Δ*ldh*, *GldA*	G + Gly	5	序批	1.68
Thermoanaerobacter mathranii BG1G1	Δ*ldh*, *GldA*	X + Gly	5	序批	1.57
Thermoanaerobacter mathranii BG1G1	Δ*ldh*, *GldA*	X + Gly	12.8	连续	1.53
Thermoanaerobacter pentocrobe 411	Δ*ldh*, Δ*AK* Δ*pta*	WS	65	连续	1.84
Thermoanaerobacter pentocrobe 411	Δ*ldh*, Δ*AK* Δ*pta*	OP	130	连续	1.92

注：AK：乙酸激酶；GldA：甘油脱氢酶 A；hfs：氢化酶；hpt：次黄嘌呤磷酸核糖基转移酶；ldh：乳酸脱氢酶；pta：磷酸转乙酰酶；pyrF：乳清酸核苷-5′-磷酸脱羧酶；ure：脲酶；Ce：纤维素二糖；Av：微晶纤维素粉；X：木糖；G：葡萄糖；Gly：甘油；WS：麦秸；OP：油棕叶。

三、燃料乙醇技术的开发与应用

（一）案例 1：利用 *Thermoanaerobacter pentosaceus* 产乙醇的研究

1. 研究目的

以升流式厌氧污泥床（UASB）作为微生物培养反应器，通过在载体上固定超嗜热细菌 *Thermoanaerobacter pentosaceus* DTU01[T] 研究其产乙醇效果（Sittijunda et al.，2013）。

2. 研究方法

选择油菜秸秆、活性炭和颗粒污泥（从 UASB 反应器中回收的颗粒污泥）作为微生物固定载体。首先，将油菜秸秆切成 0.8 cm×1.0 cm×1.0 cm 大小后放入 1% 的 NaOH（m/V，1：10）中煮沸 1 h，去除木质素和纤维；将活性炭颗粒在 100℃ 下煮沸 1 h，去除表面污染物并脱气；将油菜秸秆和活性炭在 121℃ 下灭菌 15 min，并在 105℃ 下干燥 30 min。将 UASB 颗粒污泥在 100℃ 下煮沸 2 h，灭活任何产甲烷古菌，并在 121℃ 下重复灭菌 3 次。

培养基采用基础厌氧培养基，并包含 10 g/L 葡萄糖和 10 g/L 木糖，pH 调至 7.0，使用前，用 80%N_2：20%CO_2（V/V）的混合气体充 15 min。采用体积为 250 mL 的 UASB 反应器（工作体积 200 mL，顶空 50 mL），设置循环流速为 20.65 mL/（min·L）。接种菌株 DTU01[T] 的初始细胞度为 $1.75×10^8$ 个/mL，接种量为 10%（V/V），在 70℃ 条件下进行培养。

3. 研究结果

在不同水力停留时间（HRT）和连续进水排水运行模式下，固定化微生物系统的乙醇产量如表 7.3 所示。乙醇产量在一定 HRT 范围内保持稳定；当 HRT 为 12 h 时，三种不同载体固定化微生物的乙醇浓度均达到最高。其中，UASB 颗粒污泥固定化微生物的乙醇浓度最高达到 178.06 mmol/L，产量为 1.50 mol/mol 蔗糖；油菜秸秆固定化微生物的乙醇浓度最高达到 173.40 mmol/L，产量为 1.46 mol/mol 蔗糖；活性炭固定化微生物的乙醇浓度最高达到 169.39 mmol/L，产量为 1.44 mol/mol 蔗糖。上述结果表明，利用三种不同载体固定化菌株 DTU01^T 细胞，在连续培养模式下，乙醇的浓度及产量较为稳定。

表 7.3 在不同载体上固定 *Thermoanaerobacter pentosaceus* DTU01^T 的乙醇产量

Table 7.3 Ethanol yield from cultivation of immobilized cells of *Thermoanaerobacter pentosaceus* DTU01^T immobilized in different supports

UASB 颗粒			油菜秸秆			活性炭		
HRT/h	C_E/（mmol/L）	Y_E/（mol/mol）	HRT/h	C_E/（mmol/L）	Y_E/（mol/mol）	HRT/h	C_E/（mmol/L）	Y_E/（mol/mol）
98	106.20 ± 2.10	1.39 ± 0.12	98	108.43 ± 2.24	1.39 ± 0.02	98	90.84 ± 0.22	1.29 ± 0.15
48	141.04 ± 0.64	1.47 ± 0.04	48	125.13 ± 1.59	1.37 ± 0.04	48	143.33 ± 1.13	1.41 ± 0.05
24	163.89 ± 1.11	1.51 ± 0.07	24	140.24 ± 1.69	1.41 ± 0.04	24	163.30 ± 0.95	1.44 ± 0.03
12	178.06 ± 4.19	1.50 ± 0.01	12	173.40 ± 1.48	1.46 ± 0.01	12	169.39 ± 0.85	1.44 ± 0.02
6	84.42 ± 1.54	1.22 ± 0.41	6	64.18 ± 1.00	1.13 ± 0.01	6	115.50 ± 0.15	1.36 ± 0.06
3	38.28 ± 1.18	1.08 ± 0.05	3	32.88 ± 1.04	0.78 ± 0.06	3	57.99 ± 0.93	1.12 ± 0.15

注：HRT，水力停留时间；C_E，乙醇浓度；Y_E，乙醇产量。

（二）案例 2：基因改造 *Pyrococcus furiosus* 糖酵解途径以提高乙醇产量的研究

1. 研究目的

在超嗜热古菌 *Pyrococcus furiosus* 中克隆表达 *Caldanaerobacter subterraneus* 的 NADPH 依赖型乙醇脱氢酶基因 *AdhA*，研究该突变株的产乙醇效果（Straub et al.，2020）。

2. 研究方法

利用 Gibson 组装技术将 *Caldanaerobacter subterraneus* 的 *adhA* 片段插入到 pET-46 质粒中（图 7.5），然后转化至大肠杆菌感受态细胞，并在 Novagen Rosetta™（DE3）菌株中进行表达。采用 ZYM 5052 培养基培养 18～24 h，诱导蛋白质表达。在谷氨酸脱氢酶启动子（Pgdh）的控制下，*pyrF* 基因表达在 5′ 端侧链区域的下游，*adhA* 序列在表面蛋白抗体启动子（Pslp）的控制下被插入到 *gapor* 基因下游。最后将重组片段转入 *Pyrococcus furiosus*（COM1）感受态菌株中，产生突变株 RK304，并添加 5 g/L 纤维二糖或丙酮酸作为碳源，75～95℃下厌氧培养 72 h。

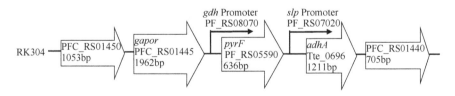

图 7.5 基因片段插入位点示意图

Fig. 7.5 The schematic diagram of inserted site of gene fragment

3. 研究结果

由于突变株 RK304 含有 *GAPOR* 和 *adhA* 基因，发酵产物以乙醇为主，而副产品乙酸含量较低。在 80℃培养条件下，乙醇产量最高（72 h 的乙醇浓度超过 1 g/L）；而在 90℃时，乙醇的产量较低（图 7.6）。

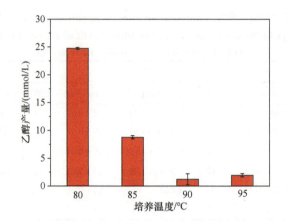

图 7.6 *Pyrococcus furiosus* 突变株 RK304 在不同发酵温度下的乙醇产量

Fig. 7.6 Ethanol production from *Pyrococcus furiosus* strain RK304 under various temperature

第二节 生物制氢技术

一、生物制氢的原理

（一）生物制氢概述

氢气是重要的绿色能源，其制备方法主要有水电解产氢、化石燃料制氢、煤制氢、生物制氢等。其中，生物制氢主要是利用微生物发酵来制备氢气，具有反应条件温和、节能、可再生等特点，其应用价值日益受到关注（杨艳等，2002）。目前，可用于生物制氢的微生物主要有真核藻类、光合细菌、厌氧细菌等。

与嗜温菌相比，利用嗜热菌制氢具有明显优势。动力学上，嗜热菌底物利用类型广，并能分泌各种胞外酶来水解淀粉、纤维素、半纤维素和木聚糖等大分子有机物。热力学上，嗜热菌的生长温度更有利于氢气生成，因此具有更高的产氢速率。一般来说，嗜温菌发酵 1 mol 葡萄糖产生的氢气小于 1.5 mol，而嗜热菌发酵 1 mol 葡萄糖产生的氢气约为 1.5～2.5 mol（朱玉红，2008）。超嗜热菌发酵是提高 H_2 产率和产量最有前途的方法之一。在超高温条件下（65～90℃），葡萄糖发酵终产物、氢气产量和吉布斯自由能如表 7.4 所示（O-Thong et al.，2019）。

表 7.4 超高温条件下葡萄糖发酵的产氢量及其吉布斯自由能（O-Thong et al.，2019）

Table 7.4 Hydrogen yield and change of gibbs free energy from the fermentation of glucose under extremely thermophilic conditions

底物	可溶性代谢产物	气体产物	$H_2/$（mol/mol C6）	$\Delta G/$（kJ/mol）
$C_6H_{12}O_6 + H_2O$	2 乙酸	$2CO_2 + 4H_2$	4	-244
$C_6H_{12}O_6$	丁酸	$2CO_2 + 2H_2$	2	-287
$4C_6H_{12}O_6 + 2H_2O$	3 丁酸 + 2 乙酸	$8CO_2 + 10H_2$	2.5	-383

续表

底物	可溶性代谢产物	气体产物	$H_2/$（mol/mol C6）	$\Delta G/$（kJ/mol）
$C_6H_{12}O_6 + 2H_2O$	乙醇+乙酸	$2CO_2+2H_2$	2	-18
$C_6H_{12}O_6$	丙酸+乙酸	CO_2+2H_2	2	43
$C_6H_{12}O_6 +H_2O$	丙酸+乙酸	CO_2+2H_2	2	-466

（二）生物制氢代谢途径

超嗜热菌发酵产氢所采取的糖酵解途径均为 EM 途径，H_2 来源于质子还原过程，主要有三种方式：①葡萄糖通过 EM 途径分解成乙酸和 CO_2 时，分别在丙酮酸生成过程和丙酮酸氧化为乙酰辅酶 A 的过程中产生铁氧化还原蛋白（Fd_{red}）和烟酰胺腺嘌呤二核苷酸（NADH），NADH 和 Fd_{red} 在氢化酶的催化作用下产生 H_2（图 7.7A）；②丙酮酸的生成过程中产生 NADH，而 NADH 将质子传递给 Fd_{red}，Fd_{red} 再在氢酶的催化作用下产生 H_2（图 7.7B）；③代谢过程中产生的甲酸，在甲酸脱氢酶（formic hydrogenlyase，FHL）的催化作用下产生 H_2（图 7.7C）。

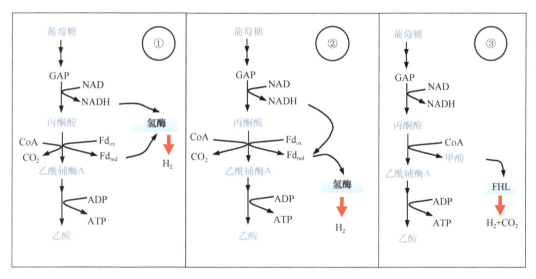

图 7.7 以乙酸为主要产物的产氢途径（Willquist et al.，2010）

Fig.7.7 The main acetic acid pathway for biohydogen production

二、产氢超嗜热菌

超嗜热厌氧产氢菌主要有 *Thermotoga elfii*、*Thermotoga neopolitana*、*Thermotoga maritime*、*Thermobrachium celere*、*Thermovorax subterraneus*、*Caldicellulosiruptor saccharolyticus*、*Caldicellulosiruptor owensensis*、*Thermoanaerobacter pseudoethanolicus*、*Thermoanaerobacter tengcongensis*、*Thermococcales kodakaraensis*、*Pyrococcus furiosus* 等（表 7.5）。

表 7.5 具有产氢能力的超嗜热菌

Table 7.5 Hyperthermophiles in biohydrogens production

菌种	最优温度/℃	底物	最大产量/(mol/mol 葡萄糖)	参考文献
Thermotoga elfii	65	葡萄糖	3.3	Niel et al.，2002
Thermotoga neopolitana	77	葡萄糖	3.85	Munro et al.，2010
Thermotoga neapolitana DSM 4359	85	葡萄糖	2.4	Rainey，1994
Thermotoga maritime	80	葡萄糖	4	Ravot et al.，1996
Thermobrachium celere	67	葡萄糖	3.53	Ciranna et al.，2011
Thermovorax subterraneus	70	葡萄糖	1.4	Makinen et al.，2009
Caldicellulosiruptor saccharolyticus	70	葡萄糖	3.6	Vrije et al.，2007
Caldicellulosiruptor owensensis	70	葡萄糖	4	Zeidan and Van Niel，2010
Thermoanaerobacter pseudoethanolicus	70	果糖	1.2	Hild et al.，2003
Thermoanaerobacter tengcongensis	75	葡萄糖	4	Soboh et al.，2004
Thermoanaerobacter tengcongensis JCM1007	75	淀粉	2.8	Levin et al.，2009
Thermococcales kodakaraensis	88	淀粉	3.3	Kanai et al.，2005
Pyrococcus furiosus	100	葡萄糖	3.5	Kengen and Stams，1994

Thermotoga 是一类分布于高温、厌氧环境的超嗜热细菌，但只有 *Thermotoga elfii*、*Thermotoga maritime* 和 *Thermotoga neopolitana* 能够在＞65℃的极端嗜热条件下产氢。*Thermotoga elfii* 在 65～85℃的最适生长温度下，氢气产率为 3.3 mol/mol 葡萄糖。*Thermotoga neopolitana* 发酵经过离子液体预处理的纤维素时，氢气产量为 2.2 mol/mol 葡萄糖；当以淀粉为底物时，氢气产量为 3.34～2.79 mol/mol 葡萄糖（Pradhan et al.，2015；马诗淳等，2022；Niel et al.，2002）。在以 5 g/L 葡萄糖为碳源、培养温度 80℃、pH 为 7.5 条件下，*Thermotoga neapolitana* 的氢气产量为 3.85 mol/mol 葡萄糖（Munro et al.，2010）。

Caldicellulosiruptor saccharolyticus 和 *Caldicellulosiruptor owensensis* 的最适生长温度为 70℃，当以葡萄糖为底物时，其氢气产量分别为 3.6 mol/mol 葡萄糖和 4 mol/mol 葡萄糖（Rainey，1994；Willquist et al.，2010）。*Thermoanaerobacter pseudoethanolicus* 和 *Thermoanaerobacter tengcongensis* 的最适生长温度分别为 70℃和 75℃，发酵底物包括果糖、葡萄糖和淀粉等；当以葡萄糖为底物时，其厌氧发酵氢气产量分别为 1.2 mol/mol 葡萄糖和 4 mol/mol 葡萄糖。

Thermococcus kodakaraensis 最适生长温度为 88℃，能够以淀粉作为发酵底物，其产氢量为 3.3 mol/mol 葡萄糖（Kanai et al.，2005）。*Pyrococcus furiosus* 生长温度范围为 70～103℃，最适生长温度高达 100℃，能发酵葡萄糖产氢，其产氢量为 3.5 mol/mol 葡萄糖。

三、生物产氢技术的开发与应用

（一）案例 1：以果蔬废物为底物的超高温厌氧发酵产氢研究

1. 研究目的

以果蔬废物为底物，研究超嗜热细菌 *Thermotoga maritima* DSM 3109 的厌氧发酵产氢能力（Saidi et al.，2020）。

2. 研究方法

果蔬废物收集于农贸市场，采用搅拌机粉碎成小块。向 100 mL 的果蔬废物中添加不同比例的洋葱，设置 5 组实验处理（E1～E5），洋葱添加量依次由 0 mL 等差递增至 400 mL（洋葱与果蔬废物的比例由 0：1 增至 0.8：1），最后用水补足至 900 mL。发酵菌株为 *Thermotoga maritima* DSM 3109，按 10%（*V/V*）进行接种。培养基 pH 为 7.0，含 50 mmol/L 己糖。初始细胞个数为 4×10^7 个/mL；采用序批式搅拌反应器进行培养，搅拌速率 150 r/min，以 50 mL/min 速率通 N_2 保持反应器厌氧环境，培养温度设置为 80℃。

3. 研究结果

当以果蔬废物为底物时，菌株 DSM3109 的产气速率达到 23.7 mmol/（L·h），22 天的氢气累积产量达到 281 mmol/L。提高果蔬废物中洋葱的比例可显著提高 H_2 产量；当洋葱比例从 0 增加到 0.8 时，产气速率从 7.3 mmol/（L·h）提高到 28.82 mmol/（L·h），累积氢气产量从 109 mmol/L 增加到 223.6 mmol/L（图 7.8）。

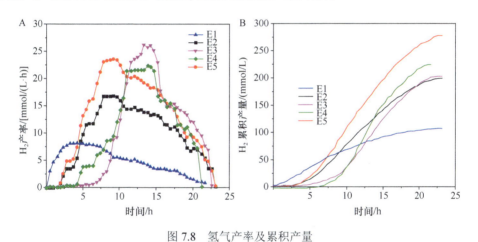

图 7.8　氢气产率及累积产量

Fig. 7.8　The rate and accumulation of hydrogen emission

（二）案例 2：以造纸厂污泥为底物的超高温发酵产氢研究

1. 研究目的

以造纸厂的污泥为底物，研究超嗜热混合菌群在超高温厌氧发酵条件下的产氢效果（高猛，2012）。

2. 研究方法

如图 7.9 所示，厌氧发酵产氢反应器的体积为 2.0 L，添加培养基的量为 1.7 L。反应器外壁连接水浴锅循环热水，底部设置磁力搅拌装置，其转速为 300 r/min。采用排水法收集气体发酵产物。

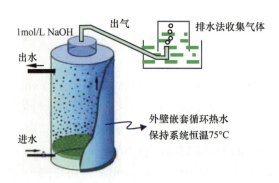

图 7.9　厌氧发酵产氢反应器结构示意图

Fig. 7.9　The schematic diagram of the anaerobic fermentation reactor for hydrogen production

接种微生物为从长白山温泉中分离得到的一组超嗜热的厌氧混合菌群，接种量为 12%（V/V），培养温度为 75℃。发酵底物（造纸污泥）的 pH 为 6.89，污泥中总固体含量为 34.18 mg/mL，还原糖的含量为 0.074 mg/mL。

3. 研究结果

当以葡萄糖为底物时，嗜热菌群在最适生长温度和 pH 条件下的氢气转化率为 1.8 mol/mol 葡萄糖，达到最大理论产氢值的 45%，最大产气速率为 180 mL/（h·L）。当以造纸厂污泥为发酵底物时，试验结果如图 7.10 所示，得到了良好的发酵效果，70 h 发酵产生的氢气总量达到 6 L。

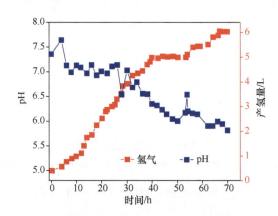

图 7.10　厌氧发酵产氢量及 pH 变化规律

Fig. 7.10　The total hydrogen production and change of pH during the fermentation process

第三节　生物产甲烷技术

一、生物产甲烷的原理

生物过程产生的甲烷约占全球甲烷产量的 74%，对生物能源生产和全球气候变化等都有重要影响。生物产甲烷的本质是产甲烷菌利用胞内酶将水解酸化后的 H_2、CO_2 或甲基化合物转化为甲烷的过程。产甲烷过程是严格的厌氧过程，现阶段广为接受的产甲烷理论主要为三阶段理论（图 7.11）。

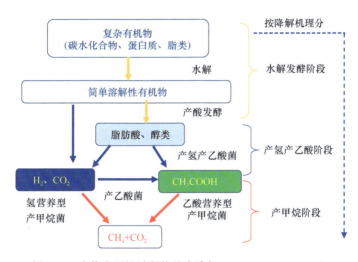

图 7.11 生物产甲烷过程的基本途径（Evans et al.，2019）
Fig 7.11 The biological methanogenic pathway in bacteria

（1）水解发酵阶段：复杂有机物在水解酶作用下转化为简单有机物，然后发酵转化为脂肪酸、CO_2 和 H_2 等小分子物质。

（2）产氢产乙酸阶段：在产氢产乙酸菌作用下，脂肪酸氧化生成乙酸、CO_2 和 H_2 等；

（3）产甲烷阶段：乙酸、CO_2 和 H_2 分别被乙酸营养型和氢营养型产甲烷菌利用，进一步生成甲烷。其中，同型产乙酸菌也可将 CO_2 和 H_2 转变成乙酸，并由乙酸营养型产甲烷菌转化为甲烷。

中温条件下的产甲烷过程，主要通过两组生理上不同的产甲烷菌作用及众多酶的参与，最终将 H_2 和 CO_2 转化为 CH_4，或对乙酸脱羧生成 CH_4，或将其他简单有机化合物中的甲基还原成 CH_4。

超嗜热产甲烷菌只能利用 H_2、甲酸作为电子供体还原 CO_2 产甲烷，目前尚未发现可将乙酸直接转化为甲烷的超嗜热菌，这也是超嗜热菌产甲烷途径与嗜温菌产甲烷途径的最大不同之处。根据底物利用类型的差异，可将超嗜热产甲烷菌分为：①还原 CO_2 型，几乎所有的超嗜热甲烷菌都是利用 H_2 和 CO_2 途径产甲烷，如 *Methanococcus jannaschii*；②甲基营养型，通过 H_2 还原甲基化合物中的甲基产甲烷，或通过甲基化合物自身的歧化作用产甲烷。图 7.12 为超嗜热菌产甲烷的可能生化代谢途径，其中反应①～⑤为氢型产甲烷菌经 CO_2 还原途径产甲烷过程所特有；反应⑥为甲基营养途径所特有；反应⑦和⑧是所有生物产甲烷过程必需的生化代谢过程（方晓瑜等，2015）。

二、产甲烷的超嗜热菌

产甲烷的超嗜热菌一般为严格厌氧的自养型革兰氏阳性菌，不产生芽孢，代谢底物类型也较为单一，主要是利用 H_2/CO_2 和甲基类化合物（王保玉等，2014）。目前已知的超嗜热产甲烷菌属主要有 *Methanobacterium*、*Methanococcus*、*Methanothermus*、*Methanopyrus*

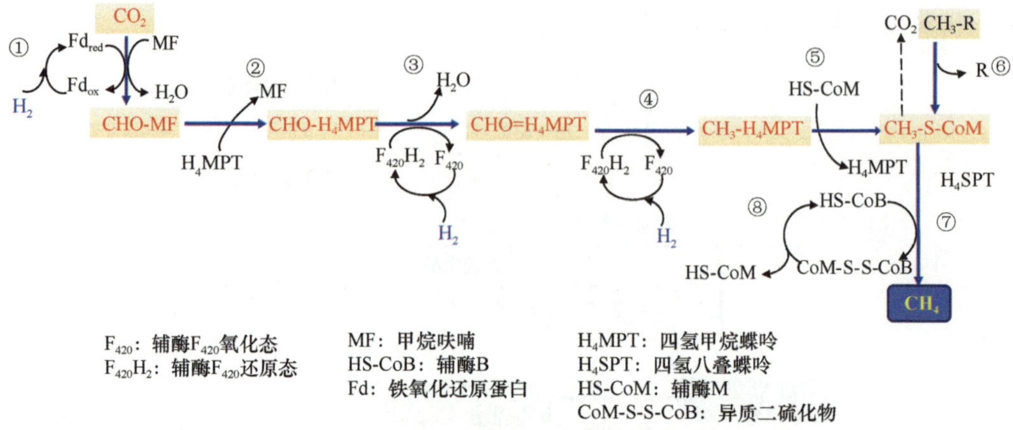

F$_{420}$: 辅酶F$_{420}$氧化态   MF: 甲烷呋喃   H$_4$MPT: 四氢甲烷蝶呤
F$_{420}$H$_2$: 辅酶F$_{420}$还原态   HS-CoB: 辅酶B   H$_4$SPT: 四氢八叠蝶呤
　　　　　　　　　　　 Fd: 铁氧化还原蛋白   HS-CoM: 辅酶M
　　　　　　　　　　　　　　　　　　　　　CoM-S-S-CoB: 异质二硫化物

图 7.12　超嗜热菌产甲烷的可能生化代谢途径（方晓瑜等，2015）

Fig. 7.12　Biochemical pathways of methanogenesis in hyperthermophiles

和 *Methanocaldococcus* 等，它们的最适生长温度通常为 70～90℃，仅有 *Methanopyrus kandleri* 等少数菌株的最适生长温度超过 90℃（表 7.6）。其中，*Methanopyrus kandleri* 在普通压力环境下的最适生长温度为 98℃，最高生长温度达到 110℃。Takai 等（2008）设计了专门用于模拟深海高压环境的反应器，研究了嗜热古菌在高温高压极端环境下的生长情况。结果表明，*Methanopyrus kandleri* strain 116 可在 122℃、20 MPa 的极端环境下生长繁殖超过 48 h。

表 7.6　具有产甲烷能力的超嗜热菌

Table 7.6　Hyperthermophiles for biomethane production

超嗜热产甲烷菌	底物	分离源	生长温度/℃	最适生长温度/℃	甲烷产量	参考文献
Methanobacterium thermoautotrophicus	H$_2$/CO$_2$	污泥	65～70	75	5.2 L/L	Zeikus et al.，1972
Methanococcus jannaschii	H$_2$/CO$_2$、甲酸	海底热液口	50～86	85	0.32 mol/（g·h）	Tsao et al.，1994
Methanothermus fervidus	H$_2$/CO$_2$	温泉	65～97	83	0.52 mol/g 干重生物量	Stetter et al.，1981
Methanococcus igneus	H$_2$/CO$_2$	浅层海底热液系统	45～91	88	27 μmol/mL	Burggraf et al.，1990
Methanopyrus kandleri	H$_2$/CO$_2$	深海沉积物	84～110	98	30 μmol/mL	Kurr et al.，1991
Methanothermus sociabilis	H$_2$/CO$_2$	油田	55～97	88	ND	Gerta et al.，1986
Methanococcus infernus	H$_2$/CO$_2$	深海热液口	55～91	85	37 μmol/mL	Jeanthon et al.，1998
Methanococcus vulcanius	H$_2$/CO$_2$	深海热液口	49～89	80	32 μmol/mL	Jeanthon et al.，1999
Methanocaldococcus indicus	H$_2$/CO$_2$	深海热液烟囱物	50～86	85	37 μmol/mL	L'Haridon et al.，2003

注：ND 表示数据未检测。

到目前为止，几乎所有的超嗜热产甲烷古菌均是从海底温泉、热液口等环境中分离，底物主要为 H$_2$ 和 CO$_2$。*Methanococcus jannaschii* 是一种可同时以 H$_2$、CO$_2$ 和甲酸为底物的产甲烷菌，其生长温度为 50～86℃，最适温度为 85℃，甲烷产生速率为 0.32 mol/（g·h）。

Stetter 等（1981）从冰岛温泉中分离的 *Methanothermus fervidus*，能够以 H_2 和 CO_2 为底物在 97℃温度下产甲烷，每克干重生物量的甲烷产量为 0.52 mol。Kurr 等（1991）在海底火山口分离到 *Methanopyrus kandleri*，能够以 H_2 为底物产甲烷，生长温度为 84～110℃，最适温度为 98℃，甲烷产量为 30 μmol/mL。此外，*Methanobacterium thermoautotrophicus* 分离自高温污泥样品，其最适生长温度为 65～70℃，最适 pH 为 7.2～7.6，以污泥为底物时每升反应器体积的甲烷产量为 5.2 L（Zeikus and Wolfe，1972）。

三、生物产甲烷技术的开发与应用

（一）案例 1：通过温度控制混合菌群定向发酵产甲烷研究

1. 研究目的

基于全混合厌氧发酵反应器（continuous stirred tank reactor，CSTR），研究混合菌群在超高温条件下的产甲烷性能（Zhang et al.，2015）。

2. 研究方法

CSTR 反应器结构如图 7.13 所示，其总容积为 2 L，其中有效工作容积为 1.25 L。磁力搅拌器的转速设置为 300 r/min。

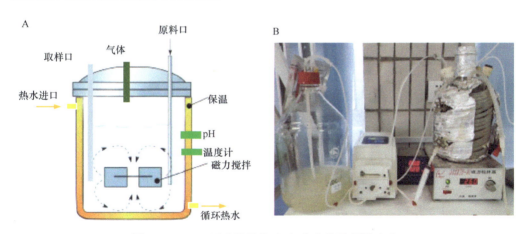

图 7.13　CSTR 反应器结构（A）和实物示意图（B）
Fig. 7.13　The structure（A）and figure（B）of the CSTR reactor

混合菌群取自某啤酒厂处理废水的 UASB 反应器。培养基由 50%A 和 50%B 两种溶液组成，其中，溶液 A 含葡萄糖（9 g/L）和酵母粉（1 g/L），溶液 B 含微生物生长所需的维生素和微量元素。培养基和接种液使用前均充入高纯氮气 20 min。反应器温度在初始 30 天内由 30℃逐渐升至 70℃，之后保持在（70±1）℃。采用连续进排水运行模式，进水中葡萄糖浓度为 9 g/L，HRT 从 15 天逐渐降至 2.2 天。

3. 研究结果

以葡萄糖为底物进行发酵，混合菌在 70℃的高温条件下，连续较为稳定地运行超过

100 d，获得的代谢产物主要是甲烷和乙酸。在第 10 天，甲烷分压达到 72%，其产率约为 0.76 L/（L·d）（图 7.14）。

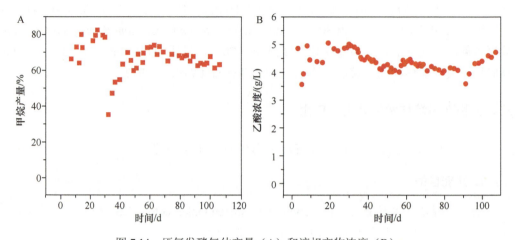

图 7.14　厌氧发酵气体产量（A）和液相产物浓度（B）

Fig. 7.14　The production of the biogas（A）and liquidoid（B）in CSTR reactor

（二）案例 2：超高温两相厌氧反应器处理黄浆废水并产甲烷研究

1. 研究目的

利用超高温两相厌氧组合工艺处理黄浆废水，同时产生甲烷（于宏兵等，2005）。

2. 研究方法

两相厌氧组合工艺的试验装置如图 7.15 所示，其中产酸反应器构型为上升折流式，有效容积为 0.31 L，产甲烷反应器的有效容积为 2.5 L。采用循环水浴加热，控制温度恒定在 70℃；采用连续进水方式，设计进水量为 2.5 L/d，产酸反应器的 HRT 为 3 h，产甲烷反应器的 HRT 为 24 h。在反应器连续运行过程中，分别设置不同进水 COD 浓度、负荷及 C/N 值。产酸反应器和产甲烷反应器的污泥接种量均为 10 g/L。原水为黄浆废水，废水水质如表 7.7 所示。

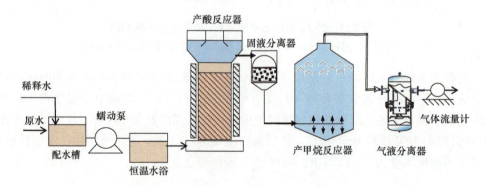

图 7.15　两相厌氧反应器的基本工艺流程图

Fig. 7.15　The fundamental process flow diagram of two phase anaerobic reactor

表 7.7　试验用黄浆废水污染物浓度
Table 7.7　The pollutants content of corn processing wastewater used in the test

项目	COD/（mg/L）	TN/（mg/L）	蛋白质/（mg/L）	pH
数值	30 000～35 000	2000～2200	4700～5300	6.5～7.0

3. 研究结果

如图 7.16 所示，反应器甲烷产率逐渐升高，反应器运行到 50 d 时，其甲烷产率达到 3.25 L/（L·d）（图 7.16A），甲烷总气量达到 23.31 L/L（图 7.16A 内插图），且甲烷产量与废水水质的 COD 负荷率呈一定的正相关关系（图 7.16B）。这些结果表明，70℃高温下两相厌氧反应器处理黄浆废水获得的产气率及其 CH$_4$ 含量较高。

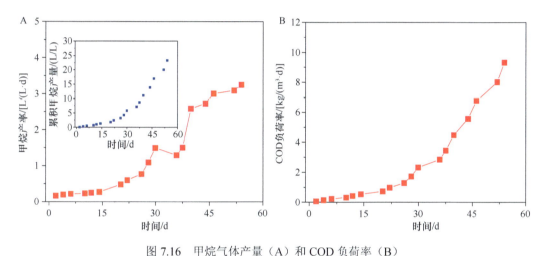

图 7.16　甲烷气体产量（A）和 COD 负荷率（B）
Fig 7.16　Production of biomethane（A）and the load of COD（B）

第四节　生物产电技术

一、生物产电的原理

产电呼吸是一种新的微生物代谢类型，是指在无氧、可溶电子受体缺乏的极端环境条件下，微生物在胞内彻底氧化有机物释放电子，产生的电子经胞内呼吸链传递到胞外电子受体使其还原，以此产生能量维持自身生长的过程。在这一过程中，可将代谢产生的电子通过电子传递链转移给金属氧化物、电极等胞外电子受体的细菌，称为电化学活性细菌（electrochemically active bacteria，EAB）。因 EAB 可与胞外受体进行电子交换，其在环境能源领域具有重要的意义（马晨等，2011）。

目前，关于胞外电子传递机制的研究较为深入，可概括为两种主要传递机制（Lovley，2017；Lovley and Holmes，2021）。一种是直接传递机制，包括：①细胞色素介导的电子传递机制，即电活性微生物通过富含细胞色素 c 等氧化还原物质的电活性生物膜，与电极表面直接接触以实现电子传递（Methé et al.，2003；Flynn et al.，2012；Lusk，

2019）；②纳米导线机制，即电活性微生物通过消耗自身能量合成的、直径在纳米范围的丝状导电菌毛来介导电子传递（Leang et al.，2013；Tan et al.，2017）。另一种是间接传递机制，包括：①导电物质介导机制，即电活性微生物利用活性炭等能够充当"导管"的导电物质实现其与电极之间的电子传递（Holmes et al.，2021）；②电子穿梭机制，即电活性微生物通过自身分泌的、天然存在的或人工合成的具有氧化还原活性的黄素等小分子电子介体实现非直接接触的电子传递（Min et al.，2017；Flynn et al.，2012）。

目前所发现的具有胞外电子传递能力的超嗜热菌均属于革兰氏阳性菌。它们进行胞外电子传递可能主要由细胞色素完成，即细胞色素超越整个细胞包膜并直接与细胞外氧化物结合，以直接接触的方式进行电子传递（Lusk，2019）。Carlson 等（2011）根据拉曼增强光谱和蛋白质分析等数据，发现细胞色素蛋白 OcwA（TherJR_2595）位于细胞表面作为末端还原酶，以直接电子传递和电子穿梭体的方式进行胞外电子传递。超嗜热菌 *Ferroglobus placidus* 和 *Geoglobus ahangari* 分别含有 30 个、21 个细胞色素 c 蛋白，它们均能够以直接电子传递的方式与胞外不溶性 Fe(III)氧化物进行电子交换。电化学实验和蛋白质分析数据表明，这两株超嗜热菌均可通过与电极直接接触的方式进行胞外电子传递，但不能以电子穿梭体的方式进行电子传递（Yilmazel et al.，2017），具体的胞外电子传递机制如图 7.17 所示。

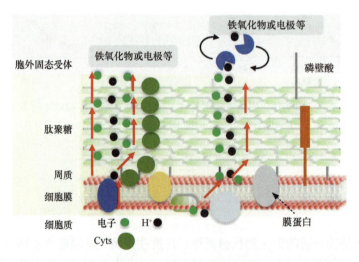

图 7.17　超嗜热电活性菌的胞外电子传递示意图（Lusk，2019）

Fig. 7.17　Schematic images of the electron transfer mechanism of hyperthermophiles

二、产电的超嗜热菌

目前已发现的 EAB 大多数属于中温菌，仅有 *Pyrococccus furiosus*、*Caldanaerobacter subterraneus*、*Ferroglobus placidus*、*Thermodesulfobacterium commune* 和 *Geoglobus ahangari* 等少数革兰氏阳性菌为超嗜热 EAB 菌株（表 7.8）。其中，*Pyrococcus furiosus* 也是第一株被鉴定的具有电活性的超嗜热菌（Sekar et al.，2016）。此外，Fu 等（2015）通过构建

在 80～95℃温度下运行的微生物燃料电池（MFC）装置，富集到了 *Caldanaerobacter* 和 *Thermodesulfobacterium* 等超嗜热电活性菌。Yilmazel 等（2017）利用微生物电解池（MEC）作为反应器，在 80℃以上温度下进行富集培养，分离到两株超嗜热铁还原古菌 *Ferroglobus placidus* 和 *Geoglobus ahangari*。然而，由于研究者对嗜热电活性生物膜中的微生物多样性缺乏清晰认识，大量超嗜热产电菌并没有被分离纯化和鉴定。

表 7.8 具有产电能力的超嗜热菌
Table 7.8 Hyperthermophiles in bioelectricity production

超嗜热菌	温度/℃	功率密度/（mW/m²）	电流密度/（A/m²）	参考文献
Pyrococcus furiosus	80	225	2	Sekar et al.，2016
Caldanaerobacter subterraneus[*]	80	165	ND	Fu et al.，2015
Thermodesulfobacterium commune[*]	80	165	ND	Fu et al.，2015
Ferroglobus placidus	85	ND	0.68	Yilmazel et al.，2017
Geoglobus ahangari	80	ND	0.57	Yilmazel et al.，2017

*所列的超嗜热菌为混合种群中的优势微生物；ND 表示数据未检测。

三、生物产电技术的开发与应用

（一）案例 1：两株超嗜热菌的产电性能研究

1. 研究目的

研究 *Ferroglobus placidus* AEDII12DO[T] 和 *Geoglobus ahangari* 234[T] 在超嗜热条件下的产电性能（Yilmazel et al.，2017）。

2. 培养条件

采用 5 mL 体积的微型单室 MEC 反应器，以乙酸为电子供体，分别在 85℃ 和 80℃黑暗环境下培养 *Ferroglobus placidus* AEDII12DO[T] 和 *Geoglobus ahangari* 234[T]。该 MEC 反应器的阳极为石墨板（1 cm × 1.5 cm，厚 0.32 cm），其比表面积为 92 m²/m³；阴极为不锈钢网孔，网孔尺寸为 90 mm × 90 mm，比表面积为 86 m²/m³。阳极与阴极的间隙为 1 cm，参比电极为 Ag/AgCl 电极。

3. 研究结果

两株超嗜热菌的电流输出规律如图 7.18 所示，反应器运行约 2d 后达到最大电流密度。在 85℃ 条件下，菌株 *Ferroglobus placidus* AEDII12DO[T] 的最大面积电流密度平均值为（0.68±0.11）A/m²，体积电流密度为（62±10）A/m³。在 80℃ 条件下，菌株 *Geoglobus ahangari* 234[T] 的最大面积电流密度为（0.57±0.10）A/m²，体积电流密度为（53±9）A/m³。菌株 *Ferroglobus placidus* AEDII12DO[T] 和 *Geoglobus ahangari* 234[T] 在 8 个周期内的平均库仑效率分别为（76.4±42.5）% 和（70.9±21.3）%。

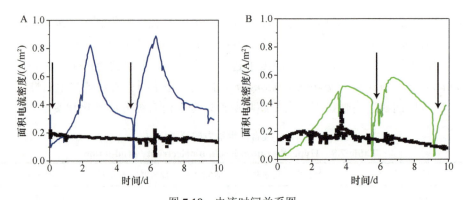

图 7.18　电流时间关系图

Fig. 7.18　Current-time curve

A. *Ferroglobus placidus*；B. *Geoglobus ahangari*

（二）案例 2：超嗜热古菌 *Pyrococcus furiosus* COM1 的产电性能研究

1. 研究目的

目前大多数的产电微生物最适宜生长温度为 20～45℃。为了拓宽微生物燃料电池系统运行温度范围，研究了超嗜热古菌 *Pyrococcus furiosus* COM1（最适生长温度 110℃）的产电能力（Sekar et al.，2016）。

2. 研究方法

反应器为双室 MFC 反应器（体积为 70 mL），采用质子交换膜（115^{TM}）分隔，阳极和阴极电极分别为碳布（2 cm × 3 cm，AvCarbG200）和钛线（0.5 mm）。反应器顶空通入氩气后，在 90℃条件下进行厌氧培养。

3. 研究结果

在外接电阻为 100 Ω 条件下，MFC 输出电压如图 7.19 所示。当接种菌株 *Pyrococcus furiosus* COM1 后，输出电压明显增加；8 h 后电压输出达到最大值 65.6mV；随着底物被消耗，输出电压明显下降。更换阳极电解液，补充新鲜培养基后，输出电压可恢复，证实 *Pyrococcus furiosus* COM1 具有较强的产电能力。

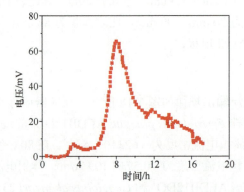

图 7.19　*Pyrococcus furiosus* 的输出电压变化

Fig.7.19　Output voltage from *Pyrococcus furiosus*

参 考 文 献

方晓瑜, 李家宝, 芮俊鹏, 等. 2015. 产甲烷生化代谢途径研究进展[J]. 应用与环境生物学报, 21(1): 1-9.

高猛. 2012. 高温产氢菌的快速筛选与发酵产氢特性的研究[D]. 长春: 吉林农业大学硕士学位论文.

马晨, 周顺桂, 庄莉, 等. 2011. 微生物胞外呼吸电子传递机制研究进展[J]. 生态学报, 31(7): 2008-2018.

马诗淳, 彭成慧, 邓宇, 等. 2022. 热袍菌门最新研究进展[J]. 中国沼气, 40(5): 3-17.

尚淑梅. 2013. 降解半纤维素高温厌氧菌的筛选及其乙醇发酵代谢机理研究[D]. 昆明: 昆明理工大学博士学位论文.

王保玉, 刘建民, 韩作颖, 等. 2014. 产甲烷菌的分类及研究进展[J]. 基因组学与应用生物学, 33(2): 418-425.

王淑军, 陆兆新, 吕明生, 等. 2009. 一株深海热液口超嗜热古菌的分类鉴定及高温酶活性研究[J]. 南京农业大学学报, 32(2): 130-136.

杨磊. 2008. 超嗜热古菌 Thermococcus siculi HJ21 产高温 α-葡萄糖苷酶的研究[D]. 无锡: 江南大学硕士学位论文.

杨磊, 吕明生, 王淑军, 等. 2008. 超嗜热古菌 Thermococcus sp. HJ21 产高温 α-葡萄糖苷酶条件和酶学性质初步研究[J]. 食品与发酵工业, 34(7): 1-6.

杨艳, 卢滇楠, 李春, 等. 2002. 曲向 21 世纪的生物能源[J]. 化工进展, 21(5): 299-302, 322.

于宏兵, 黄涛, 吴睿, 等. 2005. 超高温两相厌氧反应器处理黄浆废水[J]. 中国给水排水, 21(3): 46-48.

乐易林, 邵蔚蓝. 2013. 纤维素乙醇高温发酵的研究进展与展望[J]. 生物工程学报, 29(3): 274-284.

朱玉红. 2008. 高温发酵产氢菌株 W16 及其发酵产氢特性[D]. 哈尔滨: 哈尔滨工业大学硕士学位论文.

Avci A, Dönmez S. 2006, Effect of zinc on ethanol production by two *Thermoanaerobacter* strains[J]. Process Biochemistry, 41(4): 984-989.

Barnard D, Casanueva A, Tuffin M, et al. 2010. Extremophiles in biofuel synthesis[J]. Environmental Technology, 31(8/9): 871-888.

Brunecky R, Alahuhta M, Xu Q, et al. 2013. Revealing nature's cellulase diversity: the digestion mechanism of *Caldicellulosiruptor bescii* CelA[J]. Science, 342(6165): 1513-1516.

Bryant F O, Wiegel J, Ljungdahl L G. 1988. Purification and properties of primary and secondary alcohol dehydrogenases from *Thermoanaerobacter ethanolicus*[J]. Applied and Environmental Microbiology, 54(2): 460-465.

Brynjarsdottir H, Wawiernia B, Orlygsson J. 2012. Ethanol production from sugars and complex biomass by *Thermoanaerobacter* AK5: the effect of electron-scavenging systems on end-product formation[J]. Energy and Fuels, 26(7): 4568-4574.

Burdette D S., Jung S H, Shen G J, et al. 2002. Physiological function of alcohol dehydrogenases and long-chain (C30) fatty acids in alcohol tolerance of *Thermoanaerobacter ethanolicus*[J]. Applied and Environmental Microbiology, 68(4): 1914-1918.

Burggraf S, Fricke H, Neuner A, et al. 1990. *Methanococcus igneus* sp. nov., a novel hyperthermophilic methanogen from a shallow submarine hydrothermal system[J]. Systematic and Applied Microbiology, 13: 263-269.

Carlson H K, Iavarone A T, Gorur A, et al. 2012. Surface multiheme c-type cytochromes from *Thermincola potens* and implications for respiratory metal reduction by Gram-positive bacteria[J]. Proceedings of the National Academy of Sciences of the United States of America, 109(5): 1702-1707.

Chou C J, Jenney F E, Adams M W W, et al. 2008. Hydrogenesis in hyperthermophilic microorganisms: implications for biofuels[J]. Metabolic Engineering, 10(6): 394-404.

Ciranna A, Santala V, Karp M. 2011. Biohydrogen production in alkalithermophilic conditions: *Thermobrachium celere* as a case study[J]. Bioresource Technology, 102(18): 8714-8722.

Cripps R E, Eley K, Leak D J, et al. 2009. Metabolic engineering of *Geobacillus thermoglucosidasius* for high yield ethanol production[J]. Metabolic Engineering, 11(6): 398-408.

de Vrije T, Mars A E, Budde M A W, et al. 2007. Glycolytic pathway and hydrogen yield studies of the extreme thermophile *Caldicellulosiruptor saccharolyticus*[J]. Applied Microbiology and Biotechnology, 74(6): 1358-1367.

Dhiman S S, David A, Shrestha N, et al., 2017. Conversion of raw and untreated disposal into ethanol[J]. Bioresource Technology, 244(Pt 1):733-740.

Evans P N, Boyd J A, Leu A O, et al. 2019. An evolving view of methane metabolism in the Archaea[J]. Nature Reviews Microbiology, 17(4): 219-232.

Flynn C M, Hunt K A, Gralnick J A, et al. 2012. Construction and elementary mode analysis of a metabolic model for *Shewanella oneidensis* MR-1[J]. Biosystems, 107(2): 120-128.

Fu Q, Fukushima N, Maeda H, et al. 2015. Bioelectrochemical analysis of a hyperthermophilic microbial fuel cell generating electricity at temperatures above 80℃[J]. Bioscience, Biotechnology, and Biochemistry, 79(7): 1200-1206.

Fu Q, Kobayashi H, Kawaguchi H, et al. 2013. A thermophilic gram-negative nitrate-reducing bacterium, *Calditerrivibrio nitroreducens*, exhibiting electricity generation capability[J]. Environmental Science & Technology, 47(21): 12583-12590.

Georgieva T I, Ahring B K. 2007. Evaluation of continuous ethanol fermentation of dilute-acid corn stover hydrolysate using thermophilic anaerobic bacterium *Thermoanaerobacter* BG1L1[J]. Applied Microbiology and Biotechnology, 77(1): 61-68.

Gerta L, Kristjansson J K, Langworthy T A, et al. 1986. *Methanothermus sociabilis* sp. nov. a second species within the methanothermaceae growing at 97℃[J]. System Appl Microbiol, 8: 100-105.

Hild H, Stuckey D, Leak D. 2003. Effect of nutrient limitation on product formation during continuous fermentation of xylose with *Thermoanaerobacter ethanolicus* JW200 Fe(7)[J]. Applied Microbiology and Biotechnology, 60(6): 679-686.

Holmes D E, Zhou J J, Ueki T, et al. 2021. Mechanisms for electron uptake by *Methanosarcina acetivorans* during direct interspecies electron transfer[J]. mBio, 12(5): e0234421.

Jayasinghearachchi H S, Sarma P M, Lal B. 2012. Biological hydrogen production by extremely thermophilic novel bacterium *Thermoanaerobacter mathranii* A3N isolated from oil producing well[J]. International Journal of Hydrogen Energy, 37(7): 5569-5578.

Jeanthon C, L'Haridon S, Reysenbach A L, et al. 1998. *Methanococcus infernus* sp. nov., a novel hyperthermophilic lithotrophic methanogen isolated from a deep-sea hydrothermal vent[J]. International Journal of Systematic Bacteriology, 48(Pt3): 913-919.

Jeanthon C, L'Haridon S, Reysenbach A L, et al. 1999. *Methanococcus vulcanius* sp. nov., a novel hyper-thermophilic methanogen isolated from East Pacific Rise, and identification of *Methanococcus* sp. DSM 4213T as *Methanococcus fervens* sp. nov[J]. International Journal of Systematic Bacteriology, 49(Pt 2): 583-589.

Jessen J E, Orlygsson J. 2012. Production of ethanol from sugars and lignocellulosic biomass by *Thermoanaerobacter* J1 isolated from a hot spring in Iceland[J]. Journal of Biomedicine & Biotechnology, 2012: 186982.

Jones W J, Leigh J A, Mayer F, et al. 1983. *Methanococcus jannaschii* sp. nov., an extremely thermophilic methanogen from a submarine hydrothermal vent[J]. Archives of Microbiology, 136(4): 254-261.

Kanai T, Imanaka H, Nakajima A, et al. 2005. Continuous hydrogen production by the hyperthermophilic archaeon, *Thermococcus kodakaraensis* KOD1[J]. Journal of Biotechnology, 116(3): 271-282.

Ken T K, Nakamura K, Toki T, et al. 2008. Cell proliferation at 122℃ and isotopically heavy CH_4 production by a hyperthermophilic methanogen under high-pressure cultivation[J]. Proceedings of the National Academy of Sciences of the United States of America, 105(31): 10949-10954.

Kengen S W M, Stams A J M. 1994. Formation of L-alanine as a reduced end product in carbohydrate fermentation by the hyperthermophilic archaeon *Pyrococcus furiosus*[J]. Archives of Microbiology, 161(2): 168-175.

Kurr M, Huber R, König H, et al. 1991. *Methanopyrus kandleri*, gen. and sp. nov. represents a novel group of hyperthermophilic methanogens, growing at 110℃[J]. Archives of Microbiology, 156(4): 239-247.

Lauerer G, Kristjansson J K, Langworthy T A, et al. 1986. *Methanothermus sociabilis* sp. nov., a second species within the Methanothermaceae growing at 97℃[J]. Systematic and Applied Microbiology, 8(1/2): 100-105.

Leang C, Malvankar N S, Franks A E, et al. 2013. Engineering *Geobacter sulfurreducens* to produce a highly cohesive conductive matrix with enhanced capacity for current production[J]. Energy & Environmental Science, 6(6):1901-1908.

Levin D B, Carere C R, Cicek N, et al. 2009. Challenges for biohydrogen production via direct lignocellulose fermentation[J]. International Journal of Hydrogen Energy, 34(17): 7390-7403.

L'Haridon S, Reysenbach A L, Banta A, et al. 2003. *Methanocaldococcus indicus* sp. nov., a novel hyper-thermophilic methanogen isolated from the Central Indian Ridge[J]. International Journal of Systematic and Evolutionary Microbiology, 53(Pt 6): 1931-1935.

Lovitt R W, Shen G J, Zeikus J G. 1988. Ethanol production by thermophilic bacteria: biochemical basis for ethanol and hydrogen tolerance in *Clostridium thermohydrosulfuricum*[J]. Journal of Bacteriology, 170(6): 2809-2815.

Lovley D R. 2017. Happy together: microbial communities that hook up to swap electrons[J]. The ISME Journal, 11(2): 327-336.

Lovley D R, Holmes D E. 2022. Electromicrobiology: the ecophysiology of phylogenetically diverse electroactive microorganisms[J]. Nature Reviews Microbiology, 20(1): 5-19.

Lusk B G. 2019. Thermophiles; or, the modern *Prometheus*: the importance of extreme microorganisms for understanding and applying extracellular electron transfer [J]. Frontiers in Microbiology, 10: 818.

Mäkinen A E, Kaksonen A H, Puhakka J A. 2009. *Thermovorax subterraneus*, gen. nov., sp. nov., a thermophilic hydrogen-producing bacterium isolated from geothermally active underground mine[J]. Extremophiles: Life Under Extreme Conditions, 13(3): 505-510.

Methé B A, Nelson K E, Eisen J A, et al. 2003. Genome of *Geobacter sulfurreducens*: metal reduction in subsurface environments[J]. Science, 302(5652): 1967-1969.

Min D, Cheng L, Zhang F, et al. 2017. Enhancing extracellular electron transfer of *Shewanella oneidensis* MR-1 through coupling improved flavin synthesis and metal-reducing conduit for pollutant degradation[J]. Environmental Science and Technology, 51(9): 5082-5089.

Munro S A, Zinder S H, Walker L P. 2009. The fermentation stoichiometry of *Thermotoga neapolitana* and influence of temperature, oxygen, and pH on hydrogen production[J]. Biotechnology Progress, 25(4): 1035-1042.

Olson D G, Sparling R, Lynd L R. 2015. Ethanol production by engineered thermophiles[J]. Current Opinion in Biotechnology, 33: 130-141.

O-Thong S, Mamimin C, Kongjan P, et al. 2019. Thermophilic fermentation for enhanced biohydrogen production//Pandey A S, Venkata M, Chang J S, et al. Biohydrogen[M]. Amsterdam: Elsevier: 123-139.

Parameswaran P, Bry T, Popat S C, et al. 2013. Kinetic, electrochemical, and microscopic characterization of the thermophilic, anode-respiring bacterium *Thermincola ferriacetica*[J]. Environmental Science & Technology, 47(9): 4934-4940.

Pei J J, Zhou Q, Jing Q Q, et al. 2011. The mechanism for regulating ethanol fermentation by redox levels in *Thermoanaerobacter ethanolicus*[J]. Metabolic Engineering, 13(2): 186-193.

Pepper C B, Monbouquette H G. 1993. Issues in the culture of the extremely thermophilic methanogen, *Methanothermus fervidus*[J]. Biotechnology and Bioengineering, 41(10):970-978.

Pradhan N, Dipasquale L, D'Ippolito G, et al. 2015. Hydrogen production by the thermophilic bacterium *Thermotoga neapolitana*[J]. International Journal of Molecular Sciences, 16(6): 12578-12600.

Rainey F A, Donnison A M, Janssen P H, et al. 1994. Description of *Caldicellulosiruptor saccharolyticus* gen. nov., sp. nov: an obligately anaerobic, extremely thermophilic, cellulolytic bacterium[J]. FEMS Microbiology Letters, 120(3): 263-266.

Ravot G, Ollivier B, Fardeau M L, et al. 1996. L-alanine production from glucose fermentation by hyperthermophilic members of the domains bacteria and Archaea: a remnant of an ancestral metabolism?[J]. Applied and Environmental Microbiology, 62(7): 2657-2659.

Saidi R, Hamdi M, Bouallagui H. 2020. Hyperthermophilic hydrogen production in a simplified reaction medium containing onion wastes as a source of carbon and sulfur[J]. Environmental Science and Pollution Research International, 27(14): 17382-17392.

Scully S, Orlygsson J. 2014. Recent advances in second generation ethanol production by thermophilic bacteria[J]. Energies, 8(1): 1-30.

Sekar N, Wu C H, Adams M W W, et al. 2016. Exploring extracellular electron transfer in hyperthermophiles for electrochemical energy conversion[J]. ECS Transactions, 72(30): 1-7.

Selig M, Xavier K B, Santos H, et al. 1997. Comparative analysis of Embden-Meyerhof and Entner-Doudoroff glycolytic pathways in hyperthermophilic Archaea and the bacterium *Thermotoga*[J]. Archives of Microbiology, 167(4): 217-232.

Sittijunda S, Tomás A F, Reungsang A, et al. 2013. Ethanol production from glucose and xylose by immobilized *Thermoanaerobacter pentosaceus* at 70℃ in an up-flow anaerobic sludge blanket (UASB) reactor[J]. Bioresource Technology, 143: 598-607.

Soboh B, Linder D, Hedderich R. 2004. A multisubunit membrane-bound[NiFe]hydrogenase and an NADH-dependent Fe-only hydrogenase in the fermenting bacterium *Thermoanaerobacter tengcongensis*[J]. Microbiology, 150(Pt 7): 2451-2463.

Stetter K O, Thomm M, Winter J, et al. 1981. *Methanothermus fervidus*, sp. nov., a novel extremely thermophilic methanogen isolated from an Icelandic hot spring[J]. Zentralblatt Für Bakteriologie Mikrobiologie Und Hygiene: I Abt Originale C: Allgemeine, Angewandte Und Ökologische Mikrobiologie, 2(2): 166-178.

Straub C T, Schut G, Otten J K, et al. 2020. Modification of the glycolytic pathway in *Pyrococcus furiosus* and the implications for metabolic engineering[J]. Extremophiles, 24(4): 511-518.

Tan Y, Adhikari R Y, Malvankar N S, et al. 2017. Expressing the *Geobacter metallireducens PilA* in *Geobacter sulfurreducens* yields pili with exceptional conductivity[J]. mBio, 8(1): e02203- e02216.

Taylor M P, Bauer R, Mackay S, et al. 2012. Extremophiles and Their Application to Biofuel Research[M]. New York: John Wiley & Sons, Inc.

Tsao J H, Kaneshiro S M, Yu S S, et al. 1994. Continuous culture of *Methanococcus jannaschii*, an extremely thermophilic methanogen[J]. Biotechnology & Bioengineering, 43: 258-261.

van Niel E W J, Budde M A W, de Haas G G, et al. 2002. Distinctive properties of high hydrogen producing extreme thermophiles, *Caldicellulosiruptor saccharolyticus* and *Thermotoga elfii*[J]. International Journal of Hydrogen Energy, 27(11/12): 1391-1398.

Wiegel J, Ljungdahl L G. 1981. *Thermoanaerobacter ethanolicus* gen. nov., spec. nov., a new, extreme thermophilic, anaerobic bacterium[J]. Archives of Microbiology, 128(4): 343-348.

Willquist K, Zeidan A A, van Niel E W J. 2010. Physiological characteristics of the extreme thermophile *Caldicellulosiruptor saccharolyticus*: an efficient hydrogen cell factory[J]. Microbial Cell Factories, 9: 89.

Yao S, Mikkelsen M J. 2010a. Identification and overexpression of a bifunctional aldehyde/alcohol dehydrogenase responsible for ethanol production in *Thermoanaerobacter mathranii*[J]. Journal of Molecular Microbiology and Biotechnology, 19(3): 123-133.

Yao S, Mikkelsen M J. 2010b. Metabolic engineering to improve ethanol production in *Thermoanaerobacter mathranii*[J]. Applied Microbiology and Biotechnology, 88(1): 199-208.

Yilmazel Y D, Zhu X P, Kim K Y, et al. 2018. Electrical Current generation in microbial electrolysis cells by hyperthermophilic Archaea *Ferroglobus placidus* and *Geoglobus ahangari*[J]. Bioelectrochemistry, 119: 142-149.

Zeidan A A, van Niel E W J. 2010. A quantitative analysis of hydrogen production efficiency of the extreme thermophile *Caldicellulosiruptor owensensis* OL^T[J]. International Journal of Hydrogen Energy, 35(3):

1128-1137.

Zeikus J G, Wolfe R S. 1972. *Methanobacterium thermoautotrophicus* sp. n., an anaerobic, autotrophic, extreme thermophile[J]. Journal of Bacteriology, 109(2): 707-715.

Zhang F, Zhang Y, Chen Y, et al. 2015. Simultaneous production of acetate and methane from glycerol by selective enrichment of hydrogenotrophic methanogens in extreme-thermophilic (70℃) mixed culture fermentation[J]. Applied Energy, 148:326-333.

第八章 超高温堆肥技术

堆肥又称好氧发酵，是指在一定控制条件下利用环境中广泛存在的或经人工改造的微生物，将容易被降解的有机物转化为稳定的腐殖质的过程，所获得的腐熟堆肥产物常被用作有机肥或土壤调理剂（Bernal et al.，2009；Zeng et al.，2011）。堆肥过程中，微生物通过代谢产热使堆体升温。高温是促进有机物快速转化和污染物高效去除的关键因素，有助于消除堆肥植物毒素并灭活致病菌。然而，常规高温堆肥（thermophilic composting）中的嗜热菌大多难以适应 70℃以上的高温，因此堆体最高温度一般为 50～70℃，导致发酵周期长、无害化不彻底、二次污染严重等问题（余震和周顺桂，2020）。

超高温堆肥（hyperthermophilic composting，HTC）是在传统高温堆肥工程实践的基础上发展起来的高效好氧发酵新技术，通过接种超嗜热菌将最高发酵温度提高至 80℃以上甚至达到 100℃，比高温堆肥的温度高 20～30℃，具有促进有机物降解、加速堆肥腐熟、减少温室气体排放和去除抗生素抗性基因等优点。本章主要综合了近年来超高温堆肥相关研究成果，重点介绍了超高温堆肥中特殊的嗜热菌群与高效的腐殖化机制，明确了超高温堆肥技术在温室气体减排和新污染物去除方面的独特优势；同时，总结了超高温堆肥的工艺特点与工程案例，为该工艺在有机固废资源化利用领域的大规模推广应用提供参考。

第一节 超高温堆肥中的微生物

一、超高温堆肥的发现

高温堆肥中的发酵温度一般不会超过 70℃，否则功能微生物（包括嗜热微生物）大量死亡或休眠，导致后续堆肥过程难以稳定运行甚至发酵过程中断。早期文献报道，一些较大的堆体内部温度最高也能达到 75～80℃，但通常持续时间很短，且从中分离出来的微生物大多为 *Geobacillus*、*Bacillus*、*Clostridium* 等属的中等嗜热细菌。2008 年，Oshima 等在一座规模化的城市生活污泥高温堆肥厂检测到堆体中心的温度超过 95℃，最高甚至达到 100℃以上。随后，他们从这些堆肥样品中分离纯化获得了 2 株超嗜热细菌 YM081 和 YM0722，鉴定并命名为 *Calditerricola* 新属（Oshima and Moriya，2008；Yoshii et al.，2013）。

与此同时，本书作者团队陆续从堆肥、热泉等多种高温环境中分离获得了 10 多株超嗜热和极端嗜热菌，包括 *Calditerricola yamamurae* UTM801、*Thermus thermophilus* UTM802 等，并在 2011 年成功应用于河南郑州王新庄污水处理厂的国内首个污泥超高温堆肥示范工程（廖汉鹏等，2017；刘永跃等，2013a，b；余震和周顺桂，2020），率先在国际上开启了超高温堆肥理论与应用研究新方向；随后正式提出"超高温堆肥（或称超高温好氧发酵）"的概念，即通过接种超嗜热/极端嗜热微生物使堆体在无须加热的条件下达到80℃以上的超高温（并维持5 d以上）的好氧发酵过程。在此基础上，将堆肥温度≥80℃的发酵阶段定义为超高温期（图8.1），以区别于常规高温堆肥工艺中的高温期（Yu et al.，2018；余震和周顺桂，2020）。目前，超高温堆肥的相关理论仍不完善，对于技术和工艺的研究也才刚刚起步。

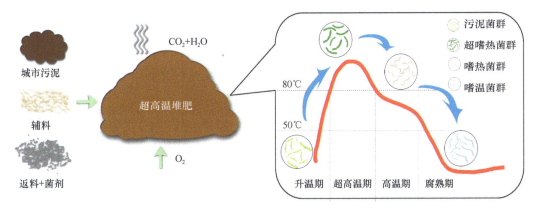

图8.1 典型超高温堆肥工艺（以城市污泥为原料）的技术原理

Fig. 8.1 The technical principle of a typical hyperthermophilic composting process of sewage sludge

二、堆肥中的超嗜热微生物

在超高温堆肥中，发现或分离获得的嗜热微生物大多是最适生长温度在65～80℃的极端嗜热细菌，主要分布在 *Calditerricola*、*Thermus*、*Thermaerobacter* 和 *Saccharococcus* 等4个属。此外，一些 *Geobacillus* 和 *Planifilum* 等厚壁菌门（Firmicutes）的中等嗜热微生物偶尔也能够成为超高温堆肥中的优势菌群（Chen et al.，2020；Han et al.，2013；Sung et al.，2002）。迄今为止，研究者尚未从堆肥中分离得到严格意义上的超嗜热微生物，即最适生长温度大于80℃，且在低于特定温度时（如65℃）不能生长的微生物。本章所涉及的超嗜热微生物是指最适生长温度在65℃以上，且能在80℃以上的高温环境中生长繁殖并发挥一定生态功能的极端嗜热微生物。表8.1列出了目前已在超高温堆肥中发现的超嗜热菌的种类、生长条件和分离源。

表8.1 发现或分离自超高温堆肥中的超嗜热微生物主要种类及生长特性

Fig. 8.1 **Main species and their growth characteristics of hyperthermophilic bacteria isolated from hyperthermophilic composting**

菌株名称	生长温度（最优）/℃	生长 pH（最优）	呼吸类型	底物利用特性	分离源	参考文献
Calditerricola satsumensis YM081	56～83（78）	6.9～8.9（7.5）	严格好氧	以淀粉为碳源，能水解淀粉和蛋白质	生活污泥堆肥	Moriya et al.，2011
Calditerricola satsumensis FAFU012	65～85（75）	6.5～9.5（7.5）	严格好氧	以淀粉、蔗糖、葡萄糖为碳源，以酵母提取物、水解酪蛋白、胰蛋白为氮源	污泥高温堆肥	韦丹，2017
Calditerricola yamamurae YM0722	56～81（72）	6.3～9.1（7.0）	严格好氧	以淀粉为碳源，能水解淀粉和蛋白质	生活污泥堆肥	Moriya et al.，2011

续表

菌株名称	生长温度（最优）/℃	生长 pH（最优）	呼吸类型	底物利用特性	分离源	参考文献
Calditerricola yamamurae UTM801	50～85（70～80）	（7.5）	严格好氧	以淀粉为碳源，以酵母提取物、蛋白胨为氮源	污泥堆肥	刘永跃等，2013a
Thermus thermophilus UTM802	40～80（65～70）	6.0～9.5（7.5～7.8）	严格好氧	能够利用酵母膏、蛋白胨	污泥堆肥	刘永跃等，2013b
Thermus thermophilus HB8	47～85（65～72）	5.1～9.6（7.5）	严格好氧	不能利用葡萄糖和铵盐，能水解蛋白质作为氮源	热泉	Oshima and Imahori，1974
Thermus thermophilus X6	40～81（70）	5.5～9.0（7.0）	严格好氧	产生木聚糖水解酶，降解半纤维素	厨余、庭院废弃物堆肥	Lyon et al.，2000
Thermus composti K-39	40～80（65～75）	5.0～9.0（7.0）	严格好氧	能水解明胶，不能水解淀粉、酪蛋白	平菇堆肥	Vajna et al.，2012
Thermus flavus AT-62	40～80（70～75）	6.0～9.0（7.0～7.5）	严格好氧	高浓度麦芽提取物和蛋白胨抑制其生长	热泉	Saiki et al.，1972
Thermaerobacter composti Ni80	52～79（70）	6.5～10.5（8.0）	严格好氧	能利用麦芽提取物、蛋白胨、明胶	食物残渣堆肥	Yabe et al.，2009
Saccharococcus thermophilus 657	50～78（68～70）	/	严格好氧	主要代谢蔗糖产生 L-乳酸	制糖提取物	Nystrand，1984
Saccharococcus caldoxylosilyticus S1812	43～75（65）	5.5～8.0（6.8）	兼性厌氧	能够利用淀粉、蔗糖、木聚糖、乳酸、葡萄糖等多种类型的碳源	混有堆肥的土壤	Ahmad et al.，2000

（一）热土菌属（*Calditerricola*）

Calditerricola 是由 Moriya 等（2011）建立的超嗜热菌新属，隶属于 Firmicutes 门 Bacihaceae 科。该属目前包含 *C. satsumensis* 和 *C. yamamurae* 共 2 个新种，分离自同一污泥超高温堆肥样品，其中 *C. satsumensis* 为模式种。*C. satsumensis* 的模式菌株 YM081，细胞呈长杆状，革兰氏染色阴性，严格好氧，且不能形成孢子。该菌株的生长温度范围为 56～83℃，最适生长温度 78℃；生长 pH 为 6.6～8.9，最适 pH 7.5；能够水解淀粉和多种蛋白质，且能利用淀粉作为唯一碳源。

在纯培养条件下，*Calditerricola* 属的菌株生长条件严格，最适生长温度为 70～80℃，在低于 50℃或高于 85℃时难以生长。此外，菌株所需培养基成分复杂，生长速度慢，存活率低且难以长期保藏，甚至被称为"不可培养的细菌"。*Calditerricola* 属菌株一般不能在溶原性肉汤（LB）培养基或大豆酪蛋白消化物（SCD）培养基上生长。为了提高 *Calditerricola* 属菌株的克隆形成效率，通常会在培养基中加入浓度为 100μg/L 的 $FeSO_4$ 和 2mg/L 的 $VOSO_4$，但有关促进机制尚不清楚。*C. satsumensis* 和 *C. yamamurae* 的多个菌株已被研制成超高温好氧发酵菌剂，具有提高发酵温度、促进堆肥腐熟等多重功效。

（二）糖球菌属（*Saccharococcus*）

Saccharococcus 隶属于 Firmicutes 门 Bacihaceae 科，是由 Nystrand 在 1984 年建立的极端嗜热菌属，其模式种为 *S. thermophilus*（Nystrand，1984）。该菌株最早分离自瑞典的一家制糖厂，这也是从制糖工艺分离到的除 *Bacillus stearothermophilus* 外的另一株好

氧细菌。早期制糖工艺的温度一般控制在 70℃，且整个提取流程约 20 min，*S. thermophilus* 因此能够在极端高温且营养丰富的条件下快速生长繁殖。该菌株最适生长温度为 68～70℃，最高为 75～78℃，最适 pH 7.0，严格好氧且不产生孢子，能够高效代谢蔗糖并产生 L-乳酸，从而导致发酵体系 pH 降低。

除模式种外，*Saccharococcus* 属包含的另一个种为 *S. caldoxylosilyticus*，分离自混有堆肥的土壤样品，是一株能产生孢子的革兰氏阳性极端嗜热菌（Ahmad et al.，2000）。该菌株生长温度为 43～75℃，最适生长温度 65℃；生长 pH 范围为 5.5～8.0，最适 pH 为 6.8～7.2。*S. caldoxylosilyticus* 为兼性厌氧细菌，在添加有木聚糖的 LB 培养基中能快速生长。该菌株能够利用淀粉、蔗糖、木聚糖、乳酸等多种类型的碳源，在营养丰富的堆肥环境中应用潜力较大。

（三）嗜热气杆菌属（*Thermaerobacter*）

Thermaerobacter 隶属于 Firmicutes 门 Syntrophomonadaceae 科，是由 Takai 等（1999）建立的好氧极端嗜热菌属。*Thermaerobacter* 属目前包含 5 个最适生长温度在 70～75℃ 的种，它们大多分离自深海极端嗜热环境（Takai et al.，1999；Tanaka et al.，2006）。*Thermaerobacter composti* 是该属唯一一株从堆肥中得到的极端嗜热菌，由 Yabe 等（2009）从食品污泥高温堆肥样品中分离。*Thermaerobacter composti* 为革兰氏阳性杆菌，严格好氧，具有运动性；生长温度为 52～79℃，最适温度 70℃；生长 pH 为 6.5～10.5，最适 pH 8.0。该菌株能够在麦芽提取物、蛋白胨和明胶等培养基中生长，但大多数碳水化合物（如淀粉、葡萄糖）、氨基酸、有机酸等均不能充当唯一碳源。

（四）栖热菌属（*Thermus*）

Thermus 隶属于 Deinococcus-Thermus 门 Thermaceae 科，是由 Brock 和 Freeze 在 1969 年建立的极端嗜热菌属（Brock and Freeze，1969）。目前，*Thermus* 包含 20 个种，其中 *Thermus thermophilus* 和 *Thermus composti* 已多次在超高温堆肥中被发现。*Thermus thermophilus* HB8 最初分离自日本的热泉，细胞呈长杆状，不能运动，为严格好氧的革兰氏阴性菌（Oshima and Imahori，1974）。该菌株生长温度为 47～85℃，最适温度 65～72℃，超过 75℃后生长变得缓慢；生长 pH 为 5.1～9.6，最适 pH 7.5。该菌株能水解蛋白类物质作为氮源，但不能直接利用葡萄糖和铵盐。*Thermus composti* 是从平菇堆肥样品中分离获得的极端嗜热菌，生长温度为 40～80℃，最适温度 65～75℃；生长 pH 为 5.0～9.0，最适 pH 7.0。该菌株能够水解明胶，但不能水解淀粉和酪蛋白。

相比 *Thermus composti*，*Thermus thermophilus* 在堆肥样品中更为常见。例如，分离自污泥超高温堆肥的 UTM802 可以在 40～80℃温度范围内生长，能够高效利用酵母膏、蛋白胨等有机物，已被研制成典型的超高温好氧发酵菌剂（刘永跃等，2013a，b）。Lyon 等（2000）从家庭厨余和庭院废弃物高温堆肥样品中分离得到 *Thermus thermophilus* X6。该菌株能够在 40～81℃的温度范围内生长，最适温度为 70℃，并且能够产生热稳定性很高的木聚糖水解酶，在高温条件下对半纤维素类物质表现出良好的降解效果。

三、超高温堆肥的群落演替

堆肥过程中，微生物分解有机物释放热量促进堆体温度上升，温度变化又使微生物群落组成发生剧烈演替。在高温堆肥的高温期，占优势地位的微生物大多属于厚壁菌门（Firmicutes）、拟杆菌门（Bacteroidetes）、变形菌门（Proteobacteria）和放线菌门（Actinobacteria）等，而在属水平上，以 *Bacillus*、*Actinomyces* 等中等嗜热细菌（45～55℃）为主（Wei et al.，2018；Yamada et al.，2008）。与之相比，超高温堆肥过程中微生物群落演替更为剧烈，特别是在超高温期，微生物群落结构趋于单一，α 多样性显著降低。

Tashiro 等（2016）采用 16S rRNA 高通量测序技术调查污泥超高温堆肥中细菌群落组成，发现在堆肥产物中形成了独特的菌群结构，Firmicutes（约 74%）和 Actinobacteria（约 25%）为绝对优势菌属。薛兆骏等（2017）针对超高温堆肥发酵菌剂中的微生物群落组成进行测序分析，也发现在门水平上 Firmicutes 和 Actinobacteria 丰度极高，分别占70%和28%；在超高温堆肥产物中两者的丰度分别为44%和56%，而在属水平上占优势的细菌主要有 *Saccharomonospora*（28%）、*Oceanobacillus*（13%）、*Thermobifida*（13%）、*Actinomadura*（12%）、*Bacillus*（11%）和 *Geobacillus*（6%）等，但这些优势细菌大多并非极端嗜热微生物，这可能是导致该研究中超高温期持续时间较短的原因。

Liao 等（2018）基于高通量测序技术详细对比了微生物群落组成在城市污泥超高温堆肥和高温堆肥中的演替规律（图 8.2），发现超高温堆肥中的细菌总丰度（16S rRNA

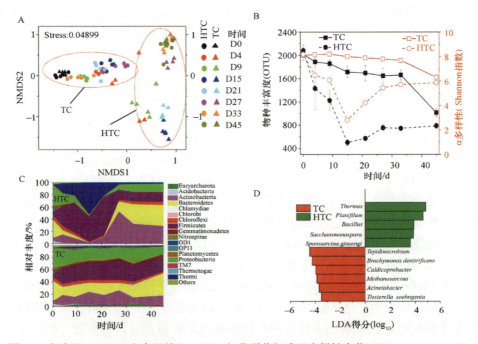

图 8.2 超高温（HTC）和高温堆肥（TC）细菌群落组成及多样性变化（Liao et al.，2018）

Fig. 8.2 Changes in bacterial community composition and diversity under hyperthermophilic（HTC）and conventional（CT）composting

A. 堆肥 45 天后细菌群落 OTU 差异性的总体分布（基于 NMDS）；B. 细菌群落物种丰富度和 α 多样性的变化；C. 细菌门水平上的相对丰度；D. LDA（LDA>3.5）显示细菌属水平上的丰度差异

基因拷贝数）和群落多样性均低于高温堆肥，而在门水平上的细菌群落演替比高温堆肥更加剧烈。到第 15 天，超高温堆肥中 Proteobacteria 和 Bacteroidetes 的相对丰度分别从 32%下降到 2%、从 31%下降到 0.3%，而[Thermi]和 Firmicutes 的丰度分别从 0.4%增加到 53.1%、从 8%增加到 42.3%。超高温堆肥中的关键优势属 *Thermus* 和 *Planifilum* 分别属于[Thermi]和 Firmicutes，其丰度分别为高温堆肥中的 86 倍和 37 倍。

在超高温阶段，[Thermi]（36%～53%）和 Firmicutes（38%～47%）的细菌占优势，其中 *Thermus* 为属水平上的绝对优势种群（图 8.3）。进一步对超高温堆肥过程中丰度占优势的微生物与堆肥理化性质进行典型相关分析，发现超高温阶段的温度与 *Thermus* 等细菌丰度呈显著正相关关系，间接证实了 *Thermus* 等极端嗜热菌是导致堆体产生超高温和促使堆肥快速腐熟的关键功能微生物（Yu et al.，2018）。这可能归因于 *Thermus* 能够大量产生具有极高热稳定性的水解酶和过氧化氢酶，催化堆肥中多种有机物高效降解（Niehaus et al.，1999；Pantazaki et al.，2002）。此外，Firmicutes 中的极端嗜热菌 *Therm--*

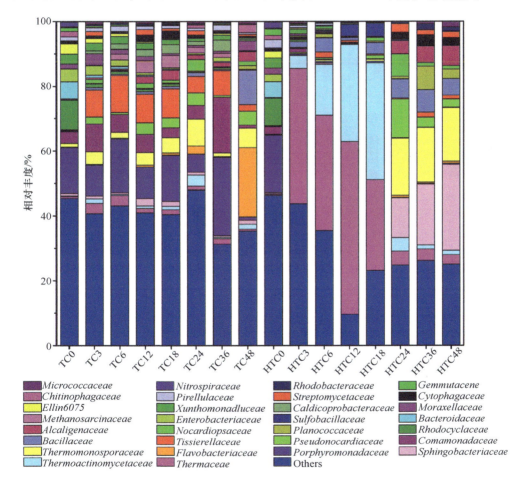

图 8.3　超高温（HTC）和常规（TC）堆肥在科、属水平上的优势细菌群落组成（Yu et al.，2018）

Fig. 8.3　Dominant bacterial communities at the family and genus levels in hyperthermophilic（HTC）and thermophilic（TC）composting

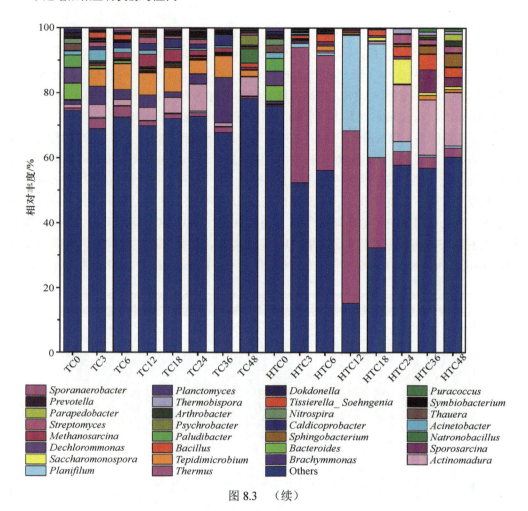

图 8.3 （续）

aerobacter、*Saccharococcus* 经常与 *Geobacillus*、*Bacillus* 等中等嗜热菌一起在工程规模的堆体中被检测到。

四、超高温堆肥的产热机制

超高温堆肥接种的超嗜热/极端嗜热微生物大多分布在热泉、火山口、海底热液口等有机物匮乏的极端高温环境（Atomi，2005；Stetter，2013）。在含有大量易分解有机碳源的堆肥体系中，超嗜热和极端嗜热微生物主要通过氧化磷酸化过程合成 ATP，当 ATP 向 ADP 转化时会释放能量用于各项生命活动并产生热量。这一氧化呼吸链是堆体能够升温至 80℃以上的主要原因。

为探讨超高温堆肥的微生物产热升温机制，崔鹏等（2022）通过 PICRUSt 预测方法，发现超高温堆肥中微生物能量代谢、碳水化合物代谢、氨基酸类物质代谢等与产热功能相关的代谢通路丰度均显著高于高温堆肥，且与温度呈显著正相关关系。NADH 脱氢酶（EC 7.1.1.2）、琥珀酸脱氢酶（EC 1.3.5.1）、细胞色素 c 氧化酶（EC 7.1.1.9）和钾转运 ATP 酶（EC 7.2.2.19）等氧化磷酸化关键基因的预测丰度在超高温期显著增加（图 8.4）。

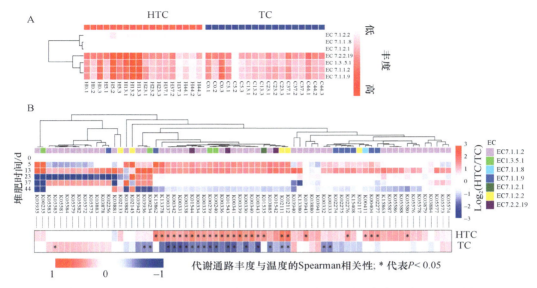

图 8.4　超高温（HTC）和高温堆肥（TC）中预测的氧化磷酸化相关酶代谢通路（A）和功能基因（B）丰度变化热图（崔鹏等，2022）

Fig. 8.4　The predicted abundances dynamics of oxidative phosphorylation enzymes pathway（A）and function genes（B）during hyperthermophilic（HTC）and conventional composting（TC）

超高温堆肥中独特的嗜热菌群可能主要通过富集 NADH 脱氢酶黄素蛋白 2、细胞色素 c 氧化酶 cbb3 型亚基 I/II 和 NADH 醌氧化还原酶亚基 I 这三类氧化磷酸化功能基因提高 ATP 合成速率，产生更多的热量。利用这一机制，超高温堆肥中的超嗜热/极端嗜热微生物不但能提高堆体温度以接近其最适生长温度，还能利用发热作为竞争武器，在碳源充足的环境中占据优势生态位（崔鹏等，2022）。然而，若要完全解答堆肥超高温的成因，仍需结合宏转录组和宏蛋白组学等技术开展更为深入的探究。

五、超高温堆肥菌剂的开发

研究者早期从高温环境中分离得到的超嗜热微生物超过 90 种（Stetter，1996）。最近，周顺桂团队利用富集培养技术从火山口、热泉、堆肥等多种高温环境中采集样品，并在 50～85℃的培养温度下以有机物为碳源富集培养嗜热菌，先后分离出 10 多株最适生长温度为 70～85℃的超嗜热微生物，以及 40 余株最适生长温度为 45～65℃的中等嗜热菌。经过底物利用筛选试验和产酶能力测试，获得同时具有极端高温适应能力和较强有机物降解能力的功能微生物，如 *Calditerricola yamamurae*、*Anoxybacillus mongoliensis*、*Anoxybacillus pushchinoensis*。此外，*Compostibacillus* 等嗜热菌新属和 *Planifilum* 属的多个嗜热菌新种也被从高温堆肥样品中分离出来（Yu et al.，2015a，b）。

进一步通过菌株复配和发酵条件优化试验，明确了大部分嗜热菌株的主要功能，从而开发出针对不同堆肥原料的多种超高温好氧发酵复合功能菌剂（陈志等，2021）。应用超高温堆肥菌剂后，堆体温度可大幅度提高至 80～100℃，明显促进了堆肥腐熟，在有机固废资源化工程项目中表现出良好的效果（廖汉鹏等，2017；邢睿智等，2021a；

余震和周顺桂，2020）。尽管如此，超高温堆肥复杂体系下多种超嗜热、极端嗜热和中等嗜热微生物协同促进堆体升温的机制仍未完全明确，还需要利用基因组学、酶学等先进生物学技术开展深入研究。

第二节　超高温堆肥的腐殖化

腐殖化是指堆肥原料中各种有机物被降解转化为腐殖质的过程。堆体温度、水分、pH 和电导率等理化性质均会影响堆肥腐殖化进程，尤其是在超高温条件下，堆肥腐殖化过程明显加快，这也体现在可溶性有机质（DOM）、腐殖酸等特征组分的剧烈演化上。本节内容主要从理化性质、DOM 和腐殖酸转化等多个角度对比分析了超高温堆肥与高温堆肥腐殖化过程的差异，并对超高温堆肥腐殖化机制进行了初步探讨。

一、堆肥理化性质变化

（一）堆体温度

根据温度变化情况，超高温堆肥过程被分为升温期（<80℃）、超高温期（≥80℃）、高温期（50～80℃）和腐熟期（<50℃）4 个阶段。在超高温堆肥初期，嗜热微生物代谢堆肥原料中较多的脂肪、蛋白质和部分可溶性单糖等有机物并大量产热，致使堆体温度急剧上升至 80℃以上并持续数天（图 8.5）。随着易利用有机物的快速消耗，微生物产热量逐渐减少，堆体温度降低。与此同时，中等嗜热微生物和嗜温微生物将堆体中累积的代谢产物、木质素和纤维素等难降解物质以及微生物残体等转化为稳定的腐殖质类物质，使堆肥达到腐熟。与高温堆肥明显不同的是，超高温堆肥中腐殖质的形成始于高温期甚至是超高温期，这也是其能够快速达到腐熟的关键。

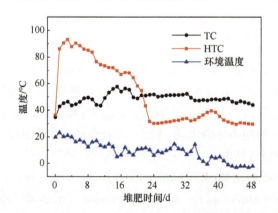

图 8.5　超高温（HTC）和高温（TC）堆肥中温度的动态变化

Fig. 8.5　Dynamic changes of temperature during hyperthermophilic（HTC）and thermophilic（TC）composting

（二）水分

堆肥过程中含水率的变化与物料配比、堆体温度和翻堆频率等因素有关。一般而言，超高温堆肥物料的初始含水率不宜高于 60%，否则堆体透气性差，容易产生厌氧条件，导致难以达到 80℃ 以上的超高温。随着堆肥进行，高温和通风措施会使堆体中的水分以水蒸气形式散失，从而使得堆肥的含水率降低。以城市污泥处理为例，超高温堆肥比高温堆肥的水分散失更快，这也说明超高温堆肥可作为高效的污泥生物干化技术（图 8.6A）。

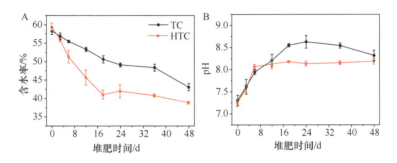

图 8.6　超高温（HTC）和高温（TC）堆肥中含水率（A）及 pH（B）的动态变化

Fig. 8.6　Dynamic changes of moisture（A）and pH（B）during hyperthermophilic（HTC）and thermophilic（TC）composting

（三）pH

pH 能够影响微生物的生长繁殖以及矿物质的氧化还原和溶解。在堆肥初期，由于有机酸被微生物消耗，且含氮有机物被微生物利用产生大量氨气，导致 pH 快速上升。随着堆肥腐殖化进程，pH 开始降低并逐渐稳定。总体而言，超高温堆肥的 pH 变化呈现与高温堆肥类似的趋势，但波动范围更小，这可能与超高温条件下氨化反应受到抑制有关（图 8.6B）。

（四）有机质和碳氮比（C/N）

微生物矿化促使有机质转化为 CO_2、H_2O、NH_3 等小分子无机物并形成腐殖质，导致堆体中有机质、总有机碳、总氮含量减少，而 C/N 作为评价堆肥腐熟度的重要指标也会逐步降低。由于超嗜热微生物代谢活性更高，超高温堆肥过程的有机质和总有机碳含量及 C/N 均在堆肥前期迅速降低，反映出超高温堆肥具有更快的有机物转化速率和腐殖化进程（图 8.7）。到堆肥结束时，超高温堆肥产物中总氮含量比高温堆肥更高，就养分保留角度而言，超高温堆肥更具应用前景。

（五）水溶性有机碳（WSC）和水溶性有机氮（WSN）

堆肥原料中的有机质通常需要转化为水溶性组分才能被微生物利用。因此，水溶性组分含量变化比固相组分更能灵敏地反映堆肥腐殖化进程。在堆肥过程中，WSC 和 WSN 含量呈现出先增大后减小的趋势，但与高温堆肥相比，超高温堆肥中二者含量更高且波动更为明显，这显然与超高温堆肥具有更高的微生物代谢活性有关（图 8.8）。

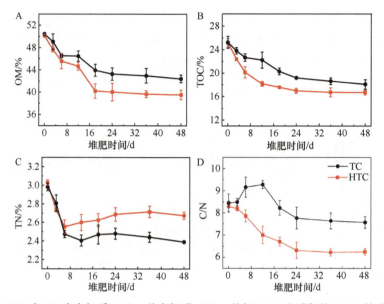

图 8.7　HTC 和 TC 中有机质（A）、总有机碳（B）、总氮（C）和碳氮比（D）的动态变化

Fig. 8.7　Dynamic changes of organic matter（A），total organic carbon（B），total nitrogen（C）and C/N（D）during hyperthermophilic（HTC）and thermophilic（TC）composting

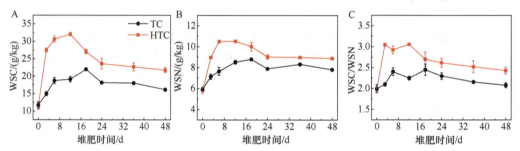

图 8.8　HTC 和 TC 中水溶性有机碳（A）、水溶性有机氮（B）和水溶性有机碳氮比（C）的动态变化

Fig. 8.8　Dynamic changes of water soluble carbon（A），water soluble nitrogen（B），and water soluble C/N（C）during hyperthermophilic（HTC）and thermophilic（TC）composting

二、可溶性有机质转化

堆肥可溶性有机质（dissolved organic matter，DOM）是一类主要由碳水化合物、有机酸等小分子，以及蛋白质和腐殖质组分等大分子组成的可溶性有机混合物，其分子结构和转化规律能够很好地反映堆肥腐殖化进程（刘晓明等，2018；Yu et al.，2018，2019b，c，d）。紫外-可见光（UV-Vis）光谱、傅里叶变换红外光谱（Fourier transform infrared spectroscopy，FTIR）、三维荧光光谱（3D-EEM）、荧光光谱结合平行因子分析（EEM-PARAFAC）及傅里叶变换离子回旋共振质谱（FT-ICR-MS）等方法已被应用于超高温堆肥 DOM 的分子组成和结构特征分析，以及堆肥腐殖化机制研究。

（一）DOM 的紫外-可见光特征

DOM 结构的芳香化程度和组分的腐殖化程度可通过紫外-可见光（UV-Vis）吸收光

谱进行评估。由于腐殖质芳香族化合物中 C—C 共轭结构吸收紫外光引起 π-π*的电子跃迁，导致超高温堆肥和高温堆肥在波长 280 nm 处均出现一个平台峰（图 8.9）。随着堆肥过程进行，超高温堆肥样品 DOM 的紫外-可见光吸收强度不断增加，且增长速率高于高温堆肥 DOM 样品，表明超高温堆肥更能促进 DOM 的芳香化和腐殖化。

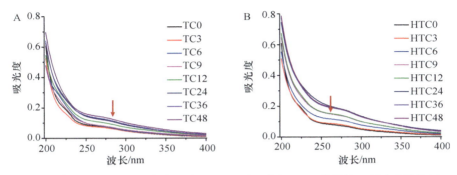

图 8.9　高温堆肥（A）和超高温堆肥（B）不同阶段 DOM 的紫外-可见光光谱特征
Fig. 8.9　UV-Vis spectra of DOM at different stages of TC（A）and HTC（B）

（二）DOM 的 FTIR 特征

FTIR 是通过对物质的红外吸收干涉图进行傅里叶积分变换，从而识别其分子结构的分析方法。城市污泥超高温堆肥和高温堆肥 DOM 的 FTIR 图谱显示，随着堆肥过程进行，1100～1000 cm^{-1} 区域（多糖、酚类或醇类）吸收峰明显减弱，但 3200～2900 cm^{-1}（碳水化合物、脂肪族化合物、木质素）、1660～1590 cm^{-1}（醛、酮或芳香烃）等区域吸收峰增强（表 8.2，图 8.10），表明堆肥样品中多糖、酚类或醇类物质被微生物利用，而芳香烃等化合物含量增加，腐殖质的芳香化程度增强，导致堆肥腐熟度不断增加（周普雄，2018）。

表 8.2　DOM 的红外光谱特征吸收带归属
Table 8.2　Attribution of absorption bands in FTIR spectra of DOM

吸收带位置/cm^{-1}	振动形式	官能团或化合物
3439～3407	O—H 伸缩振动	多糖类
3381～3372	O—H 伸缩振动，N—H 伸缩振动	酚类、醇类，氨基化合物、有机胺类
3000～2800	—CH$_3$、—CH$_2$—、C—H 伸缩振动	碳水化合物、脂肪族化合物、木质素
1700～1600	C=O 或 C=C 伸缩振动	醛、酮或芳香烃
1510	C=C 伸缩振动	芳香烃
1450～1400	—CH$_3$、—CH$_2$—、C—H 伸缩振动，羧基不对称伸缩振动或 C—OH 变形振动	木质素、脂肪族化合物、羧酸盐及有机羧酸盐、氨基酸盐
1390～1300	O—H 变形振动，COO$^-$不对称伸缩振动	碳水化合物、羧酸盐
1240～1120	C—O、C—OH 伸缩振动	羧基、脂肪族化合物
1080～1010	C—O 不对称伸缩对称	多糖、酚类或醇类
920～879	—CO$_3^{2-}$变角振动，C—C 伸缩振动，C—H 弯曲振动	碳酸盐物质、碳水化合物
805～780 545～465	Si—O 伸缩振动	硅酸盐矿物、二氧化硅
680～655	O—H 伸缩振动	碳水化合物

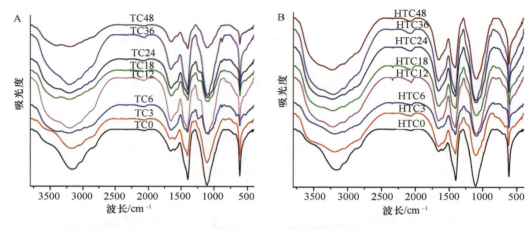

图 8.10　高温堆肥（A）和超高温堆肥（B）不同阶段 DOM 的 FTIR 图谱
Fig. 8.10　FTIR spectra of DOM at different stages of TC（A）and HTC（B）

进一步分析发现，1650 cm^{-1}（芳族碳）处峰密度与 2924 cm^{-1} 和 2850 cm^{-1}（脂肪碳）、1030 cm^{-1}（多糖）等处峰密度的比值均呈增加趋势，表明多糖、脂肪族化合物含量随着堆肥过程降低；而 2924 cm^{-1}（脂肪族）与 1710 cm^{-1}（羧基）的峰密度比值降低，表明含羧基的芳香族物质含量增加（表 8.3）。在超高温堆肥样品中，代表多糖、脂肪族等有机物的吸收峰比值下降速率比高温堆肥更快，且代表芳香化基团结构的吸收峰比值更大，表明超高温堆肥更能促进 DOM 中多糖、脂肪族化合物等不稳定物质的降解和芳香族化合物的生成。

表 8.3　高温堆肥（TC）和超高温堆肥（HTC）不同阶段 DOM 的 FTIR 特征峰比值
Table 8.3　The ratio of character peak density in FTIR of DOM at different stages of TC and HTC

样品	1650/2924	1650/2850	1650/1548	1650/1380	1650/1030	2920/1710
HTC-0 d	0.989	1.074	1.135	0.787	0.703	1.173
HTC-3 d	1.083	1.151	1.151	1.148	0.980	1.125
HTC-6 d	1.028	1.082	1.082	1.122	0.949	1.139
HTC-12 d	1.130	1.226	1.226	1.267	0.878	1.159
HTC-18 d	1.118	1.195	1.195	1.317	0.910	1.127
HTC-24 d	1.040	1.120	1.120	1.322	0.877	1.249
HTC-36 d	1.058	1.177	1.177	1.324	0.835	1.219
HTC-48 d	1.086	1.185	1.185	1.274	0.791	1.086
TC-0 d	0.982	1.068	1.128	0.779	0.721	1.184
TC-3 d	0.992	1.049	1.143	0.952	0.770	1.149
TC-6 d	1.067	1.134	1.226	1.196	1.041	1.156
TC-12 d	1.169	1.307	1.319	1.228	0.944	1.224
TC-18 d	1.124	1.208	1.221	1.177	1.000	1.111
TC-24 d	1.111	1.202	1.228	1.191	0.931	1.155
TC-36 d	0.976	1.089	1.251	1.055	0.745	1.342
TC-48 d	1.062	1.114	1.177	1.049	0.968	1.095

（三）DOM 的 3D-EEM 特征

三维荧光光谱（3D-EEM）因具有灵敏度高、选择性强以及无损样品组分等优点，被广泛应用于堆肥 DOM 的组分特征和腐殖化机制研究。DOM 的 3D-EEM 光谱也被认为是表征堆肥腐殖化进程最为直观的指标。根据所表征成分及对应波长范围，可将堆肥 DOM 的 3D-EEM 光谱图分为 5 个区域：区域 I 和 II 均表征芳香族蛋白质类物质（Ex=200～250 nm，Em=250～380 nm）；区域 III 表征富里酸类物质（Ex=200～250 nm，Em＞380 nm）；区域 IV 表征可溶性微生物代谢产物（Ex＞250 nm，Em=250～380 nm）；区域 V 表征腐殖酸类物质（Ex＞250 nm，Em＞380 nm）。

在超高温堆肥的第 0～3 天，城市污泥 DOM 样品中有机物被大量降解并迅速产生蛋白质和微生物可溶性代谢产物；第 6 天时，这些易降解物质几乎消耗殆尽，其中部分作为前体物质被转化为富里酸和腐殖酸；第 12 天时，腐殖酸类物质大量产生并累积，堆肥逐渐达到腐熟（图 8.11）。然而，对高温堆肥而言，直到第 24 天，蛋白质和微生物可溶性代谢产物才完全降解或转化为富里酸和腐殖酸类物质，堆肥才开始腐熟。

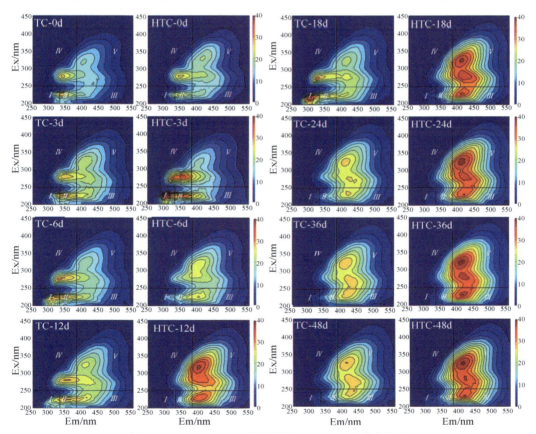

图 8.11　TC 和 HTC 不同阶段样品 DOM 三维荧光图谱

Fig. 8.11　Fluorescence excitation-emission matrix spectra of DOM samples from TC and HTC

（四）EEM-PARAFAC

荧光光谱结合平行因子分析（EEM-PARAFAC）方法可实现对堆肥样品腐殖化程度

的半定量分析。基于 PARAFAC 模型，堆肥样品 DOM 组分的 EEM 光谱被解析为 3 个组分（图 8.12）：组分 1 和组分 2 的荧光峰分别出现在 Ex/Em=265 nm（360 nm）/445 nm 和 Ex/Em=230 nm（315 nm）/390 nm 处，均代表腐殖质类物质；组分 3 出现在 Ex/Em= 225 nm（275 nm）/325 nm 处，代表蛋白质类物质。

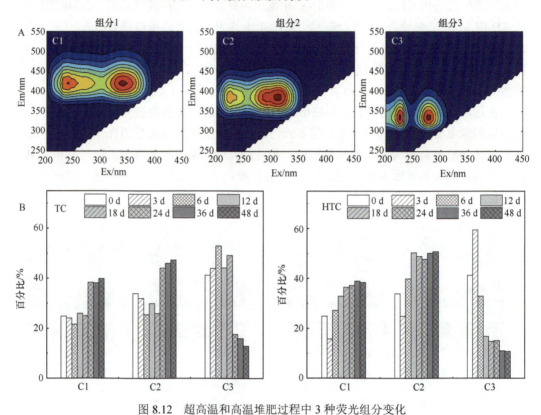

图 8.12　超高温和高温堆肥过程中 3 种荧光组分变化

Fig. 8.12　Evolution of three fluorescence components in HTC and TC

C1：组分 1；C2：组分 2；C3：组分 3

随着堆肥过程进行，组分 1 和组分 2 含量大体呈增加趋势，而组分 3 含量则呈下降趋势，反映了堆肥过程中蛋白质类物质向富里酸和腐殖酸类物质的转化。在超高温堆肥过程中，腐殖质含量的增加和蛋白质的快速降解主要发生在 0～12 d，而在高温堆肥中完成这一转化过程至少需要 24 d。这也意味着超高温堆肥仅需 12 d 左右即可完成腐殖化，大幅缩短了堆肥腐熟周期（Yu et al.，2019d）。

（五）DOM 的 FT-ICR-MS 特征

FT-ICR-MS 是一种可以鉴定石油化工、环境样品中 DOM 分子结构的高分辨率质谱学分析方法，被广泛用于 DOM 的 CHO、CHON、CHOS 和 CHONS 等分子组分的半定量分析。Yu 等（2019b）最早将该方法引入堆肥研究领域，实现了对超高温堆肥样品 DOM 分子结构的表征和腐殖化过程分析。利用 van Krevelen 图谱可实现对 DOM 分子组成的可视化分析。根据 H/C 和 O/C 的差异可将 van Krevelen 图划分为 7 个区域，分别代表不同的组分类别：①脂类；②脂肪族/蛋白质；③木质素/富含羧基的脂环分子；④碳水化合物；⑤不饱和烃；⑥稠环芳烃；⑦单宁（Song et al.，2018）。结果表明，在超高温堆肥过程中，脂类、脂肪族/蛋白质的相对含量分别从25%降到4%、从23%降到8%，而木质素/富含羧基的脂环分子的相对含量从40%持续增加到72%（图8.13）。

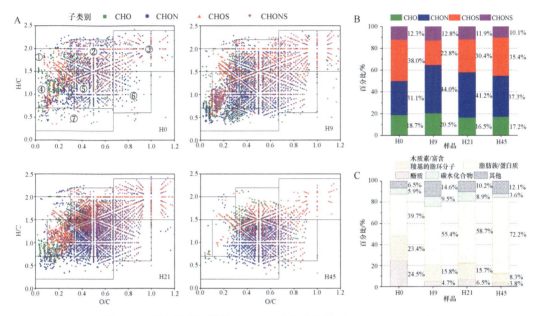

图 8.13 超高温堆肥样品中 DOM 成分的比较（Yu et al.，2019b）

Fig. 8.13 Comparison of the DOM composition in hyperthermophilic composting（HTC）samples

A 图为第 0、9、21、45 天样品中 CHO、CHON、CHOS、CHONS 的 van Krevelen 图。柱状图显示了 4 个堆肥样品中主要亚类（B）和主要生化类别（C）的贡献

进一步分析发现，不饱和碳氢化合物、脂类、脂肪族/蛋白质和碳水化合物被大量分解，是易分解的 DOM 组分，而单宁、稠环芳烃和木质素/富含羧基的脂环分子等具有腐殖质结构特征的物质被大量生成（图8.14）。对中间产物的分析结果表明，在超高温堆肥中有38%和36%的有机组分分别被分解和生成，尤其是低 O/C（<0.3）和高 H/C（>1.5）的组分在超高温期优先被快速降解，同时也为腐殖质后续形成提供了大量的活性前体物质。

三、腐殖酸的形成

腐殖质是一类具有复杂结构的高分子聚合物，主要由腐殖酸（humic acid，HA）、富里酸（fulvic acid，FA）和胡敏素组成（humin，HM）。腐殖酸与富里酸碳含量的比值（HAC/FAC）被定义为聚合度（DP），是评价堆肥腐熟度的重要指标之一。当 DP>1 时，一般可认为堆肥达到腐熟。例如，Liu 等（2020）通过检测超高温堆肥样品的 DP，发现在 27 d 时达到 1.28，认为堆肥已经完全腐熟，而高温堆肥至少需要 45 d 才能达到接近的腐熟程度（图8.15）。

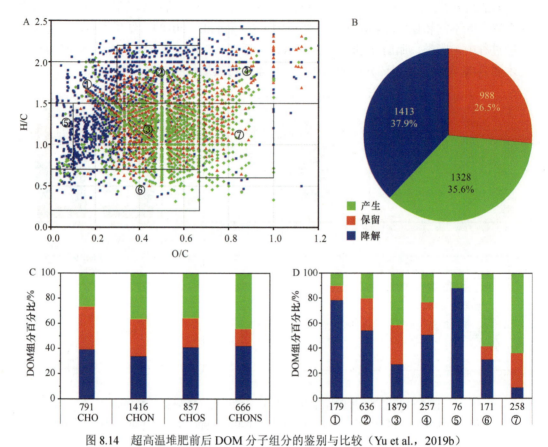

图 8.14　超高温堆肥前后 DOM 分子组分的鉴别与比较（Yu et al.，2019b）

Fig. 8.14　Identification and comparison of DOM molecular formulas before and after HTC

A. 在 HTC 期间分解、保留和产生的 DOM 分子构成的 van Krevelen 图。①脂类；②脂肪族/蛋白质；③木质素/富含羧基的脂环分子；④碳水化合物；⑤不饱和烃；⑥稠环芳烃；⑦单宁。B. 分解的、剩余的和产生的 DOM 分子的百分比。C 和 D 为 DOM 分子构成的百分比

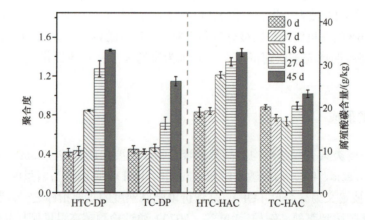

图 8.15　超高温堆肥（HTC）和高温堆肥（TC）过程中聚合度和腐殖酸碳含量的变化

Fig. 8.15　Change of polymerization degree（DP）and the content of humic acid carbon（HAC）during hyperthermophilic（HTC）and thermophilic（TC）composting

（一）HA 的 EEM-PARAFAC 特征

堆肥中 HA 的含量和结构与有机质的腐殖化程度有关，是用于估算堆肥腐熟度和化学稳定性的重要指标。采用 EEM-PARAFAC 方法对污泥超高温堆肥和高温堆肥过程中 HA 含量变化进行比较，发现表征超高温堆肥 HA 含量的荧光峰强度在 0～27 d 显著增加，且 27 d 与 45 d 并无显著差异，但在整个堆肥过程中均明显高于高温堆肥 HA 的荧光峰强度，反映了超高温堆肥具有更快的 HA 生成速率和更高的腐殖化程度（图 8.16）。

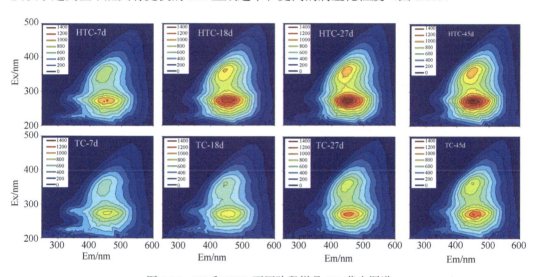

图 8.16　TC 和 HTC 不同阶段样品 HA 荧光图谱

Fig. 8.16　Fluorescence EEM spectra of HA from TC and HTC

（二）HA 的 FTIR 特征

HA 的 FTIR 波段和峰值在不同堆肥阶段表现出明显差异。在堆肥后期，2923 cm^{-1}、2855 cm^{-1} 和 1715 cm^{-1} 处的吸收强度（脂肪族 C—H 和非共轭羧基 C=O 的伸缩振动）明显减少；1650 cm^{-1} 处的吸收强度（酰胺 I 的芳香性 C=C 和 C=O 的伸缩振动）显著增加，表明羧酸和芳香结构随着堆肥过程被富集（表 8.4，图 8.17）。超高温堆肥和高温堆肥中 HA 的 FTIR 光谱表现出相似的波形，但特征峰的比值存在明显差异。例如，在第 18 天时，超高温堆肥样品中 1650/2923（芳香族与脂肪族 C 的比值）为 1.39，大于高温堆肥样品的 1.21，表明超高温堆肥促进了脂肪类物质向具有高度芳香性和缩聚程度的 HA 转化。

表 8.4　HA 的红外光谱特征吸收带归属

Table 8.4　Attribution of absorption bands in FTIR spectra of HA

吸收带或吸收峰	振动形式	官能团或化合物
2923，2855 cm^{-1}	C—H 伸缩振动	脂肪族亚甲基
1690～1710 cm^{-1}	C=O 伸缩振动	羧酸
1660 cm^{-1}，1650 cm^{-1}，1644 cm^{-1}	C=O 伸缩振动	醌、酰胺或酮
1575～1577 cm^{-1}	C=C 伸缩振动	咪唑、芳香环

续表

吸收带或吸收峰	振动形式	官能团或化合物
1560 cm⁻¹	C=O 伸缩振动	羧酸盐
1541~1550 cm⁻¹	N—H 变形振动和 C=N 伸缩振动	酰胺 II
1490 cm⁻¹	C=C 伸缩振动	芳香环
1460 cm⁻¹	C—H 弯曲振动	CH₂ 或 CH₃
1430 cm⁻¹	C=O 伸缩振动	羧酸盐
1365 cm⁻¹	C—N 伸缩振动	酰胺 II
1330 cm⁻¹	C—N 伸缩振动	芳香伯胺和仲胺
1260 cm⁻¹, 1245 cm⁻¹	C—O 伸缩振动	芳基醚
1230 cm⁻¹	C—O 伸缩振动, O—H 变形振动, C—O 伸缩振动	羧酸、脂肪族
1200 cm⁻¹	C—O 伸缩振动	芳香酸、脂肪酸酯
1125~1145 cm⁻¹	C—O 伸缩振动	脂肪族 OH
1090~1030 cm⁻¹	C—O 伸缩振动	多糖或多糖样物质

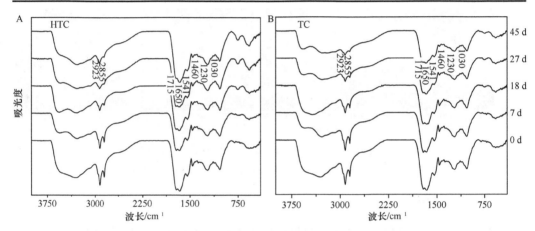

图 8.17　超高温堆肥（A）和高温堆肥（B）不同阶段 HA 的 FTIR 图谱

Fig. 8.17　FTIR spectra of HA during HTC（A）and TC（B）

（三）HA 的 FTIR-2DCOS 特征

Liu 等（2020）采用傅里叶变换红外光谱结合二维相关分析（FTIR-2DCOS）方法分析了 HA 分子结构的变化（图 8.18）。结合 HA 样品同步和异步谱图，并根据 Noda 和 Ozaki（2005）排序规则，研究人员发现随着超高温堆肥过程，代表不同 HA 分子结构的 FTIR 波长变化顺序为：1490 cm⁻¹＞1575 cm⁻¹＞1546 cm⁻¹＞1331 cm⁻¹＞1430 cm⁻¹＞1695 cm⁻¹＞1200 cm⁻¹＞1650 cm⁻¹＞1245 cm⁻¹＞1260 cm⁻¹＞1462 cm⁻¹＞1090 cm⁻¹；与之对应的官能团响应顺序为：芳香环和咪唑的 C=C 伸缩振动→酰胺 C—N 和 C=N 的伸缩振动→C=O 在羧酸、醛或酮中的伸缩振动→芳醚的 C—O 伸缩振动→CH₂ 或 CH₃ 基团的 C—H 弯曲振动→多糖 C—O 伸缩振动；对于高温堆肥而言，HA 分子结构随堆肥时间的变化顺序为：芳香环和咪唑的 C=C 伸缩振动→酰胺 II 的 C=N 伸缩振动→多糖、醇类和酚类的 C—O 伸缩振动→CH₂ 或 CH₃ 基团的 C—H 弯曲振动→羧酸、醛或酮的 C=O 伸缩振动。

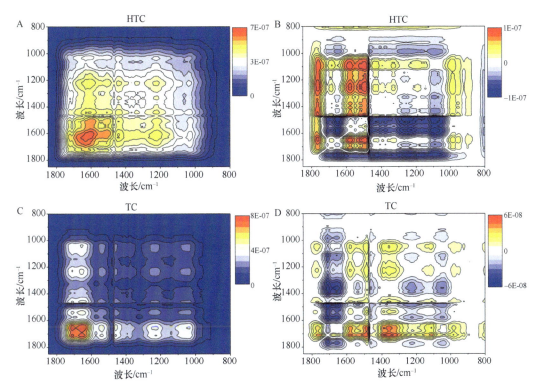

图 8.18 超高温（HTC）和高温（TC）堆肥中 HA 样品的同步（A，C）和异步（B，D）FTIR-2DCOS
谱图

Fig. 8.18 Synchronous（A，C）and asynchronous（B，D）2D-FTIR-COS maps of HA samples during
hyperthermophilic（HTC）and thermophilic（TC）composting

超高温堆肥初期，C＝C、C—N 和 C≡N 的伸缩振动表明堆肥原料中蛋白质类物质
率先被分解，而分解产物的转化顺序表现为类色氨酸→类酪氨酸→类组氨酸；随着 C＝O
键发生拉伸和变化，小分子有机物被氧化为羧酸、醛类和酮类物质，这一氧化过程对腐
殖化至关重要；芳醚的 C—O 伸缩振动表明羧酸、醛和酮通过自缩聚和（或）与其他含
氮化合物结合形成 HA。相比之下，高温堆肥中 HA 的 C—O 和 C—H 键率先变化，表
明蛋白质和多糖降解产物等小分子通过聚合提前附着在 HA 的碳骨架上，从而阻碍了腐
殖质前体物质的进一步氧化；随后 C＝O 键的变化也意味着 HA 碳骨架上的 C—O 被缓
慢氧化形成羧酸、醛和酮等。元素分析结果也证实，高温堆肥 HA 的氧化程度明显低于
超高温堆肥。因此，超高温堆肥更快的腐殖化过程可能与腐殖质前体物质的"先氧化再
聚合"顺序有关（图 8.19）。

四、超高温堆肥的促腐机制

（一）腐殖质形成理论

堆肥的腐殖化进程大体可分为腐殖质前体产生和腐殖质形成两个阶段（Wu et al.,

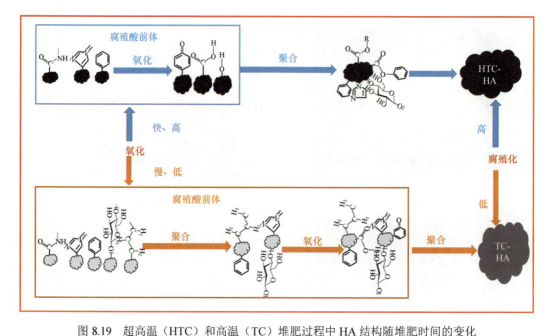

图 8.19　超高温（HTC）和高温（TC）堆肥过程中 HA 结构随堆肥时间的变化

Fig. 8.19　The structural changing sequence of HA with composting time during hyperthermophilic（HTC）and thermophilic（TC）composting

2017a，b；解新宇等，2022）。首先，微生物分解堆肥体系中易降解的有机质，产生氨基酸、还原糖、多酚、多糖及小分子有机酸等腐殖质前体。这一过程通常发生在堆肥升温期和高温期，而优势嗜热菌对该过程起决定性作用。随后，各种腐殖质前体通过聚合、氧化等一系列生化反应形成腐殖质，而这一过程主要发生在堆肥降温期和腐熟期。但由于腐殖质前体类型与合成途径的多样性以及堆肥菌群的剧烈演替，堆肥腐殖化机制十分复杂且长期存在争议。

目前，主流的腐殖酸形成机理包括木质素-蛋白质理论、多酚-蛋白质理论、多酚自缩合和美拉德（Maillard）反应等（解新宇等，2022；Gao et al.，2019；Wu et al.，2017a，2017b；Zhang et al.，2018）。木质素-蛋白质理论认为木质素单元与氨基酸发生反应，形成腐殖质分子的核心。然而，随着对腐殖酸结构认识加深，发现腐殖酸核心骨架一般是由一种芳香族含氮物质构成。这种含氮物质通常以蛋白质或氨基酸的形式存在，因此提出了与木质素-蛋白质理论类似的多酚-蛋白质理论。多酚自缩合则是指多酚化合物经过开环后再与其他酚类化合物进行缩合，从而形成腐殖酸大分子结构。Maillard 反应（又称糖-胺缩合）是指有机质尤其是蛋白质分解后产生的氨基和还原糖的醛基发生反应，生成难降解的褐色多聚氮化合物，因此该反应又被称为非酶棕色化反应，也被认为是堆肥高温期腐殖酸形成的主要原因。

上述途径的差别主要在于合成腐殖酸的前体物质不同，从而构成了不同的腐殖酸芳香族核心。由于堆肥物料的复杂性，多酚、醌、还原糖、氨基酸等物质大多时候都是共同存在的，所以腐殖酸的形成途径也并不是相互独立的，而是多种途径共同作用于腐殖酸分子的聚合和转化（魏自民等，2016）。

（二）超高温堆肥的腐殖化机制

近年来，周顺桂团队对超高温堆肥的腐殖化机制进行了大量研究。例如，刘晓明等（2018）采用 EEM 等方法观察到城市污泥超高温堆肥过程中 DOM 组分发生显著变化，蛋白质类有机物在超高温期几乎完全被降解并转化为富里酸和腐殖酸类物质。Yu 等（2019b）采用 FT-ICR-MS 分析了超高温堆肥过程中 DOM 转化规律，证实蛋白质、脂类、脂肪族化合物等低 O/C 和高 H/C 的有机组分被超嗜热微生物优先利用，从而产生大量的微生物代谢产物（如木素酚、氨基糖、羧酸等）。

此外，Yu 等（2019d）利用 FTIR-2DCOS 研究堆肥过程的 DOM 转化规律，发现超高温堆肥快速腐殖化过程与多糖、羧酸及酚类物质的快速聚合有关。Liu 等（2020）也提出，超高温堆肥具有更快的腐殖化进程，这可能与腐殖质前体氧化和聚合的顺序有关。这些研究结果表明，超高温堆肥有利于木素酚、氨基糖、多糖和富羧的不饱和芳香族化合物等活性中间产物（腐殖质前体）发生深度氧化和快速聚合，加快大分子芳香族化合物和富里酸、腐殖酸及难降解腐殖质类物质的形成（图 8.20，Liu et al.，2020，2021；Yu et al.，2018，2019b，c，d；余震和周顺桂，2020）。

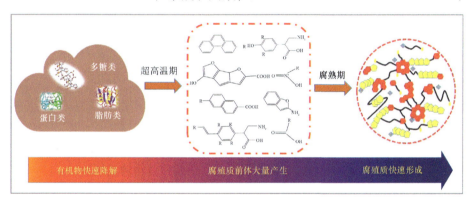

图 8.20　超高温堆肥的快速腐殖化机制

Fig. 8.20　The accelerated humification mechanism of hyperthermophilic composting

超嗜热微生物及产生的酶驱动有机质快速降解和转化，导致腐殖质前体大量产生和累积，是实现超高温堆肥快速腐殖化的重要前提。然而，由于培养条件和研究方法的局限，超嗜热微生物在 80℃以上的高温条件下，如何高效驱动堆肥有机物矿化、腐殖化等科学问题的解答仍面临诸多挑战，针对超高温堆肥中超嗜热微生物优势菌群及其关键功能的研究也有待突破。此外，深入研究超嗜热微生物群落演替规律与 DOM、腐殖酸分子结构变化的相互作用关系，可为解析超高温堆肥快速腐殖化机制这一"黑箱模型"提供重要支撑。

第三节　超高温堆肥碳减排与污染去除

一、温室气体减排

（一）甲烷（CH₄）

有机固废处理过程是全球温室气体的重要排放源，堆肥过程中以 CH_4 形式排放的碳占堆肥原料中总碳的 0.5%～8%。一般来说，CH_4 的产生主要发生在堆肥高温期，但超高温条件下 CH_4 的排放量反而大幅减少。为此，Wen 等（2021）对比研究了两种不同堆肥工艺下的甲烷排放过程，发现超高温堆肥中 CH_4 最大排放速率出现在第 2 天，在持续 23 d 堆肥过程中的排放量为 17.9 g/kg，而高温堆肥中 CH_4 累积排放量达到 37.8 g/kg（图 8.21）。相比之下，超高温堆肥的 CH_4 排放量减少 52%，但 CO_2 排放量明显更高，这显然与超高温堆肥具有更高的有机物转化效率有关。

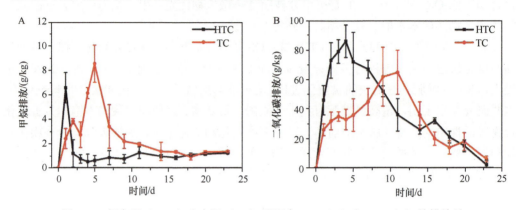

图 8.21　超高温（HTC）和高温（TC）堆肥中 CH_4（A）和 CO_2（B）的排放量
Fig. 8.21　The emission of CH_4（A）and CO_2（B）in HTC and TC

堆肥过程中，产甲烷微生物利用有机物水解和发酵产生的有机酸、CO_2 和 H_2 等小分子有机物生成 CH_4，主要途径有：①H_2/CO_2 途径，即嗜氢产甲烷菌以 H_2 作为电子供体，还原 CO_2 形成 CH_4；②乙酸途径，即嗜乙酸产甲烷菌通过对乙酸的脱甲基作用生成 CH_4。无论哪种途径，最后均在甲基辅酶 M 还原酶（mcrA）催化下合成 CH_4。因此，*mcrA* 基因丰度常用于反映产甲烷菌活性，与可供利用的产甲烷前体物质共同决定 CH_4 产生潜力。利用 qPCR 技术对 *mcrA* 的基因拷贝数进行分析，发现除第 0 天外，超高温堆肥中 *mcrA* 丰度完全被抑制。室内培养试验也证实，超高温期（2～9 d）堆肥样品的产甲烷潜力比高温堆肥低 40%以上（图 8.22）。显然，超高温堆肥主要是通过抑制产甲烷代谢减少 CH_4 排放的。

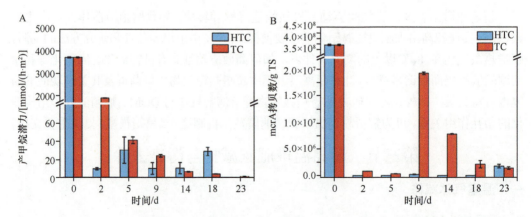

图 8.22　超高温（HTC）和高温（TC）堆肥中甲烷生成潜力（A）和产甲烷功能基因 *mcrA* 拷贝数（B）
Fig. 8.22　The production methane potential（A）and copy numbers for *mcrA* gene（B）in HTC and TC

产甲烷功能菌的丰度和群落多样性在超高温堆肥的嗜热阶段显著降低。其中，甲烷八叠球菌目（Methanosarcinales）可以利用体系中 CO_2/H_2、乙酸和甲基营养体等底物参与产甲烷代谢，其相对丰度在超高温期呈明显降低趋势，而在高温堆肥过程中却相对稳定（图 8.23）。在属水平上，*Methanobacterium*、*Methanosarcina*、*Methansaeta* 和 *Methanobrevibacter* 等产甲烷菌的丰度受到高温抑制。冗余分析结果表明，超高温堆肥中产甲烷菌丰度与堆体温度呈显著负相关关系；最小偏二乘模型（PLS-PM）分析也指出，高温会显著抑制 CH_4 的产生，且产甲烷菌和 *mcrA* 丰度降低是导致超高温堆肥 CH_4 减排的直接因素（Wen et al.，2021）。

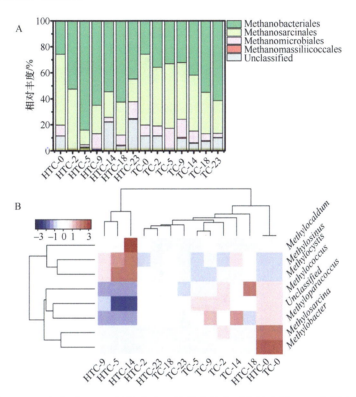

图 8.23　超高温（HTC）和高温（TC）堆肥中产甲烷菌在目水平上的分类（A）和属水平上的丰度（B）
Fig. 8.23　The taxonomic classification at order level（A）and relative abundance at genus level（B）of methanogens in HTC and TC

（二）氧化亚氮（N_2O）

由于 N_2O 单分子增温潜势为 CO_2 的 298 倍，堆肥过程中因 N_2O 排放所引起的温室效应已明显超过 CO_2 排放（Luo et al.，2013）。微生物降解含氮有机物产生铵态氮（NH_4^+-N），并在氨氧化细菌或古菌作用下部分转化为 N_2O，而 N_2O 是反硝化过程中微生物氧化亚氮还原酶催化反应的终产物（Cui et al.，2019a；Fan et al.，2019；Ren et al.，2018）。因此，N_2O 产生和排放与堆肥氮循环过程密切相关，硝化和反硝化过程共同决定 N_2O 的产生量。

堆肥温度是影响微生物氮循环过程（包括硝化、反硝化和氨化作用）的关键因子，显著影响 N_2O 的产生和排放（图 8.24）。例如，40℃以上的温度就能对氨氧化细菌和反硝化细菌活性产生强烈抑制作用（Xu et al.，2017；Cui et al.，2019a）。相较于高温堆肥，超高温堆肥可减少 N_2O 排放量达 90%以上，其关键减排机制是由于超高温条件显著抑制了硝化相关的氨单加氧酶基因（*amoA*）和反硝化相关的氧化亚氮还原酶基因（*norB*）的表达（图 8.25）。

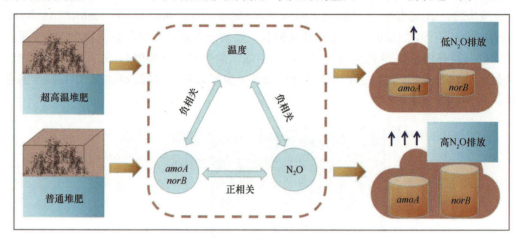

图 8.24　超高温堆肥中的 N_2O 减排机制

Fig. 8.24　The mechanism for N_2O emission reduction during HTC

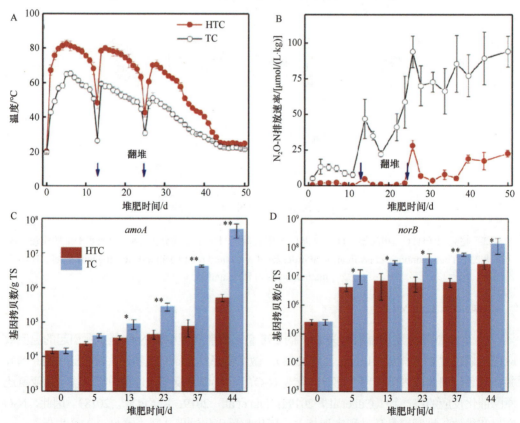

图 8.25　HTC 和 TC 中温度（A）、N_2O 排放速率（B）以及细菌基因 *amoA*（C）和 *norB*（D）的拷贝数

Fig. 8.25　The temperature（A），N_2O emission profile（B）and gene copy numbers for bacterial *amoA*（C），*norB*（D）in HTC and TC

超高温堆肥对硝化和反硝化过程具有强烈抑制效应，因此能明显减少堆肥过程中的氮素损失。例如，采用基于外源加热的超高温预处理技术对猪粪和秸秆等原料进行处理（90℃水热处理 4 h），堆体温度相比于未经水热处理的对照显著提高，而脲酶、蛋白酶的活性以及氨化作用速率明显降低（Huang et al.，2019）。基于 GeoChip 结合高通量测序结果可知，超高温堆肥中有 12 个氮循环基因的相对丰度显著低于高温堆肥，有 18 个碳降解基因的相对丰度明显更高（Cui et al.，2021）。此外，Cui 等研究还发现，超高温堆肥可以促进含氮有机物缩合形成腐殖酸，从而使更多有机氮最终保留在堆肥产品中（Cui et al.，2019b）。

二、新污染物降解

（一）抗生素抗性基因（ARG）

抗生素残留和 ARG 污染问题已成为限制堆肥产品土地利用的重要因素。高温堆肥是去除有机固废中抗生素残留的有效手段。例如，鸡粪中残留的四环素能在堆肥高温条件下有效降解，将发酵温度提高至 70℃ 则可在短时间内使四环素彻底去除（Yu et al.，2019a）。然而，高温堆肥对 ARG 的去除效果并不显著，Liu 等（2018）调查指出，药品发酵残渣中 13 种 ARG 和 8 种可动遗传因子（MEG）的丰度在经过高温堆肥后并没有降低。Liao 等（2019a）研究了食品残渣堆肥过程中 ARG 和 MEG 变化，发现两者丰度均随堆肥微生物群落组成的变化而明显升高。

ARG 在堆肥过程中难以被去除的原因有两个方面：①由于 MEG 可以使 ARG 在不同细菌和潜在宿主之间发生水平基因转移，ARG 的丰度和多样性因此随细菌群落演替发生改变（Youngquist et al.，2016）；②高温堆肥的温度不足以有效杀灭 ARG 宿主细胞（如 *Bacillus* 等），即便潜在宿主被杀死，也可能难以使含 ARG 的 DNA 结构完全降解（Diehl and LaPara，2010）。为此，研究人员不断改进各种堆肥工艺用于去除 ARG。Awasthi 等（2019）通过在畜禽粪便堆肥体系中添加 10% 石灰实现了多种 ARG 的有效去除，其作用机制是因为高浓度石灰可以显著降低 ARG 潜在宿主细菌的相对丰度。

Liao 等（2018）利用超高温堆肥工艺明显减少了城市污泥中 ARG 和 MEG 丰度，其去除率相比于高温堆肥分别提高 89% 和 49%（图 8.26），超高温堆肥的极端嗜热条件能够显著减少 Firmicutes、Proteobacteria、Actinobacteria 和 Bacteroidetes 等 ARG 宿主的丰度和多样性（Liao et al.，2018）。进一步的 PLS-PM 分析结果表明，超高温堆肥过程中 MEG 减少也是导致 ARG 高效去除的关键因子。Liao 等（2019b）通过实验研究证实超高温堆肥持续 6 d，即可去除生物制药废渣中泰乐菌素、ARG 和 MEG，去除率分别达 95%、76% 和 99%，其中 ARG 的关键消减机制则是由于其主要载体抗性质粒的丰度被超高温条件所抑制。

尽管高温堆肥可以使 ARG 宿主细菌群落结构发生改变，但由于 MEG 的水平基因转移效应，ARG 丰度并不能显著降低，甚至还因"分子反弹效应"导致堆肥产品中 ARG 丰度升高。超高温堆肥能够以 80℃ 以上超嗜热条件"重塑"堆肥优势细菌群落结构（如提高 *Thermus*、*Planifilum* 等菌群丰度），显著降低包括细菌（*Bacillus*、*Bacteroides*、

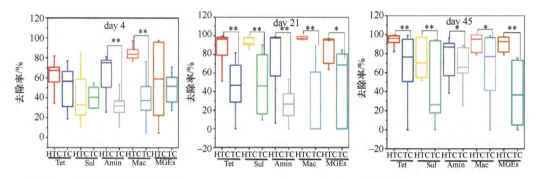

图 8.26　超高温堆肥和高温堆肥 4 d、21 d、45 d 时 ARG 和 MGE 的去除率（Liao et al.，2018）

Fig. 8.26　The removal of ARG and MGE in 4，21，45 days during hyperthermophilic（HTC）and thermophilic
（TC）composting

Clostridium、*Enterococcus*）和古菌（*Methanobrevibacter*）在内的各种 ARG 潜在宿主及抗性质粒的丰度，同时也通过降低 MGE 丰度抑制 ARG 的水平基因转移效应，最终实现 ARG 的高效去除（图 8.27）。

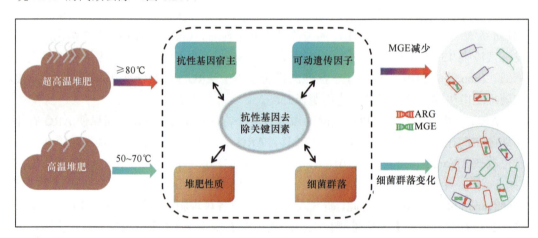

图 8.27　超高温堆肥对 ARG 的高效去除机制

Fig. 8.27　The mechanism for ARG removal during HTC

（二）微塑料（MP）

MP 是全球生态系统中广泛存在的一类新型污染物，一般是指颗粒尺寸小于 5 mm 的塑料碎片和颗粒（Judy et al.，2019；Li et al.，2018）。城市污泥等有机固废是环境中微塑料重要的"汇"，其中每千克污泥能被检测到的微塑料颗粒数达 $7.4×10^4$（Chen et al.，2020）。微生物降解是实现土壤、底泥、堆肥等多种环境中微塑料去除的主要途径，尤其在高温条件下，MP 的生物降解速率明显提高（Leejarkpai et al.，2011）。

Chen 等（2020）对比分析了城市污泥超高温和高温堆肥工艺条件下 MP 的降解情况，发现经 45 d 高温堆肥后 MP 的降解率小于 5%，而在超高温堆肥过程中达 44%（图 8.28）。接种超高温堆肥浸出液能够显著减少 MP 质量，其降解机制在于 MP 分子结构中的-C-C-能够在超高温条件下被快速生物氧化为-C=O-和-C-O-等，从而改善其可生物降解性和颗粒表面亲水性能，促进颗粒表面降解功能菌生物膜的形成。在超高温堆肥中，*Thermus*（约 54%）、*Bacillus*（约 25%）和 *Geobacillus*（约 20%）等构成了独特的嗜热微生物群落结构，并产生具有较高生物氧化活性的降解酶，这也使微塑料颗粒在生物氧化后被微生物作为碳源持续矿化。

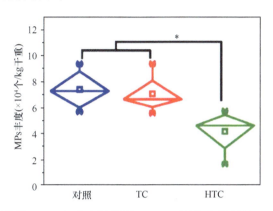

图 8.28　超高温堆肥（HTC）和高温堆肥（TC）对污泥中微塑料（MP）的降解效果

Fig. 8.28　Effects of hyperthermophilic composting（HTC）and the conventional thermophilic composting（TC）on reduction of sludge-derived microplastic（MP）

从堆肥中分离出的极端嗜热菌 *Geobacillus stearothermophilus* FAFU011 能以典型塑料成分聚苯乙烯作为碳源，在其表面形成稳定的生物膜，产生表面侵蚀坑洞，增加其表面含氧结构的种类和数量并改变表面亲水性能，从而实现 MP 降解菌的高效定殖。与超高温堆肥 MP 降解过程类似，经 FAFU011 菌株处理 56 d 后，聚苯乙烯塑料膜的质量降低 4%，重均分子质量和数均分子质量分别降低 17% 和 18%（邢睿智等，2021b）。Yu 等（2019b）研究证实，超高温堆肥能够加速多种高分子有机物的矿化和腐殖化，而对于 MP 这类难降解新型污染物，如能在超高温堆肥条件下利用超嗜热微生物代谢活性使其转化为稳定的腐殖质类物质，则意味着超高温堆肥将为有机固废中 MP 完全去除提供一种新的思路。

三、其他污染控制

（一）植物毒素

种子发芽指数（germination index，GI）是用来评价堆肥腐熟度和对植物毒性的重要指标。由于堆肥原料性质差异，目前用于指示堆肥达到腐熟的 GI 值尚未完全统一，新修订的《有机肥料（NY/T 525—2021）》则是以 GI≥70% 作为堆肥产品达到腐熟的标准。在污泥超高温和高温堆肥过程中，GI 变化趋势大致相同，均表现为先降低后升高，但高温堆肥 GI 最低值存在较长时间的平台期，且堆肥结束时的 GI 值也显著低于超高温堆肥，表明超高温堆肥工艺对植物毒素的去除效果更好，这也是其能更快达到腐熟的关键（Yu et al.，2018；图 8.29）。

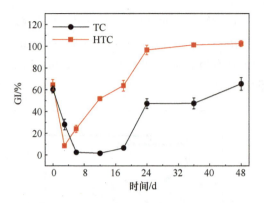

图 8.29 超高温堆肥和高温堆肥过程中种子发芽指数（GI）变化
Fig. 8.29 The change of germination index during HTC and TC

（二）重金属

高温堆肥腐殖化过程被证实可以减少有效态重金属分配系数，显著降低重金属迁移性和生物可利用性，从而实现重金属钝化（Shan et al.，2019）。目前，能够促进堆肥过程中重金属钝化的措施较多，如腐殖酸络合、生物炭等各种外源添加物吸附、微生物吸附和氧化、提高 pH 促进重金属稳定等（Chen et al.，2017；Li et al.，2019）。Zhou 等（2018）在猪粪堆肥中按一定比例添加生物炭和腐殖酸，使 Cu、Pb 和 Cd 的钝化率分别达到 95%、66% 和 69%。Chen 等（2019）在农业废弃物和河道底泥共堆肥体系中接种 *Phanerochaete chrysosporium*，60 d 内实现了对 Pb、Cd 和 Cu 的有效钝化，关键原因是接种的微生物强化了了有机质对重金属生物可利用性的影响。

采用 EEM-PARAFAC 从超高温堆肥、常规堆肥和污泥样品中鉴定出腐殖酸（C1）、类腐殖质（C2）和类蛋白质（C3）等 3 种组分，并对它们与重金属 Cd(Ⅱ)络合过程中的荧光组分进行定量分析，发现超高温堆肥具有更高腐熟度和更好的 Cd(Ⅱ)络合能力（文萍等，2020）。进一步采用 Ryan-Weber 荧光猝灭模型对腐殖酸各组分与 Cd(Ⅱ)发生络合反应的荧光猝灭效应进行拟合，发现来源于超高温堆肥的 C1 和 C2 对 Cd(Ⅱ)络合稳定性和络合容量明显优于高温堆肥及污泥样品（图 8.30）。

采用 FTIR-2DCOS 对 HA 与 Cd(Ⅱ)发生络合反应时官能团变化顺序进行分析，发现污泥样品、高温堆肥和超高温堆肥腐殖酸中官能团变化分别为：碳水化合物→羧酸 C═O 键伸缩→脂肪族 C—H 键拉伸→多糖 C—O 键伸缩振动→酰胺；多糖 C—O 键伸缩振动→COO⁻ 对称拉伸振动→酚 O—H 键变形振动→脂肪族 C—H 键拉伸；COO⁻ 对称拉伸振动→芳香族 C═C 键拉伸→脂肪族 C—H 键拉伸→多糖 C—O 键伸缩振动→酚 O—H 键变形振动（图 8.31）。显然，不同样品腐殖酸对 Cd(Ⅱ)的络合过程及特征官能团存在明显差异，表明腐殖酸的结构是影响 Cd(Ⅱ)稳定性的关键。

超高温堆肥 HA 中的羧基是与 Cd(Ⅱ)结合响应最灵敏的官能团，而污泥样品中的碳水化合物反应较为敏锐，其次是羧酸；高温堆肥中多糖类物质在与 Cd(Ⅱ)络合过程中响应较快，其次也是羧酸。Huang 等（2018）研究也证实，羧基是堆肥 DOM 与 Cd(Ⅱ)络合过程中响应较为灵敏的官能团。刘晓明等（2018）采用 UV-Vis 光谱研究了不同堆肥

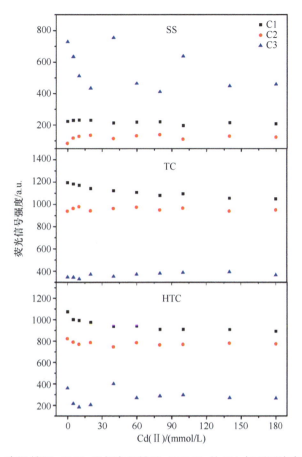

图 8.30　污泥（SS）、高温堆肥（TC）和超高温堆肥（HTC）的 HA 与不同浓度 Cd(Ⅱ)络合时各组分的荧光淬灭效果

Fig. 8.30　Fluorescence quenching of different components of HAs derived from sludge（SS），thermophilic composting（TC）and hyperthermophilic composting（HTC）samples complex with different concentrations of Cd(Ⅱ)

过程中 DOM 结构变化，发现超高温堆肥过程导致羧基和羰基含量明显增加。显然，超高温堆肥中的 HA（尤其是 C1 和 C2 组分）含有更多羧基是导致其具有更高 Cd(Ⅱ)络合能力和络合容量的关键。

　　此外，类腐殖质对重金属的高效络合能力主要归功于羧酸、酚、酮等不饱和基团，而堆肥腐殖化过程同样也是羧酸、酚、酮等化合物含量增多导致芳香度和不饱和度增加的过程。因此，提高堆肥腐熟度可能也是增强堆肥产品重金属络合能力的有效手段。相比于直接施用污泥堆肥和高温堆肥，超高温堆肥由于具有更高的腐熟度以及 HA 具有更多的羧基等官能团，可能对 Cd(Ⅱ)等重金属具有更好的钝化效果。Tang 等（2019）的研究也表明，由于超高温堆肥产品中的腐殖酸含量高，且在腐殖化过程中会产生大量富含羧基和酚羟基等结构的组分，能够与 Cu(Ⅱ)等重金属发生强烈络合反应。由此推测，超高温堆肥高效的腐殖化过程使得羧基等不饱和基团含量显著增加，从而可以实现多种重金属的原位钝化（图 8.32）。

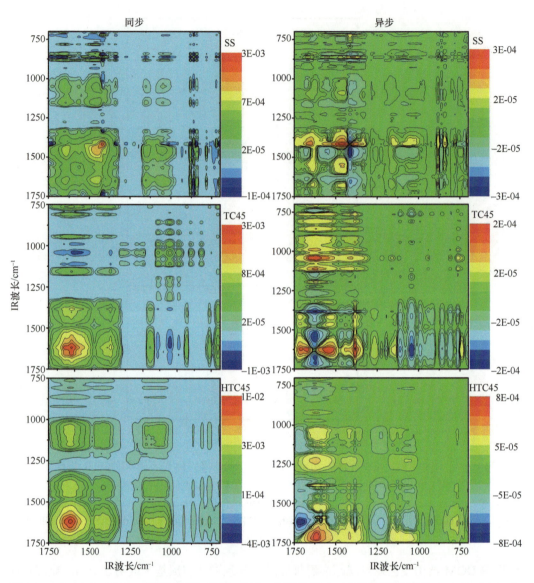

图 8.31 在 1750~750 cm⁻¹ 光谱区域，污泥（SS）、高温堆肥（TC）和超高温堆肥（HTC）中 HA 与 Cd(Ⅱ)络合的同步和异步 2DCOS 图

Fig.8.31 Synchronous and asynchronous 2DCOS maps generated from the 1750~750 cm⁻¹ regions of FTIR spectra for Cd(Ⅱ) binding with HA derived from sewage sludge（SS）, thermophilic compost（TC）and hyperthermophilic compost（HTC）

　　超高温堆肥还能提高腐殖酸等组分的氧化还原能力，有利于重金属的氧化还原解毒。Huang 等（2021）利用电化学方法和 EEM-PARAFAC 研究发现，超高温堆肥促进了腐殖酸中醌类物质的形成，提高了 DOM 电子接受能力，而含色氨酸类物质和亲水性组分的快速降解则会增强 DOM 电子供给能力。Liu 等（2021）利用热解气相色谱/质谱和电化学方法分别表征了堆肥腐殖酸分子结构和氧化还原能力，证实超高温堆肥能促进腐殖酸中具有氧化还原能力的结构形成。

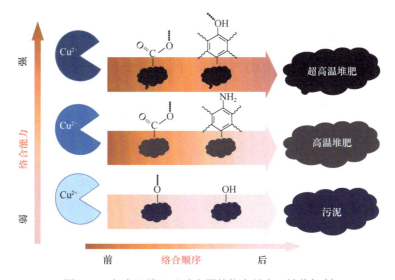

图 8.32　超高温堆肥对重金属的络合效应及钝化机制

Fig. 8.32　Complexation mechanism of heavy metals in HTC

超嗜热微生物也在超高温堆肥钝化重金属的过程中发挥重要作用。Chen 等（2021）研究发现，超嗜热细菌 *Thermus thermophilus* FAFU013 能够促进 Pb(Ⅱ)转化为更为稳定的氯焦磷酸盐。经过 40 d 堆肥处理后，Pb 的最不可溶残渣态含量增加了 16%，而 DTPA 可提取态 Pb 的含量与对照相比降低了 14.4%，表明在堆肥体系中接种 FAFU013 等超嗜热细菌不仅能加快有机物转化和促进堆肥腐熟，而且能显著钝化重金属，减少堆肥过程中二次污染的产生。

第四节　超高温堆肥工艺与工程案例

一、超高温堆肥工艺流程

（一）畜禽粪便超高温好氧发酵工艺

以畜禽粪便为原料进行超高温好氧发酵的工艺流程如图 8.33 所示。首先，将收集的新鲜畜禽粪便（如牛粪、猪粪、鸡粪等）与辅料（如稻壳、已腐熟的干料或蘑菇菌渣等）和超嗜热微生物菌剂按照一定比例进行混合；然后，将搅拌均匀的混合料运输至发酵槽，同时开启高压鼓风机对堆体进行连续或间歇曝气，并采用翻堆设备定期对发酵槽中的物料进行翻堆，加速水分蒸发，提高堆肥腐熟进程；最后，可将堆肥结束后的腐熟料，通过添加功能菌剂进行二次发酵或陈化，获得功能性有机肥料等产品（邢睿智等，2021a）。

（二）污泥超高温堆肥工艺

污泥超高温好氧发酵工艺流程如图 8.34 所示。首先将生活污水处理厂脱水后的污泥（含水率 60%～65%）与一定量发酵后的腐熟干料（含水率 35%～40%）搅拌均匀，添加 0.5%（*m/m*）液态发酵后的超嗜热微生物菌剂至混合物中，运输至发酵槽（100 t 处理规

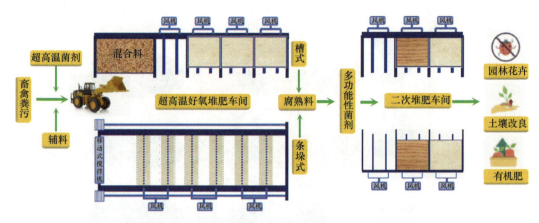

图 8.33 工程规模的畜禽粪便超高温好氧发酵工艺流程

Fig. 8.33 Engineering application flow chart of hyperthermophilic composting of livestock manure

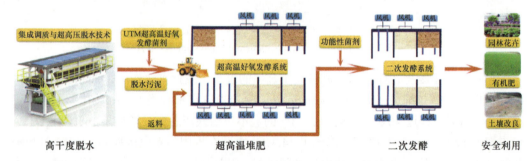

图 8.34 工程规模的污泥超高温好氧发酵工艺流程

Fig. 8.34 The flow chart of hyperthermal aerobic composting of sludge

模的发酵槽：水泥钢筋结构，长 8.5 m、宽 6 m、高 3.2 m），堆制成高度约 2.5 m 的堆体，同时开启鼓风机进行曝气供氧，前期每 4 d 左右进行翻堆混匀物料，后期也可加快翻堆频率以加速水分蒸发和堆肥腐熟（廖汉鹏等，2017）。

二、超高温堆肥工艺特点

（一）主要工艺参数

影响高温堆肥过程的主要工艺参数有 C/N、供氧量、初始含水率、pH、有机质含量、温度等。前期大量试验研究发现，C/N、供氧量和初始含水率等是对污泥超高温好氧发酵工程影响较大的工艺参数（图 8.35）。

对比分析不同初始物料 C/N，发现 C/N 为 10 和 20 的两个处理间发酵最高温度差异不明显，均在第 2 天上升到 80℃以上，最高温度达到 93℃，这也与污泥原料中含大量可利用有机碳有关，C/N 较低并未影响堆肥升温过程，但 C/N 为 5 的处理升温速率较慢、高温持续时间短。常规高温堆肥一般要求 C/N 在 25～30 范围内，因此需要添加大量的辅料进行调节，在实际工程中会显著增加成本。因此，综合考虑生产成本与发酵效果，选择初始 C/N 为 10 是污泥超高温好氧发酵较为理想的条件。

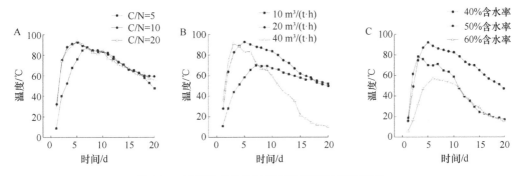

图 8.35 不同工艺参数对超高温堆肥温度的影响

Fig. 8.35 Effect of various process parameters on temperature of hyperthermal composting

A. C/N；B. 曝气量；C. 含水率

好氧堆肥的核心是微生物在有氧状态下快速分解有机物产热，如果堆体内微生物处于厌氧状态，不仅降解速度减缓、堆体温度下降，还会产生 H_2S 等臭气。在不频繁调节通风量的情况下，超高温好氧发酵的通风速率应保持在 20 m³/(t·h)。另外，微生物代谢活性还受含水率的影响，但过高的含水率又会导致孔隙率降低，阻碍堆体通风供氧。因此，综合考虑堆体升温速率和最高发酵温度，物料的含水率在50%左右是超嗜热微生物发酵的最佳选择。

（二）主要技术优势

超高温堆肥是为了克服传统堆肥发酵温度低、周期长、无害化不彻底等弊端而发展的一种新的好氧发酵技术，因其具有独特的超嗜热菌群，在加快堆肥腐殖化和提高堆肥产品质量方面具有明显优于高温堆肥的技术特征（表 8.5）。超高温堆肥的技术优势也充分证明，提高堆肥温度是克服传统高温堆肥工艺缺点的关键，也是到目前为止实现污泥、畜禽粪便等有机固废的无害化处理及资源利用最为有效的手段。

表 8.5 超高温堆肥与高温堆肥技术特点和处理效果的比较

Table 8.5 Comparison of technological properties and treatment effects between TC and HTC

工艺参数与处理效果	高温堆肥	超高温堆肥
最高温度	50～70℃	80℃以上
高温持续时间	≥55℃持续 7 d 以上	≥80℃持续 5～7 d
堆肥周期	30～50 d	15～25 d
初始 C/N	25∶1～30∶1	10∶1～15∶1
畜禽粪便减量效果	≤50%	≥75%
污泥减量效果	约 50%	≥70%
堆肥腐熟度	GI≥70%	GI≥95%
抗性基因消减效果	≥35%	≥90%
微塑料降解效果	<5%	≥40%
重金属钝化效果	≥3%	≥15%
蛔虫卵杀灭效果	≥95%	100%

三、超高温堆肥工艺的经济性分析

(一) 畜禽粪便超高温堆肥的经济性分析

超高温堆肥相对于其他畜禽粪便处理方式具有更好的无害化效果，也具备更高的经济效益（邢睿智等，2021a）。运行成本、肥料收益及环境治理成本等是决定畜禽粪便处理过程中经济效益的主要因素。超高温堆肥技术工艺成熟，设备投资成本较低，场地采用钢筋混凝土结构即可，与焚烧等有机固废处理工艺相比，节省了废气收集及处理设施的资金投入。此外，超高温堆肥的运行操作简单，每吨的运行总成本为70～80元（表8.6），仅为焚烧、厌氧消化等工艺的25%～33%，更具有绿色、低碳等优点。

表 8.6　畜禽粪便超高温堆肥工艺直接运行成本分析

Table 8.6　Direct operating costs of hyperthermophilic composting of livestock manure

成本组成	单价/（元/t）
电费（翻抛机+鼓风机）	10
物料费（超高温菌剂+蘑菇菌渣）	40
运输费	10
人工费	10～20
总计费用	70～80

超高温好氧发酵处理后的腐熟物料经过再加工得到的有机肥料，具有很高的养分价值和经济价值。目前，国内标准有机肥的售价约为1200元/t，而对于市场上常见的氯基复合肥，国内90%的厂家报价为1850～2150元/t。以超高温堆肥工艺处理畜禽粪便获得的腐熟物料，市场售价仅为570元/t，为有机肥价格的1/2、传统复合肥的1/4左右。此外，通过添加多功能菌剂二次发酵制备抗病虫害、改良土壤的微生物有机肥，具有更好的市场竞争力。

利用焚烧、填埋等方式对畜禽粪便进行处理，不仅不能实现资源化利用，还会造成严重的土壤、水体和大气污染，且修复这些污染的环境所消耗的成本高、时间长。利用超高温堆肥技术处理畜禽粪便，其无害化、减量化、资源化水平远高于传统堆肥，从源头避免了因处置不当引起的环境污染问题。基于以上分析，超高温堆肥是一种绿色集成创新的技术手段，通过较低投入获得较高的产能、优良的环境和经济效益，在畜禽粪便处理工程领域应用潜力巨大。

(二) 污泥超高温堆肥的经济性分析

超高温堆肥工艺发酵周期短、堆肥腐熟程度高，因此与高温堆肥工艺相比，其处理相同量污泥所需的曝气量及耗能明显降低。周普雄（2018）研究指出，污泥经超高温堆肥处理24 d的腐熟效果与高温堆肥48 d的效果相近。基于该研究结果，处理每吨湿污泥（以含水率为80%计）超高温堆肥需要场地面积约45 m²，而高温堆肥则需要约80 m²。以北京顺义600 t/d规模的污泥再生利用示范工程为例，利用超高温堆肥工艺处理 1 t 湿污泥的运行成本约 100 元，较高温堆肥工艺可节约 50 元（表 8.7）。因此，超高温堆肥工艺无论是技术上还是经济上，均可作为污泥等有机固废资源化工程项目的首选工艺。

表 8.7　污泥超高温堆肥（HTC）与高温堆肥（TC）工艺的经济性分析
Table 8.7　Analysis of technical and economic characteristics of HTC and TC of sludge

特征指标	HTC	TC
堆肥腐熟料返料/ t	0.19	0.19
稻壳添加量/ t	0.02	0.02
曝气量/（kN·m³）	1.12	2.24
耗电量/（kW·h）	约 20	约 25
污泥处理成本/元	约 100	约 150
工程占地/ m²	约 45	约 80

注：该分析基于 24 d HTC 和 48 d TC 处理每吨湿污泥（含水率 80%）的数据。

四、工程案例分析

（一）中原环保污泥超高温好氧发酵工程

该工程位于河南省郑州市王新庄污水处理厂内，日处理含水率 80% 的污泥 50 t，采用 UTM（ultra-high temperature microorganisms）超高温好氧发酵工艺，于 2011 年 8 月建成投产。发酵过程中堆体平均温度在 80℃ 以上，最高温度达 95℃，发酵周期 15～20 d，病原体杀灭率 99% 以上，产品含水率低于 35%，腐熟度高，相关指标超过国家标准《城镇污水处理厂污泥处置园林绿化用泥质（GB/T 23486—2009）》的要求。该项目是超高温好氧发酵技术研发成功后的首个示范项目（廖汉鹏等，2017）。

（二）北京顺义污泥再生资源利用工程

该工程位于北京市顺义区，采用 UTM 超高温好氧发酵技术实现城镇污泥生物干化和资源化，处理规模达 600 t/d。该项目由大地绿源环保科技（北京）有限公司提供技术方案，由北京排水集团投资建设并委托北京绿源科创环境技术有限公司运营，于 2015 年初正式投产。初始含水率 80% 的市政污泥，经过 15 d 左右超高温堆肥处理后，可快速实现生物干化与腐熟，发酵结束时物料含水量为 35%～40%，可作为园林绿化用基质，相关指标符合 GB/T 23486—2009 的要求。北方冬季的低温导致传统高温堆肥难以正常启动，而超高温堆肥技术在 -20℃ 的条件下仍然运行良好，发酵堆体仍冒出热腾腾的蒸汽（图 8.36；廖汉鹏等，2017）。2015 年 5 月，中国新闻网就该工程进行了题为"首个日处理 600 吨污泥资源再生利用工程在京运营 3 个月效果显著"的报道。

北京顺义污泥再生资源利用工程是目前国内最大规模的污泥超高温堆肥示范工程。2015 年，《中国建设报》和《中国环境报》分别以"绿源环境：污泥处理生力军"和"好氧新技术助力污泥无害化处理"为题，同时报道了该工程项目，指出污泥超高温好氧发

图 8.36 采用 UTM 超高温好氧发酵技术的北京顺义污泥再生资源利用工程

Fig. 8.36 HTC project of sludge located in Shunyi, Beijing

A. 发酵槽；B. 曝气设备；C. 冬季发酵效果；D. 最高温度

酵技术可有效解决传统技术弊端，快速降低污泥含水率，且投资和运行成本低。截至
2017 年 2 月，该工程累计处理污泥 40 万 t，污泥减量化程度度达 70% 以上。目前，该项
目已成为国内城镇污泥大规模、高效化处理与资源化利用的示范性工程。

（三）福清市畜禽粪便超高温好氧发酵工程

该工程是福建省福清市畜禽粪污资源化利用整县推进项目的核心工程，由福建省
致青生态环保有限公司投资建设并负责运营。基于动态超高温堆肥技术，该工程同时
采用了槽式和条垛式两种超高温堆肥工艺（图 8.37）。其中，槽式超高温堆肥工艺的主
体发酵槽宽 7.2 m、长 22 m、高 4 m，单槽处理量约为 100 t，采用间歇曝气供氧，利
用铲车对物料进行翻堆，翻堆间隔为 2 d 左右，堆肥结束时全部出料。条垛式超高温
堆肥工艺主体发酵槽为钢筋水泥框架，长 80 m、宽 22 m、高 3 m，畜禽粪便处理能力
可达 300 t/d。发酵槽底部铺设有曝气管道，采用持续进料、间歇曝气和移动式翻抛机
翻堆，翻堆频率为每天一次，整个堆肥周期内翻堆 15 次左右。两种堆肥方式的堆体最
高温度均能超过 80℃，且超高温期持续 7～11 d，整个堆肥周期为 20～30 d（邢睿智
等，2021a）。

在工程应用中，条垛式超高温堆肥工艺的自动化程度和处理效率均高于槽式超高温
堆肥工艺，所以堆肥腐熟周期更短。堆肥腐熟料在有机肥加工车间经过进一步处理后，
每年可生产有机肥约 5 万 t，实现畜禽粪便全组分资源化利用。目前，福清市畜禽粪污

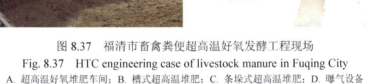

图 8.37　福清市畜禽粪便超高温好氧发酵工程现场

Fig. 8.37　HTC engineering case of livestock manure in Fuqing City

A. 超高温好氧堆肥车间；B. 槽式超高温堆肥；C. 条垛式超高温堆肥；D. 曝气设备

资源化利用整县推进项目，基于该工程将福清渔溪镇等 14 个乡（镇）42 家规模化养殖场和 3 个种植基地打造成种养结合示范基地；此外，还在福州、南平等地建立了 5 个超高温堆肥产业化示范基地、3 个种养结合示范基地、2 个产品安全利用长期定位试验基地，已成为全国先进的畜禽粪污资源化利用整县模式示范性工程，对我国推进农业绿色发展具有引领性作用。

五、超高温堆肥技术规范

为了填补超高温堆肥领域相关技术规范的空白，周顺桂团队牵头制定了国内首个与超高温堆肥相关的地方标准《超高温堆肥技术规范（DB35/T 1942—2020）》，并于 2021 年正式在福建省内实施。该标准规定了超高温堆肥的基本要求、工艺、设施设备和产物质量要求，并对产物质量检测方法进行了说明。

该标准适用于以超高温堆肥技术为工艺的有机物料处理。堆肥原料包括畜禽粪便、动植物残体、以动植物产品为原料加工的下脚料等农林有机固体废弃物，以及市政污泥、餐厨垃圾等其他有机固体废弃物等。具体技术流程包括物料预处理、超高温堆肥、堆肥后处理和臭气收集处理等环节。该标准重点对超高温堆肥所采用的方式、堆肥工艺条件、发酵周期和陈化过程等进行了详细规定，也明确了利用超高温堆肥技术获得的有机肥产品应符合 NY 525 或 NY 884 的有关规定。

该标准全文见附录。

参 考 文 献

陈志, 周顺桂, 韦丹, 等. 2021. 一种极端嗜热菌协同发酵生产复合超高温堆肥菌剂的方法[P]. CN107937303A, 2021-11-30.

崔鹏, 艾超凡, 廖汉鹏, 等. 2022. 超高温堆肥微生物群落强化产热功能特征分析[J]. 土壤学报, 59(6): 1660-1669.

廖汉鹏, 陈志, 余震, 等. 2017. 有机固体废物超高温好氧发酵技术及其工程应用[J]. 福建农林大学学报(自然科学版), 46(4): 439-444.

刘晓明, 余震, 周普雄, 等. 2018. 污泥超高温堆肥过程中 DOM 结构的光谱分析[J]. 环境科学, 39(8): 3807-3815.

刘永跃, 周顺桂, 许宜北, 等. 2013a. 一种极端嗜热菌 UTM801 及其应用[P]. CN102851247A, 2013-09-11.

刘永跃, 周顺桂, 许宜北, 等. 2013b. 一种嗜热栖热菌 UTM802 及其应用[P]. CN102851246A, 2013-08-21.

韦丹. 2017. 超嗜热菌 *Calditerricola satsumensis* FAFU012 的发酵优化及其发酵菌剂的制备[D]. 福州: 福建农林大学硕士学位论文.

魏自民, 吴俊秋, 赵越, 等. 2016. 堆肥过程中氨基酸的产生及其对腐植酸形成的影响[J]. 环境工程技术学报, 6(4): 377-383.

文萍, 汤佳, 蔡茜茜, 等. 2020. 超高温堆肥腐殖酸与 Cd(Ⅱ)高效络合机制 2DCOS 分析[J]. 光谱学与光谱分析, 40(5): 1534-1540.

解新宇, 史明子, 齐海石, 等. 2022. 堆肥腐殖化: 非生物学与生物学调控机制概述[J]. 生物技术通报, 38(5): 29-35.

邢睿智, 艾超凡, 王梦怡, 等. 2021a. 畜禽粪便超高温好氧堆肥工程案例[J]. 农业环境科学学报, 40(11): 2405-2411.

邢睿智, 赵子强, 赵文琪, 等. 2021b. 嗜热脂肪地芽胞杆菌对聚苯乙烯的降解性能[J]. 环境科学, 42(6): 3056-3062.

薛兆骏, 周国亚, 俞肖峰, 等. 2017. 超高温自发热好氧堆肥工艺处理剩余污泥[J]. 中国环境科学, 37(9): 3399-3406.

余震, 周顺桂, 2020. 超高温好氧发酵技术: 堆肥快速腐熟与污染控制机制[J]. 南京农业大学学报, 43(5): 781-789.

周普雄. 2018. 超高温好氧发酵工艺加速污泥堆肥腐熟过程研究[D]. 福州: 福建农林大学硕士学位论文.

Ahmad S, Scopes R K, Rees G N, et al. 2000. *Saccharococcus caldoxylosilyticus* sp. nov., an obligately thermophilic, xylose-utilizing, endospore-forming bacterium[J]. International Journal of Systematic and Evolutionary Microbiology, 50:(2) 517-523.

Atomi H. 2005. Recent progress towards the application of hyperthermophiles and their enzymes[J]. Current Opinion in Chemical Biology, 9(2): 166-173.

Awasthi M K, Chen H Y, Awasthi S K, et al. 2019. Application of metagenomic analysis for detection of the reduction in the antibiotic resistance genes (ARGs) by the addition of clay during poultry manure composting[J]. Chemosphere, 220: 137-145.

Bernal M P, Alburquerque J A, Moral R. 2009. Composting of animal manures and chemical criteria for compost maturity assessment. A review[J]. Bioresource Technology, 100(22): 5444-5453.

Brock T D, Freeze H. 1969. *Thermus aquaticus* gen. n. and sp. n., a nonsporulating extreme thermophile[J]. Journal of Bacteriology, 98(1): 289-297.

Cao Y, Wang J D, Huang H Y, et al. 2019. Spectroscopic evidence for hyperthermophilic pretreatment intensifying humification during pig manure and rice straw composting[J]. Bioresource Technology, 294: 122131.

Chen X M, Zhao Y, Zeng C C, et al. 2019. Assessment contributions of physicochemical properties and bacterial community to mitigate the bioavailability of heavy metals during composting based on structural equation models[J]. Bioresource Technology, 289: 121657.

Chen Y N, Liu Y, Li Y P, et al. 2017. Influence of biochar on heavy metals and microbial community during composting of river sediment with agricultural wastes[J]. Bioresource Technology, 243: 347-355.

Chen Y R, Chen Y N, Li Y P, et al. 2019. Changes of heavy metal fractions during co-composting of agricultural waste and river sediment with inoculation of *Phanerochaete chrysosporium*[J]. Journal of Hazardous Materials, 378: 120757.

Chen Z, Xing R Z, Yang X G, et al. 2021. Enhanced in situ Pb(II) passivation by biotransformation into chloropyromorphite during sludge composting[J]. Journal of Hazardous Materials, 408: 124973.

Chen Z, Zhao W Q, Xing R Z, et al. 2020. Enhanced in situ biodegradation of microplastics in sewage sludge using hyperthermophilic composting technology[J]. Journal of Hazardous Materials, 384: 121271.

Cui P, Ai C F, Xu Z B, et al. 2021. Abundances of keystone genes confer superior performance in hyperthermophilic composting[J]. Journal of Cleaner Production, 328: 129589.

Cui P, Chen Z, Zhao Q, et al. 2019a. Hyperthermophilic composting significantly decreases N_2O emissions by regulating N_2O-related functional genes[J]. Bioresource Technology, 272: 433-441.

Cui P, Liao H P, Bai Y D, et al. 2019b. Hyperthermophilic composting reduces nitrogen loss via inhibiting ammonifiers and enhancing nitrogenous humic substance formation[J]. Science of the Total Environment, 692: 98-106.

Diehl D L, LaPara T M. 2010. Effect of temperature on the fate of genes encoding tetracycline resistance and the integrase of class 1 integrons within anaerobic and aerobic digesters treating municipal wastewater solids[J]. Environmental Science & Technology, 44(23): 9128-9133.

Fan H Y, Liao J, Abass O K, et al. 2019. Effects of compost characteristics on nutrient retention and simultaneous pollutant immobilization and degradation during co-composting process[J]. Bioresource Technology, 275: 61-69.

Gao X T, Tan W B, Zhao Y, et al. 2019. Diversity in the mechanisms of humin formation during composting with different materials[J]. Environmental Science & Technology, 53(7): 3653-3662.

Han S I, Lee J C, Lee H J, et al. 2013. *Planifilum composti* sp. nov., a thermophile isolated from compost [J]. International Journal of Systematic and Evolutionary Microbiology, 63(12): 4557-4561.

He X S, Xi B D, Wei Z M, et al. 2011. Spectroscopic characterization of water extractable organic matter during composting of municipal solid waste[J]. Chemosphere, 82(4): 541-548.

Huang M, Li Z W, Huang B, et al. 2018. Investigating binding characteristics of cadmium and copper to DOM derived from compost and rice straw using EEM-PARAFAC combined with two-dimensional FTIR correlation analyses [J]. Journal of Hazardous Materials, 344: 539-548.

Huang W F, Li Y M, Liu X M, et al. 2021. Linking the electron transfer capacity with the compositional characteristics of dissolved organic matter during hyperthermophilic composting[J]. Science of the Total Environment, 755(2): 142687.

Huang Y, Li D Y, Wang L, et al. 2019. Decreased enzyme activities, ammonification rate and ammonifiers contribute to higher nitrogen retention in hyperthermophilic pretreatment composting[J]. Bioresource Technology, 272: 521-528.

Huhe, Jiang C, Wu Y P, et al. 2017. Bacterial and fungal communities and contribution of physicochemical factors during cattle farm waste composting[J]. MicrobiologyOpen, 6(6): e00518.

Judy J D, Williams M, Gregg A, et al. 2019. Microplastics in municipal mixed-waste organic outputs induce minimal short to long-term toxicity in key terrestrial biota[J]. Environmental Pollution, 252: 522-531.

Karadag D, Özkaya B, Ölmez E, et al. 2013. Profiling of bacterial community in a full-scale aerobic composting plant[J]. International Biodeterioration and Biodegradation, 77: 85-90.

Leejarkpai T, Suwanmanee U, Rudeekit Y, et al. 2011. Biodegradable kinetics of plastics under controlled composting conditions[J]. Waste Management, 31(6): 1153-1161.

Li R, Meng H B, Zhao L X, et al. 2019. Study of the morphological changes of copper and zinc during pig manure composting with addition of biochar and a microbial agent[J]. Bioresource Technology, 291: 121752.

Li X W, Chen L B, Mei Q Q, et al. 2018. Microplastics in sewage sludge from the wastewater treatment plants in China[J]. Water Research, 142: 75-85.

Liao H P, Friman V P, Geisen S, et al. 2019a. Horizontal gene transfer and shifts in linked bacterial community composition are associated with maintenance of antibiotic resistance genes during food waste composting[J]. Science of the Total Environment, 660: 841-850.

Liao H P, Lu X M, Rensing C, et al. 2018. Hyperthermophilic composting accelerates the removal of antibiotic resistance genes and mobile genetic elements in sewage sludge[J]. Environmental Science & Technology, 52(1): 266-276.

Liao H P, Zhao Q, Cui P, et al. 2019b. Efficient reduction of antibiotic residues and associated resistance genes in tylosin antibiotic fermentation waste using hyperthermophilic composting[J]. Environment International, 133: 105203.

Liu X M, Hou Y, Li Z, et al. 2020. Hyperthermophilic composting of sewage sludge accelerates humic acid formation: elemental and spectroscopic evidence[J]. Waste Management, 103: 342-351.

Liu X M, Wang Y Q, Wang W W, et al. 2021. Protein-derived structures determines the redox capacity of humic acids formed during hyperthermophilic composting[J]. Waste Management, 126: 810-820.

Liu Y W, Feng Y, Cheng D M, et al. 2018. Dynamics of bacterial composition and the fate of antibiotic resistance genes and mobile genetic elements during the co-composting with gentamicin fermentation residue and lovastatin fermentation residue[J]. Bioresource Technology, 261: 249-256.

Luo Y M, Li G X, Luo W H, et al. 2013. Effect of phosphogypsum and dicyandiamide as additives on NH_3, N_2O and CH_4 emissions during composting[J]. Journal of Environmental Sciences, 25(7): 1338-1345.

Lyon P F, Beffa T, Blanc M, et al. 2000. Isolation and characterization of highly thermophilic xylanolytic *Thermus thermophiles* strains from hot composts[J]. Canadian Journal of Microbiology, 46(11): 1029-1035.

Moriya T, Hikota T, Yumoto I, et al. 2011. *Calditerricola satsumensis* gen. nov., sp. nov. and *Calditerricola yamamurae* sp. nov., extreme thermophiles isolated from a high-temperature compost[J]. International Journal of Systematic and Evolutionary Microbiology, 61(3): 631-636.

Niehaus F, Bertoldo C, Kähler M, et al. 1999. Extremophiles as a source of novel enzymes for industrial application[J]. Applied Microbiology and Biotechnology, 51(6): 711-729.

Noda I, Ozaki Y. 2004. Two-Dimensional Correlation Spectroscopy – Applications in Vibrational and Optical Spectroscopy[M]. London: John Wiley and Sons Ltd.

Nystrand R. 1984. *Saccharococcus thermophilus* gen. nov., sp. nov. isolated from beet sugar extraction[J]. Systematic and Applied Microbiology, 5(2): 204-219.

Oshima T, Imahori K. 1974. Description of *Thermus thermophilus* (Yoshida and Oshima) comb. nov., a nonsporulating thermophilic bacterium from a Japanese thermal spa[J]. International Journal of Systematic Bacteriology, 24(1): 102-112.

Oshima T, Moriya T. 2008. A preliminary analysis of microbial and biochemical properties of high-temperature compost[J]. Annals of the New York Academy of Sciences, 1125: 338-344.

Pantazaki A, Pritsa A, Kyriakidis D. 2002. Biotechnologically relevant enzymes from *Thermus* thermophilus[J]. Applied Microbiology and Biotechnology, 58(1): 1-12.

Ren L H, Cai C Q, Zhang J C, et al. 2018. Key environmental factors to variation of ammonia-oxidizing archaea community and potential ammonia oxidation rate during agricultural waste composting[J]. Bioresource Technology, 270: 278-285.

Saiki T, Kimura R, Arima K. 1972. Isolation and characterization of extremely thermophilic bacteria from hot springs[J]. Agricultural and Biological Chemistry, 36(13): 2357-2366.

Shan G C, Xu J Q, Jiang Z W, et al. 2019. The transformation of different dissolved organic matter subfractions and distribution of heavy metals during food waste and sugarcane leaves co-composting[J]. Waste Management, 87: 636-644.

Song J Z, Li M J, Jiang B, et al. 2018. Molecular characterization of water-soluble humic like substances in smoke particles emitted from combustion of biomass materials and coal using ultrahigh-resolution electrospray ionization Fourier transform ion cyclotron resonance mass spectrometry[J]. Environmental Science & Technology, 52(5): 2575-2585.

Stetter K O. 1996. Hyperthermophilic procaryotes[J]. FEMS Microbiology Reviews, 18: 149-158.

Stetter K O. 2013. A brief history of the discovery of hyperthermophilic life[J]. Biochemical Society Transactions, 41(1): 416-420.

Sung M H, Kim H, Bae J W, et al. 2002. *Geobacillus toebii* sp. nov., a novel thermophilic bacterium isolated from hay compost[J]. International Journal of Systematic and Evolutionary Microbiology, 52(6): 2251-2255.

Takai K, Inoue A, Horikoshi K. 1999. *Thermaerobacter marianensis* gen. nov., sp. nov., an aerobic extremely thermophilic marine bacterium from the 11, 000 m deep Mariana Trench[J]. International Journal of Systematic Bacteriology, 49(2): 619-628.

Tanaka R, Kawaichi S, Nishimura H, et al. 2006. *Thermaerobacter litoralis* sp. nov., a strictly aerobic and thermophilic bacterium isolated from a coastal hydrothermal field[J]. International Journal of Systematic and Evolutionary Microbiology, 56(7): 1531-1534.

Tang J, Zhuang L, Yu Z, et al. 2019. Insight into complexation of Cu(II) to hyperthermophilic compost-derived humic acids by EEM-PARAFAC combined with heterospectral two dimensional correlation analyses[J]. Science of the Total Environment, 656: 29-38.

Tashiro Y, Tabata H, Itahara A, et al. 2016. Unique hyper-thermal composting process in Kagoshima City forms distinct bacterial community structures[J]. Journal of Bioscience and Bioengineering, 122(5): 606-612.

Vajna B, Kanizsai S, Kéki Z, et al. 2012. *Thermus composti* sp. nov., isolated from oyster mushroom compost[J]. International Journal of Systematic and Evolutionary Microbiology, 62(7): 1486-1490.

Wei H W, Wang L H, Hassan M, et al. 2018. Succession of the functional microbial communities and the metabolic functions in maize straw composting process[J]. Bioresource Technology, 256: 333-341.

Wen P, Tang J, Wang Y Q, et al. 2021. Hyperthermophilic composting significantly decreases methane emissions: insights into the microbial mechanism[J]. Science of the Total Environment, 784: 147179.

Wu J Q, Zhao Y, Qi H S, et al. 2017b. Identifying the key factors that affect the formation of humic substance during different materials composting [J]. Bioresource Technology, 244: 1193-1196.

Wu J Q, Zhao Y, Zhao W, et al. 2017a. Effect of precursors combined with bacteria communities on the formation of humic substances during different materials composting[J]. Bioresource Technology, 226: 191-199.

Xu X Y, Liu X R, Li Y, et al. 2017. High temperatures inhibited the growth of soil bacteria and archaea but not that of fungi and altered nitrous oxide production mechanisms from different nitrogen sources in an acidic soil[J]. Soil Biology and Biochemistry, 107: 168-179.

Yabe S, Kato A, Hazaka M, et al. 2009. *Thermaerobacter composti* sp. nov., a novel extremely thermophilic bacterium isolated from compost[J]. Journal of General and Applied Microbiology, 55(5): 323-328.

Yamada T, Suzuki A, Ueda H, et al. 2008. Successions of bacterial community in composting cow dung wastes with or without hyperthermophilic pre-treatment[J]. Applied Microbiology and Biotechnology, 81(4): 771-781.

Yang F, Li Y, Han Y H, et al. 2019. Performance of mature compost to control gaseous emissions in kitchen waste composting[J]. Science of the Total Environment, 657: 262-269.

Yoshii T, Moriya T, Oshima T. 2013. Bacterial and biochemical properties of newly invented aerobic, high-temperature compost[M]//Satyanarayana T, Littlechild J, Kawarabayasi Y. Thermophilic Microbes in Environmental and Industrial Biotechnology. Netherlands: Springer Netherlands: 119-135.

Youngquist C P, Mitchell S M, Cogger C G. 2016. Fate of antibiotics and antibiotic resistance during digestion and composting: a review[J]. Journal of Environmental Quality, 45(2): 537-545.

Yu Y S, Chen L J, fang Y, et al. 2019a. High temperatures can effectively degrade residual tetracyclines in chicken manure through composting[J]. Journal of Hazardous Materials, 380: 120862.

Yu Z, Liu X M, Chen C Y, et al. 2019b. Molecular insights into the transformation of dissolved organic matter during hyperthermophilic composting using ESI FT-ICR MS[J]. Bioresource Technology, 292: 122007.

Yu Z, Liu X M, Chen C Y, et al. 2019c. Analytical dataset on the molecular compositional changes of dissolved organic matter during hyperthermophilic composting[J]. Data in Brief, 27: 104588.

Yu Z, Liu X M, Zhao M H, et al. 2019d. Hyperthermophilic composting accelerates the humification process of sewage sludge: molecular characterization of dissolved organic matter using EEM-PARAFAC and two-dimensional correlation spectroscopy[J]. Bioresource Technology, 274: 198-206.

Yu Z, Tang J, Liao H P, et al. 2018. The distinctive microbial community improves composting efficiency in a full-scale hyperthermophilic composting plant[J]. Bioresource Technology, 265: 146-154.

Yu Z, Wen J L, Yang G Q, et al. 2015a. *Compostibacillus humi* gen. nov., sp. nov., a member of the family Bacillaceae, isolated from sludge compost[J]. International Journal of Systematic and Evolutionary Microbiology, 65(2): 346-352.

Yu Z, Wu C, Yang G Q, et al. 2015b. *Planifilum caeni* sp. nov., a novel member of thermoactinomycete isolated from sludge compost[J]. Current Microbiology, 70(1): 135-140.

Zeng G M, Yu Z, Chen Y N, et al. 2011. Response of compost maturity and microbial community composition to pentachlorophenol (PCP)-contaminated soil during composting[J]. Bioresource Technology, 102(10): 5905-5911.

Zhang Z C, Zhao Y, Wang R X, et al. 2018. Effect of the addition of exogenous precursors on humic substance formation during composting[J]. Waste Management, 79: 462-471.

Zhou H B, Meng H B, Zhao L X, et al. 2018. Effect of biochar and humic acid on the copper, lead, and cadmium passivation during composting[J]. Bioresource Technology, 258: 279-286.

附录 超高温堆肥技术规范

1 范围

本文件规定了超高温堆肥的基本要求、工艺、设施设备和产物质量要求，描述了对应的产物质量检测方法。

本文件适用于以超高温堆肥技术为工艺的有机物料处理。

2 规范性引用文件

下列文件中的内容通过文中的规范性引用而构成本文件必不可少的条款。其中，注日期的引用文件，仅该日期对应的版本适用于本文件；不注日期的引用文件，其最新版本（包括所有的修改单）适用于本文件。

GB/T 8576—2010 复混肥料中游离水含量的测定 真空烘箱法

GB 8978 污水综合排放标准

GB 12348 工业企业厂界环境噪声排放标准

GB 14554 恶臭污染物排放标准

GB/T 195241—2004 肥料中粪大肠菌群的测定

GB/T 195242—2004 肥料中蛔虫卵死亡率的测定

GB/T 23349 肥料中砷、镉、铅、铬、汞生态指标

GB/T 25168—2010 畜禽 cDNA 文库构建与保存技术规程

GB/T 25169—2010 畜禽粪便监测技术规范

GB 38400 肥料中有毒有害物质的限量要求

NY 525 有机肥料

NY 884 生物有机肥

NY/T 3442—2019 畜禽粪便堆肥技术规范

3 术语和定义

下列术语和定义适用于本文件。

3.1

堆肥 composting

在人工控制条件下（含水率、碳氮比和曝气等），通过微生物的发酵，使有机物被降解，并生产出一种适宜于土地利用产物的过程。

3.2

超嗜热菌 hyperthermophilic microorganism

一类生活在高温环境中的微生物。

注：其适宜生长温度在 80℃以上，低于 60℃不能生长。

3.3

超高温堆肥 hyperthermophilic composting

在不依赖外部加热情况下，利用堆体中内源土著微生物或外源接种的超嗜热菌，降解有机物料并产生热量，使堆体温度超过 80℃，且持续时间不少于 5 d 的过程。

4 基本要求

4.1 超高温堆肥厂建设

超高温堆肥处理工程选址、规模和设备选型，应根据当地城市总体规划、环境卫生专业规划、有机废弃物产生量与特性和环境保护要求，以及超高温堆肥处理技术的适用性合理确定。

4.2 超高温堆肥原料

超高温堆肥原料宜为畜禽粪便、动植物残体、以动植物产品为原料加工的下脚料等农林有机固体废弃物，以及市政污泥、餐厨垃圾等其他有机固体废弃物。用作有机肥生产的，选择的原料应符合 NY 525 要求。

4.3 超高温堆肥辅料

用于调节堆体含水率、碳氮比、通气性等的物料，如农作物秸秆、锯末、稻壳、蘑菇渣等。

4.4 厂区环境

堆肥处理厂的空气质量指标应符合 GB 14554 的有关规定；厂界噪声标准应符合 GB 12348 的有关规定；渗滤液和污水排放标准应符合 GB 8978 的有关规定。

5 超高温堆肥工艺

5.1 技术流程

超高温堆肥技术流程包括物料预处理、超高温堆肥、堆肥后处理和臭气收集处理等环节，如图 1 所示。

5.2 物料预处理

5.2.1 堆肥前，调节堆体含水率为 45%～65%，有机质含量（以干基计）不小于 45%，碳氮比（质量比）20：1～40：1，粒径不大于 5 cm，pH5.5～9.0。

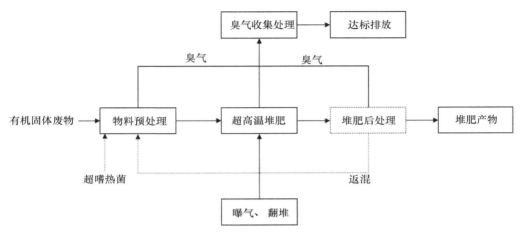

图 1 超高温堆肥技术流程图

实线表示必需步骤，虚线表示可选步骤

5.2.2 利用内源土著微生物或添加外源超嗜热菌的方法，调节堆体微生物菌群。使用微生物制剂应获得管理部门产品登记。

5.3 超高温堆肥

5.3.1 可采用条垛式、槽式、反应器式等方式进行堆肥，堆高不低于 2 m。

5.3.2 通过堆体曝气或翻堆，使堆体温度超过 80℃，且持续时间不应少于 5 d。

5.3.3 堆体内部氧气浓度不小于 5%，每立方米物料曝气风量为 0.05~0.2 m³/min。

5.3.4 堆体升温未达 80℃时不宜翻堆，达到 80℃后每 3~5 d 翻堆一次。实际运行中可根据堆体温度和发酵情况调整翻堆频次。

5.3.5 发酵周期宜为 15~30 d。

5.4 堆肥后处理

5.4.1 陈化

堆肥产物作为有机肥或栽培基质时应进行陈化，堆体温度接近环境温度时终止陈化过程。

5.4.2 后处理

堆肥产物制成有机肥时，有机肥产品应符合 NY 525 或 NY 884 的有关规定。

5.5 臭气收集处理

堆肥过程中产生的臭气应进行有效收集和处理。

6 设施设备

6.1 选择原则

应根据超高温堆肥工艺特点选择，分为预处理设备和发酵设备。

6.2 预处理设备

预处理设备主要包括粉碎设备、混料设备和微生物添加设备，混料设备可选择简易装载机或专用混料机混料。

6.3 发酵设备

6.3.1 条垛式堆肥设备

条垛式堆肥翻堆设备宜选择自走式或牵引式翻堆机，并根据发酵温度、条剁宽度和处理量选择翻堆机。对于简易条垛式堆肥，也可用铲车进行翻堆。

6.3.2 槽式堆肥设备

槽式堆肥设备包括进出料、翻堆和通风等设备。

6.3.3 反应器式堆肥设备

反应器式堆肥设备可分为立式发酵塔和卧式发酵滚筒，应配置进料、通风、出料和除臭等辅助设备。

7 产物质量要求

7.1 产物质量要求

产物质量应符合表1的要求。

表 1 产物质量要求

项目	含量限值
堆体温度	35℃以下，且连续两天温度差不超过±2℃
含水率/%	≤30
种子发芽指数/%	≥80
蛔虫卵死亡率/%	≥99
类大肠菌群数/（个/g）	≤10

7.2 产物制肥质量要求

利用堆肥产物制肥时，产物制肥质量应符合表1和表2的要求。

表 2 产物制肥质量要求

项目	含量限值
有机质含量（以烘干基计）/%	≥45
总养分（氮+五氧化二磷+氧化钾）的质量分数（以烘干基计）/%	≥5.0
pH	5.5～8.5
总砷（As）（以烘干基计）/（mg/kg）	≤15
总汞（Hg）（以烘干基计）/（mg/kg）	≤2
总铅（Pb）（以烘干基计）/（mg/kg）	≤50

续表

项目	含量限值
总镉（Cd）（以烘干基计）/（mg/kg）	≤3
总铬（Cr）（以烘干基计）/（mg/kg）	≤150
总铊（Tl）（以烘干基计）/（mg/kg）	≤2.5

8　检测方法

8.1　采样

堆肥产物样品采样方法、样品记录和标识按照 GB/T 25169—2010 中第 5 章的规定执行；样品的保存按照 GB/T 25168—2010 中第 8 章的规定执行。

8.2　总养分（氮+五氧化二磷+氧化钾）的质量分数测定

按照 NY 525 的规定执行。

8.3　堆体温度、pH、有机质含量和种子发芽指数的测定

按照 NY/T 3442—2019 的规定执行。

8.4　含水率的测定

按照 GB/T 8576—2010 的规定执行。

8.5　蛔虫卵死亡率的测定

按照 GB/T 19524.2—2004 的规定执行。

8.6　类大肠菌群数的测定

按照 GB/T 19524.1—2004 的规定执行。

8.7　总砷、总汞、总铅、总镉和总铬的测定

按照 GB/T 23349 的规定执行。

8.8　总铊的测定

按照 GB 38400 的规定执行。

第九章 超嗜热微生物修复技术

在生物冶金、石油开采等工业生产及核工业废水处理等领域，受适用条件、修复成本等因素限制，常规生物修复技术通常难以在这些高温条件下有效发挥作用。超嗜热微生物因具有极高的热稳定性、优良的产酶性能和极端环境适应能力，被广泛应用于各种极端高温环境下的生物修复过程。本章对超嗜热微生物在环境修复领域的应用进行了总结，主要概括为两个方面：一方面，利用超嗜热微生物实现环境中的重金属、核素、有机物等污染修复；另一方面，发挥超嗜热微生物在工业生产中的作用，如加快矿堆中的金属浸出、提高石油开采过程中的采油效率等。

第一节 超嗜热微生物浸矿技术

生物浸矿技术是指利用自然界中嗜酸性微生物的氧化、还原、络合、吸附或溶解作用，将矿物固相中的不溶性成分（如重金属、硫及其他金属）分离浸提出来的过程。与化学浸矿技术相比，生物浸矿具有环境友好、投入少、效益高等优势，已在铜矿和贵金属矿的回收冶炼工业中得到了广泛应用（Rawlings and Johnson, 2007；Rohwerder et al., 2003）。由于金属矿物的微生物浸出是一个典型的放热过程，浸矿系统的温度长期处在 50～80℃，最高甚至可达 96℃，因此，超嗜热微生物在生物冶金过程中的应用是该领域研究的焦点。

一、微生物浸矿作用机制

微生物对金属矿物的浸出是利用硫化物的氧化过程和产生质子的攻击作用来实现的，主要分为直接浸出和间接浸出两种微生物作用机制。直接浸出机制是指浸矿微生物吸附于矿物表面，直接氧化分解硫化矿物的过程（图 9.1）。具体而言，浸矿微生物利用胞内产生的铁氧化酶和硫氧化酶来氧化硫化物，将不溶性的硫化物转化成可溶性的硫酸盐，并获得生命所需能量（曾伟民和邱冠周，2012）。然而，由于缺乏金属硫化物与微生物进行直接电子转移的证据，该机制目前仍受质疑。

间接浸出机制是指通过微生物代谢过程中所产生的 $Fe_2(SO_4)_3$ 和硫酸等来实现矿物溶解与金属浸出的过程。根据硫化矿物类型不同，间接作用机制又分为硫代硫酸盐和多硫聚合物两种不同途径（Rohwerder et al., 2003）。目前，对于黄铁矿的硫代硫酸盐途径研究最为深入。如图 9.1 所示，微生物首先将黄铁矿中的 Fe^{2+} 氧化为 Fe^{3+}；随后，Fe^{3+} 攻击黄铁矿的硫组分，产生一系列可溶性硫的中间产物，如 $S_2O_3^{2-}$；$S_2O_3^{2-}$ 进一步被 Fe^{3+} 和 O_2 氧化形成四硫酸盐后，再被转化为各种含硫化合物，如三硫酸盐、五硫酸盐、S^0 和 SO_3^{2-} 等；这些含硫化合物最终被生物/化学氧化形成 SO_4^{2-}。从硫代硫酸盐途径的浸矿机制可以看出，酸不溶性金属硫化矿必须通过铁氧化菌的作用才能实现金属的浸出。

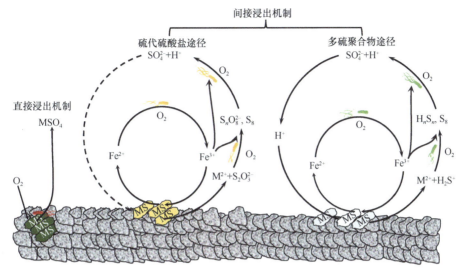

图 9.1　微生物浸矿的直接和间接作用机制（Rohwerder et al., 2003；曾伟民和邱冠周，2012）

Fig. 9.1　Direct and indirect mechanisms of biological leaching

多硫聚合物途径主要针对酸溶性金属硫化矿，如闪锌矿（ZnS）、方铅矿（PbS）、砷黄铁矿（FeAsS）、黄铜矿（CuFeS₂）和方硫锰矿（MnS₂）等。如图 9.1 所示，在多硫聚合物途径中，金属硫化物的化学键被 Fe^{3+} 和 H^+ 破坏，导致多硫化氢（H_2S_n）的产生；H_2S_n 能被 Fe^{3+} 进一步氧化生成 S_8。在有氧条件下，S_8 最终被氧化产生硫酸。实际上，Fe^{3+} 的氧化作用在多硫聚合物途径中并非是必要的；当 Fe^{3+} 缺失时，硫氧化微生物利用氧化 H_2S 生成的 H^+ 攻击金属硫化物，而游离的 S^{2-} 则被氧化生成硫酸。

二、高效产酸的超嗜热浸矿微生物

迄今为止，具有高效产酸功能的超嗜热微生物（最适生长温度>70℃，最适 pH<3.5）均为古菌，属于泉古菌门（Crenarchaeota）的硫化叶菌目（Sulfolobales），包括以下几个属：硫化叶菌属（*Sulfolobus*）、酸菌属（*Acidianus*）、金属球菌属（*Metallosphaera*）和硫化小球菌属（*Sulfurococcus*）等（Orell et al., 2010）。它们可以在好氧、兼性厌氧或完全厌氧的环境下利用 S^0、$S_2O_3^{2-}$ 或金属硫化物等无机物自养生长，其代谢特征详见表 9.1。

表 9.1　具有高效产酸浸矿能力的超嗜热微生物

Table 9.1　Species of known acidophilic hyperthermophilic microorganisms with bioleaching function

种属（菌株）	生长 pH（最优）	生长温度（最优）/℃	能源物质（电子供体）	电子受体	生长类型	参考文献
Metallosphaera sedula（TH2，DSM 5348）	1.0~4.5（2.0）	50~80（75）	H₂, S⁰, K₂S₄O₆, K₂SO₄, Fe²⁺, FeS₂, CuFeS₂, CdS, SnS, ZnS, 复杂有机物, 糖类, 氨基酸	O₂	化能自养，异养，兼养	Maezato et al., 2012
Metallosphaera sedula（TA-2，JCM 9064）	1.0~3.5（2.8）	60~80（75）	ND	O₂	异养	Kurosawa et al., 1995
Metallosphaera prunae（Ron 12/II，DSM 10039）	1.0~4.5（2.0）	55~80（75）	H₂, S⁰, FeS₂, CuFeS₂, ZnS, 复杂有机物, 糖类, 氨基酸	O₂	化能自养，异养，兼养	Fuchs et al., 1995；Mukherjee et al., 2012

种属（菌株）	生长 pH（最优）	生长温度（最优）/℃	能源物质（电子供体）	电子受体	生长类型	参考文献
Metallosphaera hakonensis（DSM 7519）	1.0~4.0（3.0）	50~80（70）	H_2S, S^0, $K_2S_4O_6$, Fe^{2+}, FeS, FeS_2, $CuFeS_2$, 复杂有机物，糖类，氨基酸	O_2	化能自养，异养，兼养	Takayanagi et al., 1996; Wheaton et al., 2015
Metallosphaera yellowstonensis（MK1）	1.0~4.5（2.0~3.0）	45~85（65~75）	S^0, Fe^{2+}, FeS, FeS_2, $CuFeS_2$, CuS, ZnS, 复杂有机物	O_2	化能自养，异养，兼养	Kozubal et al., 2008
Acidianus hospitalis（W1）	2.0	65~95 85	ND	ND	ND	Bettstetter et al., 2003; Wheaton et al., 2015
Acidianus infernus（DSM 3191）	1.0~5.5（2.0）	65~96（90）	H_2, H_2S, S^0	S^0, O_2, MO_4^{2-}	化能自养，兼养	Segerer et al., 1986
Acidianus ambivalens（DSM 3772）	1.0~3.5（2.5）	70~87（80）	H_2, H_2S, S^0	S^0, O_2	化能自养，兼养	Fuchs et al., 1996
Acidianus brierleyi（DSM 1651）	1.0~6.0（1.5~2.0）	45~75（70）	H_2, S^0, $K_2S_4O_6$, Fe^{2+}, FeS_2, CuS, ZnS, MoS_2, 复杂有机物	Fe^{3+}, S^0, O_2, MO_4^{2-}	化能自养，异养，兼养	Segerer et al., 1986
Acidianus brierleyi（DSM 6334）	1.0~6.0（1.5~2.0）	ND（75）	S^0, Fe^{2+}	S^0, O_2	化能自养	Segerer et al., 1986; Segerer et al., 1991
Acidianus sulfidivorans（DSM 18786）	0.35~3.0（0.8~1.4）	45~83（74）	H_2S, S^0, Fe^{2+}, FeS_2, $CuFeS_2$, FeAsS	Fe^{3+}, S^0, O_2	化能自养，兼养	Plumb et al., 2007a
Acidianus tengchongensis（S5）	1.0~5.5（2.5）	55~80（70）	H_2, S^0, $S_2O_3^{2-}$	S^0, O_2	化能自养	He et al., 2004
Acidianus manzaensis（NA-1）	1.0~5.0（1.2~1.5）	60~90（80）	H_2, S^0, 复杂有机物，糖类	Fe^{3+}, O_2	化能自养，异养，兼养	Yoshida et al., 2006
Acidianus manzaensis（YN25）	1.0~6.0（1.5~2.5）	50~85（65）	H_2, S^0, $K_2S_4O_6$, Fe^{2+}, $CuFeS_2$, 复杂有机物，糖类，氨基酸	S^0, O_2	异养，兼养	Yoshida et al., 2006
Acidianus sp.（DSM 29099）	ND	ND（65）	Fe^{2+}, S^0	O_2	ND	Liu et al., 2016
Acidianus sp.（ALE1, DSM 29038）	1.0~5.0（2.5~3.0）	60~80（75）	H_2, S^0, $Fe^{2+}S_4O_6^{2-}$, FeS_2, ZnS, CuS, 复杂有机物，糖类	Fe^{3+}, S^0, O_2	化能自养，兼养	Giaveno et al., 2013
Sulfurococcus yellowstonensis（Str6kar）	1.0~5.5（2.0~2.6）	40~80（60）	S^0, FeS_2, ZnS, $CuFeS_2$, Fe^{2+}, 复杂有机物，糖类	O_2	化能自养，异养，兼养	Schippers, 2007
Sulfurococcus mirabilis（INMI AT-49）	1.0~5.8（2.0~2.6）	50~86（70~75）	S^0, FeS_2, ZnS, $CuFeS_2$, 复杂有机物，糖类，氨基酸	O_2	化能自养，异养，兼养	Schippers, 2007
Sulfolobus metallicus（DSM 6482）	1.0~4.5（ND）	50~75（65）	S^0, Fe^{2+}, FeS_2, $CuFeS_2$, ZnS, CdS	O_2	化能自养	Huber and Stetter, 1991
Sulfolobus yangmingensis（YM1）	2.0~6.0（4.0）	65~90（80）	S^0, FeS, $K_2S_4O_6$, 复杂有机物，糖类，氨基酸	O_2	化能自养，异养，兼养	Jan et al., 1999
Sulfolobus tengchongensis（RT8-4）	1.7~6.5（3.5）	65~95（85）	S^0, 复杂有机物，糖类，氨基酸	O_2	化能自养，异养，兼养	Xiang et al., 2003

注：ND，未确定。

Metallosphaera 属目前包含 *Metallosphaera sedula*、*Metallosphaera prunae*、*Metallosphaera hakonensis* 和 *Metallosphaera yellowstonensis* 等 4 个种，它们的生长温度范围为 45~85℃，最适 pH 为 2.0~3.0。其中，*Metallosphaera sedula*、*Metallosphaera prunae* 和 *Metallosphaera yellowstonensis* 均能氧化 Fe^{2+} 和硫化物，已被用于多种类型的尾矿浸出过程（Zhu et al.，2011）。

Acidianus 属主要存在于酸性热泉、火山口等极端嗜热环境，生长温度范围为 65~95℃，最适 pH 为 1.0~2.5，包含 7 种、3 亚种。其中，*Acidianus brierleyi* 和 *Acidianus manzaensis* 可以在超高温和极低 pH 条件下从多种硫化矿中浸出金属（Rastegar et al.，2014；Zhu et al.，2011）。

Sulfolobus 属主要栖息在温度为 90℃、pH 为 1~5 的含硫地热温泉中。该属是一类可以在好氧条件下进行化能自养生长的古菌，能将 H_2S 或 S^0 氧化为 H_2SO_4，并将 CO_2 固定为碳源。*Sulfolobus* 属中能够用于生物浸矿的菌种有 *Sulfolobus metallicus*、*Sulfolobus yangmingensis* 和 *Sulfolobus tengchongensis* 等。

三、主要的超嗜热微生物浸矿技术

产酸型微生物常被用于铜矿和贵金属矿的提纯，但由于微生物代谢和硫化物氧化释放大量的热，导致生物浸矿系统长期处于高温状态，需要在工艺设计时考虑采取降温措施，如用水冷降低浸矿温度。这不仅导致工艺更为复杂，而且增加了处理成本。基于超嗜热微生物的生物浸矿技术能完全克服上述缺陷，在生物冶金工业中展现出巨大的应用潜力。目前，超嗜热微生物浸矿技术主要分为槽浸和堆浸两种。

（一）槽浸工艺

槽浸是指利用搅拌槽对金属矿物进行浸出的过程，常被用于贵金属和铜、钴、镍、锌等金属精矿的浸出。目前，高效产酸的超嗜热微生物 *Sulfolobus*、*Metallosphaera* 和 *Acidianus* 已在高温生物槽浸工艺中得到应用（d'Hugues et al.，2002；Bonnefoy and Holmes，2012；刘丽君等，2016）。Muñoz 等（2006）研究发现利用 *Sulfolobus metallicus* 对硫砷铜矿和铜精矿进行生物槽浸，铜的浸出率可达 84%，远优于接种中温混合培养物的浸出效果，从而验证了超嗜热微生物应用于槽浸工艺的技术优势。

在 *Sulfolobus* sp.纯培养体系中，研究人员发现 75℃下可以将 Fe^{2+} 氧化为 Fe^{3+}，并实现低品位铜矿的精炼（Ghosh and Pandey，2015）。Takatsugi 等（2011）发现利用 *Acidianus brierleyi* 在 70℃的搅拌器中浸出硫砷铜矿，铜的浸出率接近 91%。此外，*Acidianus brierleyi* 也被应用于黄铁矿、闪锌矿、黄铜矿等多种硫化矿的生物槽浸试验。

关于槽浸工艺的研究，大多集中于超嗜热混合菌群对金属浸出效果的影响。在可连续操控的多级槽浸系统中，Dinkla 等（2009）先后在 70℃和 78℃条件下利用超嗜热培养物处理铜精矿，结果表明，铜的浸出率均在 90%以上。分析该系统中的微生物群落组成，*Acidianus brierleyi* 的相对丰度达 98%~99%。另外，以 *Acidianus brierleyi*、*Metallosphaera sedula* 和 *Metallosphaera hakonensis* 组成的混合菌群对低品位铜矿开展浸出试验，发现铜的浸出率较纯菌体系至少提高 28%。Norris（2017）对比分析了超嗜热混合菌群和中温混合菌群对镍精矿浸出结果的影响，发现当槽浸温度为 77℃时，超嗜热混合菌群对镍的浸出效果显著。

在工业规模上，利用高效产酸的超嗜热微生物在反应槽中浸出铜、镍和锌的应用已取得成功。1998 年，澳大利亚必和必拓（BHP Biliton）和智利 Codelco 公司联合开发的 BioCop^TM 高温槽浸技术（图 9.2），正是利用超嗜热菌 *Sulfolobus*、*Metallosphaera* 和 *Acidianus* 作为浸矿微生物，验证了高温槽浸技术的可行性（Batty and Rorke，2006）。2000 年，在智利北部的丘基卡马塔铜矿建立的一座产铜规模为 20 000 t/a 的超嗜热微生物浸矿示范工厂，最早实现了 BioCop^TM 高温槽浸技术的工业化应用（Gericke et al.，2009）。2010 年，中国昆明霖海公司利用高效产酸的超嗜热微生物，在搅拌槽中开展了超高温条件下浸出高硫砷含铼铜烟灰和低品位赤铜矿的工程试验，当浸出温度为 96℃时，铜和铼的浸出率均稳定在 92%～99%（张在海，2013）。

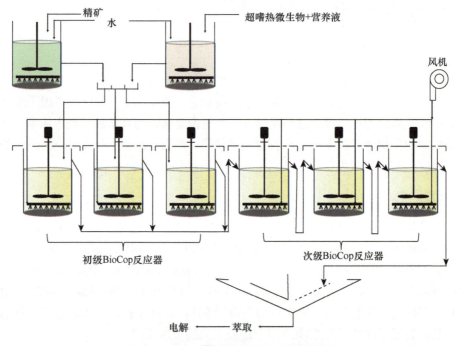

图 9.2 BioCop^TM 超高温槽浸工艺流程图
Fig. 9.2 The flow chart of hyperthermophilic tank process in BioCop^TM

（二）堆浸工艺

生物堆浸是指通过浸矿微生物的直接或间接作用，有选择性地溶解并浸出矿石堆中目标金属的过程。根据堆置方式的差异，可分为筑堆、废石堆和原地等 3 种浸出形式。由于堆浸工艺中堆体升温过程难以控制，容易导致嗜温和中等嗜热微生物大量死亡，而接种超嗜热微生物可以较好地解决堆浸工艺温度不受控的问题。Olson 等（2003）指出，超嗜热微生物能平衡硫化矿生物堆浸中微生物活性和产热量之间的关系。

超高温生物堆浸工艺的实现，通常是先利用嗜温/中等嗜热微生物使堆体温度达到60℃后，再接种超嗜热微生物以提高金属的浸出效率（图9.3）。目前，超高温生物堆浸技术已有许多成功的应用案例。GeoBiotics 公司利用 GEOCOAT 生物堆浸工艺处理纳米比亚的闪锌矿，锌的回收率和纯度都得到显著提高；将该技术进一步应用于黄铜矿的处理，铜的浸出率达到97%（Harvey et al.，2002）。研究发现，GEOCOAT 工艺中的浸矿菌群主要包括：超嗜热菌 *Acidianus brierleyi*、*Acidianus infernos*、*Sulfolobus metallicus*、*Sulfolobus shibatae*；中等嗜热菌 *Acidithiobacillus caldus*、*Sulfobacillus thermosulfidooxidans*。

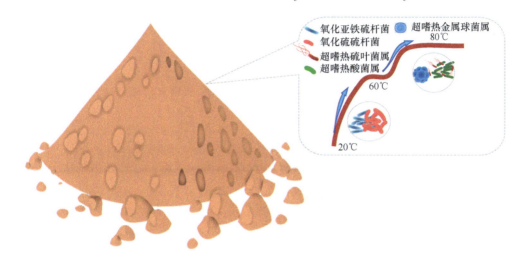

图 9.3　超高温生物堆浸工艺原理示意图

Fig. 9.3　Flow diagram for hyperthermophilic heap bioleaching

此外，Newmont 矿业公司通过依次接种嗜温/中等嗜热菌和超嗜热菌的方式，采用生物堆浸工艺成功地处理了 10 多座矿堆，最高温度达 81℃，浸出液中超嗜热菌的浓度达到 $10^6 \sim 10^8$ 个/mL（Plumb et al.，2007b）。欧洲 Bioshale 公司以镍黄铁矿和紫硫镍矿建立了一个 5 万 t 的堆体，依次接种嗜温菌、中等嗜热菌和超嗜热菌进行生物堆浸处理，堆体温度最高达到 90℃，经过 18 个月处理后，镍的浸出率超过 80%（杨海麟等，2010）。

四、应用案例

1998 年，澳大利亚 BHP Biliton 公司开发出 BioCop^{TM} 高温槽浸工艺，并开展了反应槽容积为 50 m^3 和 300 m^3 的中试试验，利用超嗜热微生物在 78℃条件下实现了多种金属矿的浸出（Gericke et al.，2009）。2000 年，智利丘基卡马塔铜矿利用该工艺实现了工业化规模的黄铜矿精炼，年处理铜精矿 77 000 t，生产铜 20 000 t。这也是迄今为止超嗜热微生物高温槽浸工艺应用最为成功的案例。

图 9.4 是位于智利丘基卡马塔铜矿的 BioCop^{TM} 示范工程实景图。该工程的主反应器（50%～70%的金属溶解都发生在主反应器中）由 6 个 1260 m^3 的反应槽构成，每个反应槽均配备搅拌和曝气设备。运行过程采用纯氧曝气，氧气利用率为 80%。接种的浸矿微生物为 *Sulfolobus*-like spp.、*Metallosphaera*-like spp.和 *Acidianus*-like spp.组成的超嗜热混

合菌群，能够使反应槽在 78℃条件下持续运行，且 pH 全程保持在 1.5 左右，微生物含量维持在 10^9 个/mL。主反应器中泵入的矿浆浓度为 12%（m/m），整个浸矿周期为 96 h，其中主反应器停留时间为 48 h，铜的浸出率超过 90%。

图 9.4　智利丘基卡马塔铜矿的高温槽浸示范工厂

Fig. 9.4　Bioleaching tanks（BioCop reactors）at the Prototype plant, Chuquicamata, Chile

第二节　超嗜热微生物重金属污染修复技术

环境中 Cr、As、Sb 等有毒重金属，以及因核泄漏和核废料排放造成的 U 和 Te 等放射性核素污染问题已引起广泛重视（Chernyh et al.，2007）。超嗜热微生物不仅能够耐受极端高温，而且它们的生长环境中也存在各种重金属和高辐射（Haja et al.，2020），因此在长期进化过程中会形成各种机制去抵抗重金属和辐射所带来的毒害作用。利用超嗜热微生物开发高温条件下的重金属和核污染修复技术，应用前景十分广阔。

一、超嗜热微生物的抗性机制

（一）抗重金属机制

超嗜热微生物大多栖息在富含重金属的环境中，从而进化出多种抵御金属毒性的策略，为其生存提供竞争优势（Castro et al.，2019；Dhuldhaj and Pandya.，2020）。此外，使微生物能够耐受金属毒性的抗性基因也在超嗜热微生物中被大量发现（Wheaton et al.，2015）。

微生物耐受金属毒性通常是多种机制共同作用的结果（Bruins et al.，2000）。如图 9.5A 所示，金属抗性/耐受性的可能机制共分为 7 种类型：①被动耐受；②通过细胞外屏障阻隔金属；③金属离子活性迁移；④通过蛋白质/螯合剂与金属结合封存于胞内；⑤通过蛋白质/螯合剂与金属结合隔离于胞外；⑥通过酶将金属转化为毒性低的形态；⑦降低细胞对目标金属的敏感性（Bruins et al.，2000；Dopson et al.，2003；Gallo et al.，2018；Wheaton et al.，2015）。

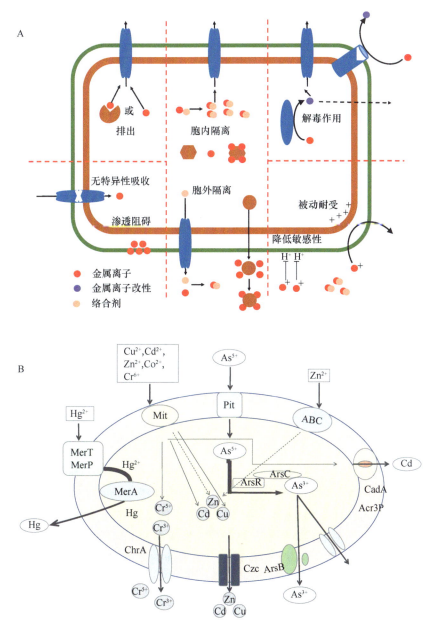

图 9.5　超嗜热微生物耐金属机制（Wheaton et al.，2015）（A）和重金属抗性系统（Satyanarayana et al.，2013）（B）

Fig. 9.5　（A）Overview of metal resistance mechanisms for hyperthermophilic microorganisms；（B）Heavy metal resistance systems present in hyperthermophilic microorganisms

一般来说，超嗜热微生物是通过细胞膜对金属离子的主动转运或外排去抵抗金属毒害作用的（图 9.5B）。外排系统的抗性基因一般存在于染色体和质粒中，其表达由金属应答转录蛋白控制（Gallo et al., 2018）。研究表明，超嗜热微生物的金属外排基因包括 CDF（cation diffusion facilitator）蛋白簇和 p-型 ATPase 簇（Nies，2003）。CDF 蛋白家族的功能主要是通过质膜运输特定的底物进入细胞质，这些底物包括 Zn(Ⅱ)、Co(Ⅱ)、Ni(Ⅱ)、Cd(Ⅱ)和 Fe(Ⅱ)等金属离子（Goswami et al., 2012）。例如，Nies 在超嗜热古菌 *Pyrococcus furiosus* 中检测到 3 个与 Zn(Ⅱ)和 Fe(Ⅱ)排出相关的 CDF 蛋白（Nies，2003）。

与 CDF 蛋白不同，p-型 ATPase 家族蛋白主要负责运输对巯氢基具有高亲和力的单价或二价金属离子，如 Cu(Ⅰ)、Ag(Ⅰ)、Zn(Ⅱ)、Cd(Ⅱ)和 Pb(Ⅱ)等，并通过水解 ATP 转运金属离子至细胞膜外。p-型 ATPase 能驱动过渡金属离子和有毒金属离子排出细胞，维持胞内平衡（Mandal and Argüello，2003）。在超嗜热微生物 *Thermus thermophilus* 细胞中，Schurig-Briccio 和 Gennis（2012）检测到了包含 3 个编码 p-型 ATPase 的基因，分别为 Cu 转运基因（*CopA* 和 *CopB*）和 Zn-Cd 转运基因[Zn(Ⅱ)/Cd(Ⅱ)-ATPase]。

超嗜热微生物还可以将胞内酶转化与外排系统相结合获得重金属抗性。利用该机制，重金属在胞内还原酶的作用下被转化为低毒性或易转运形态，然后通过外排系统排出。目前，已鉴定的金属还原酶基因包括汞还原酶（MerA）、砷还原酶（ArsC）和亚砷酸呼吸还原酶（Arr）等。例如，来自 *Thermus thermophiles* HB27 的 ArsC 可以将 As(Ⅴ)转化为 As(Ⅲ)（Del Giudice et al., 2013）；来自 *Sulfolobus solfataricus* 的 MerA 可将高毒性的 Hg(Ⅱ)还原为 Hg(0)（Schelert et al., 2004）。此外，超嗜热微生物还可以通过厌氧呼吸链将 Cr(Ⅴ)、Mo(Ⅵ)、U(Ⅵ)和 V(Ⅴ)等重金属作为终端电子受体还原。例如，*Pyrobaculum islandic* 被证明能将 U(Ⅵ)还原为不溶性 U(Ⅵ)，从而以沉淀物的形式排出（Kashefi and Lovley，2000）。

（二）抗辐射机制

电离辐射（IR）能导致微生物细胞产生严重的氧化应激反应。细胞内 DNA、脂质和蛋白质是 IR 的主要作用靶点。如图 9.6 所示，IR 对微生物的损伤机制可分为直接和间接两种形式（Ranawat and Rawat，2017）。直接损伤是指 IR 直接通过高辐射剂量破坏细胞中的 DNA 和蛋白质结构。例如，当微生物暴露在大剂量的 X 射线和 γ 射线下时，细胞中的 DNA 和蛋白质等大分子结构通过吸收射线的光子能量，导致 DNA 断裂和蛋白质失活。

间接损伤则是由 IR 引发水分解所产生的活性氧（ROS）造成的。对于 DNA 而言，ROS 直接攻击 DNA 的碱基位点，导致其单链或双链断裂（Rettberg et al., 2002）。而对于蛋白质，ROS 通过引起羰基残基、氨基酸自由基链式反应等对其进行破坏，最终导致蛋白质变性失活。此外，细胞内的 2Fe-2S 或 4Fe-4S 蛋白簇也会在 IR 作用下释放 Fe^{2+}，从而与 H_2O_2 发生 Fenton 反应，持续破坏 Fe-S 蛋白结构（Imlay，2006）。

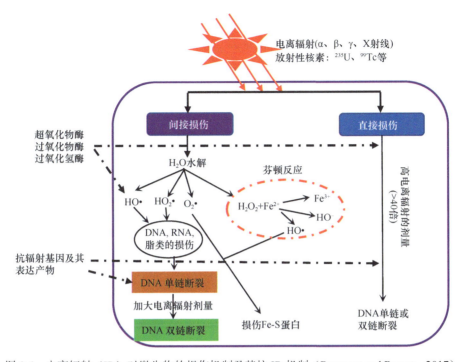

图 9.6　电离辐射（IR）对微生物的损伤机制及其抗 IR 机制（Ranawat and Rawat，2017）

Fig. 9.6　Damage mechanism and resistance mechanism of ionizing radiation（IR）to microorganisms

实线箭头表示 IR 对微生物的损伤影响，虚线箭头表示超嗜热微生物对 IR 损伤的响应

　　超嗜热微生物抗辐射机制是通过超氧化物歧化酶（SOD）、超氧化物还原酶（SOR）、过氧化物酶等抑制 ROS 形成，从而抵消 IR 的影响来实现的。其中，SOR 是一种单核非血红素铁酶，能在不产生过氧化物酶的前提下直接进行超氧化物的解毒（Strand et al.，2010）。此外，超嗜热微生物还可以通过抗辐射基因的表达修复损伤的 DNA。例如，在 *Thermococcus* spp.中检测到的 Tg0130、Tg0280、Tg1742、Tg1743、Tg1744 和 Tg2074 等蛋白质，能够修复因辐射造成的 DNA 双链损伤（Ranawat and Rawat，2017）。

　　目前，已发现具有 IR 抗性的超嗜热微生物主要有 *Sulfolobus* spp.、*Pyrococcus furiosus*、*Thermococcus gammatolerans*、*Thermococcus radiotolerans*（DiRuggiero et al.，1997；Jolivet et al.，2004）。其中，*Pyrococcus furiosus* 和 *Thermococcus gammatolerans* 分别可以耐受 3 kGy 和 6 kGy 的辐射致死剂量，因此对其抗辐射机制研究较多。当 *Pyrococcus furiosus* 暴露于一定剂量的 IR 时，可产生类 Dps 铁螯合蛋白及烷基过氧化氢还原酶Ⅰ和Ⅱ，从而保护细胞不受损伤。而且，它的 SOR 基因蛋白表达一直处于较高水平，也可有效降低 ROS 对蛋白质结构的损伤。*Thermococcus gammatolerans* 的 IR 抗性主要是由硫氧还蛋白还原酶、类谷氧还蛋白和两种抗氧化蛋白组成的解毒系统负责（Ranawat and Rawat，2017）。厌氧条件下，解毒系统与 ROS 结合是抵抗辐射的关键（Webb and DiRuggiero，2012）。

二、具有重金属污染修复潜力的超嗜热微生物

　　一些超嗜热微生物能够在高温条件下，通过固定或转化手段使细胞/环境中的重金属

毒性去除或降低。表 9.2 总结了 26 种被证明具有重金属污染修复潜力的超嗜热微生物，其中 *Pyrobaculum islandicum*、*Pyrobaculum ferrireducens*、*Pyrobaculum arsenaticum*、*Pyrobaculum aerophilum*、*Pyrococcus furiosus*、*Thermococcus gammatolerans*、*Thermococcus thalassicus*、*Thermoproteus uzoniensis* 和 *Metallosphaera sedula* 等同时也具有核素污染修复潜力。

表 9.2 具有重金属污染修复潜力的超嗜热微生物

Table 9.2 Species of known hyperthermophilic microorganisms with metal remediation potential

菌种	生长温度（最优）/℃	重金属污染修复效果	参考文献
Pyrobaculum islandicum	74～102（100）	Tc(Ⅶ) 还原为 Tc(Ⅳ)；Mn(Ⅳ) 还原为 Mn(Ⅱ)；Cr(Ⅵ) 还原为 Cr(Ⅲ)；U(Ⅵ) 还原为 U(Ⅳ)；Co(Ⅲ) 还原为 Co(Ⅱ)；Au(Ⅰ) 和 Au(Ⅲ) 还原为 Au(0)；As(Ⅴ) 还原为 As(Ⅱ)	Haja et al., 2020；Kashefi and Lovley, 2000；Slobodkin, 2005
Pyrobaculum ferrireducens	75～98（90～95）	Se(Ⅵ) 还原为 Se(0)；As(Ⅴ) 还原为 As(Ⅱ)	Slobodkin, 2005
Pyrobaculum arsenaticum	68～100（90）	Se(Ⅵ) 还原为 Se(0)；As(Ⅴ) 还原为 As(Ⅱ)	Huber et al., 2000
Pyrobaculum aerophilum	75～104（100）	Se(Ⅳ) 还原为 Se(0)；As(Ⅴ) 还原为 As(Ⅱ)；生物吸收 Mo 和 W	Huber et al., 2000
Pyrococcus furiosus	70～103（100）	Au(Ⅰ) 和 A(Ⅲ) 还原为 Au(0)；As(Ⅴ) 还原为 As(Ⅲ)；生物吸收 W	Haja et al., 2020；Slobodkin, 2005
Methanocaldococcus jannaschii	65～95（85）	络合 Fe^{3+}、Ca^{2+}、Pb^{2+}、Zn^{2+}、Cu^{2+}	Orange et al., 2011
Thermotoga maritima	55～90（80）	Au(Ⅰ) 和 Au(Ⅲ) 还原为 Au(0)	Haja et al., 2020
Thermoanaerobacter siderophilus	39～78（69～71）	Mn(Ⅳ) 还原为 Mn(Ⅱ)	Slobodkin, 2005
Geoglobus ahangari	65～90（88）	Au(Ⅰ) 和 A(Ⅲ) 还原为 Au(0)	Haja et al., 2020
Thermococcus sp.	50～95（80）	Mn(Ⅳ) 还原为 Mn(Ⅱ)；Cr(Ⅵ) 还原为 Cr(Ⅲ)；U(Ⅵ) 还原为 U(Ⅳ)；Co(Ⅲ) 还原为 Co(Ⅱ)	Slobodkin, 2005
Thermococcus gammatolerans	55～95（88）	Tc(Ⅶ) 还原为 Tc(Ⅳ)	Chernyh et al., 2007；Ranawat and Rawat, 2017
Thermoproteus uzoniensis	74～102（90）	Tc(Ⅶ) 还原为 Tc(Ⅳ)	Chernyh et al., 2007
Sulfolobus acidocaldarius	55～85（80）	Mo(Ⅵ) 还原为 Mo(Ⅴ)	Slobodkin, 2005
Metallosphaera sedula	50～80（75）	U(Ⅳ) 氧化为 U(Ⅵ)	Mukherjee et al., 2012
Thermodesulfobacterium commune	45～85（70）	形成难溶的金属硫化物	Castro et al., 2000
Thermodesulfobacterium geofontis	60～90（83）	形成难溶的金属硫化物	Castro et al., 2000

菌种	生长温度（最优）/℃	重金属污染修复效果	参考文献
Thermodesulfobacterium hydrogeniphilum	50～80（75）	形成难溶的金属硫化物	Castro et al.，2000
Archaeoglobus fulgidus	60～85（76）	形成难溶的金属硫化物；吸附重金属	Beeder et al.，1994；Castro et al.，2019
Archaeoglobus profundus	65～90（82）	形成难溶的金属硫化物；吸附重金属	Elsgaard et al.，1994；Castro et al.，2019
Thermus sp.	ND～94（75）	As(III)氧化为 As(V)	Mander et al.，2004
Thermus thermophilus	47～85（68）	As(III)氧化为 As(V)	Del Giudice et al.，2013；Gihring and Banfield，2001
Thermocrinis rubber	44～89（80）	As(III)氧化为 As(V)	Härtig et al.，2014
Caldicellulosiruptor saccharolyticus	45～80（70）	Cr(VI)还原为 Cr(III)	Bai et al.，2018

注：ND 表示未确定。

三、超嗜热微生物在重金属污染修复中的应用

（一）超嗜热微生物修复有毒金属污染

　　超嗜热微生物修复高浓度重金属污染的策略包括生物沉淀、生物吸附和氧化还原等（图 9.7）。生物沉淀是指微生物利用产生的代谢物与金属离子结合形成金属沉淀，具有

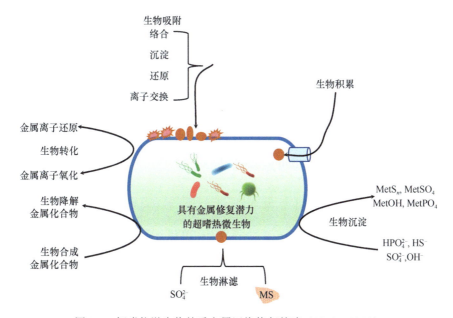

图 9.7　超嗜热微生物的重金属污染修复策略（Shah，2020）

Fig. 9.7　Heavy metal repair strategies of hyperthermophilic microorganisms

该功能的典型微生物为 *Archaeoglobus fulgidus* 和 *Archaeoglobus profundus* 等超嗜热硫酸盐还原菌（Castro et al.，2019）。生物沉淀一般用于高温废水中有毒金属离子的去除和贵金属回收。然而，超嗜热微生物成功应用于金属生物沉淀的工业化案例还未见报道。

生物吸附是指微生物通过络合、离子交换和沉淀等方式与金属离子结合，而生物积累是指金属被微生物主动吸收进入细胞内储存的过程（Shah，2020）。超嗜热微生物通过生物吸附和积累作用去除重金属的研究较少，目前已报道的为 *Methanocaldococcus jannaschii*，主要以产生胞外聚合物的形式与重金属发生络合作用（Orange et al.，2011）。

利用超嗜热微生物的氧化或还原作用降低重金属毒性是修复有毒金属污染的主要策略。例如，*Caldicellulosiruptor saccharolyticus* 在 70℃下可将 40 mg/L 的 Cr(VI)在 12 h 内完全还原成 Cr(III)，且 97%的 Cr(III)会形成氢氧化铬沉淀（Bai et al.，2018）。Kashefi 等研究发现，*Pyrobaculum islandicum* 能在 100℃的热液中将 Cr(VI)、Mn(IV)、Co(III)和 Au(III)还原成毒性较低的 Cr(III)、Mn(II)、Co(II)和 Au(0)，并能以沉淀形式回收（Slobodkin，2005）。此外，*Pyrobaculum calidifontis*、*Thermus thermophiles*、*Acidianus brierleyi* 和 *Sulfolobus metallicus* 等超嗜热微生物均可将 As(III)氧化为 As(V)，从而减少 As(III)化合物所带来的危害。

（二）超嗜热微生物固定放射性核素

核反应堆和放射性金属矿开采过程中排放的废弃物，同时具有高放射性和高温等特点，而且废弃物中核素氧化态（如 U、Tc 等）的流动性和毒性均大于还原态。因此，具有抗辐射能力的超嗜热微生物能利用酶的直接还原或基于电子穿梭体的间接还原机制，改变放射性核素的溶解度并降低其毒性，这也被称核素固定（Mukherjee et al.，2012；Ranawat and Rawat，2017）。

超嗜热微生物已被应用于核素铀（^{255}U）和锝（^{99}Tc）污染的生物修复过程（Chernyh et al.，2007）。例如，*Thermococcus pacificus* 和 *Thermoproteus uzoniensis* 能将高毒性的 ^{99}Tc（VII）还原成不溶性 ^{99}Tc(IV)沉淀，从而实现 Tc 的固定（Ranawat and Rawat，2017）。在 100℃甚至更高温度下，*Pyrobaculum islandicum* 具有相同的 Tc 固定效果（Kashefi and Lovley，2000）；而且，该菌株也可用于含铀高温废水的处理，其原理是以 U(VI)作为电子受体，将其还原为低毒性的 U(IV)，并以沉淀形式去除（Ranawat and Rawat，2018）。当 U(VI)的浓度为 0.1～2 mmol/L 时，*Pyrobaculum islandicum* 可以在 100℃高温下使铀的毒性完全去除（Kashefi and Lovley，2000）。

四、应用案例

100℃高温条件下，*Pyrobaculum islandicum* 可以还原 Fe(III)、Mn(IV)和有毒金属（Kashefi and Lovley，2000）。

1. 研究目的

Pyrobaculum islandicum 是从地下热液中分离的厌氧超嗜热古菌，其最适生长温度为 100℃。该研究的主要目的是确定在 Fe(III)氧化物存在情况下，*Pyrobaculum islandicum* 对

U(VI)、Mn(IV)、Cr(VI)、Co(III)、Tc(VIII)、As(V)和 Se(VI)等多种重金属的修复效果。

2. 材料与方法

模式菌株 *Pyrobaculum islandicum* DSM 4184 购买于德国典型培养物菌种保藏中心。菌株以氢作为电子供体、以低结晶度的水铁矿作为电子受体，在100℃条件下用 DSM 390 培养基进行严格厌氧培养。外源加入放射性核素和重金属盐作为研究对象，分析其还原利用情况。

3. 研究结果

如图 9.8A 所示，在100℃下培养2 h 后，U(VI)的浓度从270 mmol/L 降至135 mmol/L。X 射线衍射分析表明，沉淀中含有不溶的 U(IV)矿物；而且在相同条件下，Cr(VI)也被迅速还原，生成三价的氢氧化铬（图9.8B）。当以氢为电子供体将 Tc(VII) 添加到 *Pyrobaculum islandicum* 悬浮液中过夜培养后，放射性 Tc(VII)被全部还原成 Tc(IV)。此外，*Pyrobaculum islandicum* 还能迅速将 Mn(IV)和 Co(III)-EDTA 还原成 Mn(II)和 Co(II)。

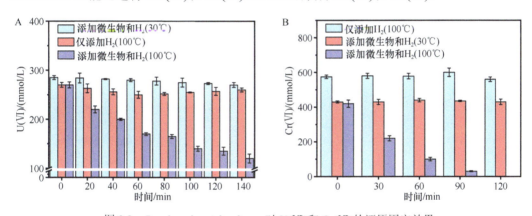

图 9.8　*Pyrobaculum islandicum* 对 U(VI)和 Cr(VI)的还原固定效果

Fig. 9.8　Effects of *Pyrobaculum islandicum* on U(VI)and Cr(VI)

第三节　超嗜热微生物有机污染修复技术

工业生产过程导致一些毒性高、难降解的有机污染物长期存在于环境中，微生物对这些有机物通常具有一定降解能力。然而，在废弃油井、高温废水等特定高温环境中，嗜温和中等嗜热微生物难以有效发挥作用。利用超嗜热微生物特殊的生长代谢能力开发有机污染修复技术，可以使这些被污染的高温环境得以有效修复。

一、超嗜热微生物有机污染修复机制

（一）超嗜热微生物对有机污染物的降解机制

超嗜热微生物降解有机污染物的研究大多集中于 *Sulfolobus solfataricus*、*Ferroglobus placidus* 和 *Geoglobus acetivorans* 等3种超嗜热古菌（Christen et al., 2011；Holmes et al.,

2012；Schmid et al.，2015)。例如，Holmes 等（2012）利用全基因组测序技术分析苯酚初始代谢途径，发现 *Ferroglobus placidus* 主要通过苯基磷酸/苯基羧化酶途径代谢苯。如图 9.9A 所示，苯首先被苯基磷酸/苯基羧化酶和羟基苯甲酸连接酶催化形成羟基苯甲酸，再经开环后形成羧酸类物质，从而被微生物利用。

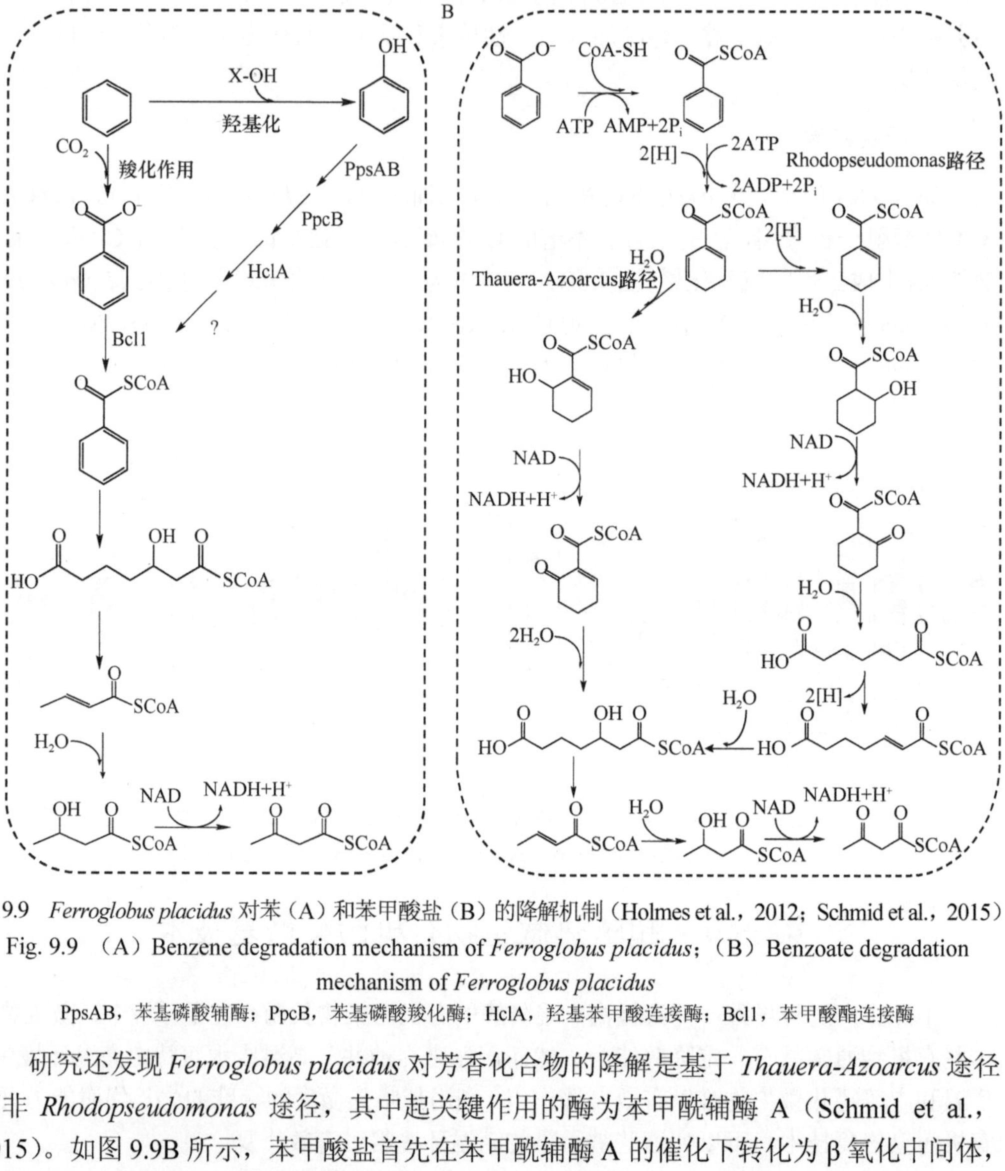

图 9.9 *Ferroglobus placidus* 对苯（A）和苯甲酸盐（B）的降解机制（Holmes et al.，2012；Schmid et al.，2015）

Fig. 9.9 （A）Benzene degradation mechanism of *Ferroglobus placidus*；（B）Benzoate degradation mechanism of *Ferroglobus placidus*

PpsAB，苯基磷酸辅酶；PpcB，苯基磷酸羧化酶；HclA，羟基苯甲酸连接酶；Bcl1，苯甲酸酯连接酶

研究还发现 *Ferroglobus placidus* 对芳香化合物的降解是基于 *Thauera-Azoarcus* 途径而非 *Rhodopseudomonas* 途径，其中起关键作用的酶为苯甲酰辅酶 A（Schmid et al.，2015）。如图 9.9B 所示，苯甲酸盐首先在苯甲酰辅酶 A 的催化下转化为 β 氧化中间体，随后通过三羧酸循环被代谢分解成 CO_2。此外，Mardanov 等（2015）揭示了 *Geoglobus acetivorans* 通过偶联 Fe(Ⅲ)还原作用，氧化分子氢、蛋白质、脂肪酸、芳香化合物、正构烷烃和有机酸等物质的代谢过程（Mardanov et al.，2015）。

（二）超嗜热微生物强化采油机制

超嗜热微生物强化采油（HMEOR）是指通过超嗜热微生物从温度高于 80℃ 的储层

中提取剩余石油的过程。其基本原理是：利用超嗜热微生物快速分解碳氢化合物产气或产生其他代谢产物的能力，降低原油黏度和相对密度，增加流动性，从而提高采油效率。

　　超嗜热微生物强化采油主要体现在油井驱油过程中，一般包括多种强化机制（图9.10）。其中，利用超嗜热微生物产气、产有机酸及其他溶剂是强化采油最为常用的机制（Niu et al.，2020）。一方面，超嗜热微生物利用发酵产生的 CO_2、H_2、N_2、CH_4 等气体，增加储层压力，降低原油黏度；同时，发酵过程中产生的甲酸、丙酸、乙酸等低分子质量有机酸，可以溶解碳酸盐岩，改善储层渗透性能；而产生的酮和醇等有机溶剂能够与生物表面活性剂协同发挥作用，降低原油表面张力。另一方面，原油作为碳源被超嗜热微生物利用后，一些重油组分转化为轻质组分，导致原油性质发生改变，使得原油的黏度降低、流动性提高。

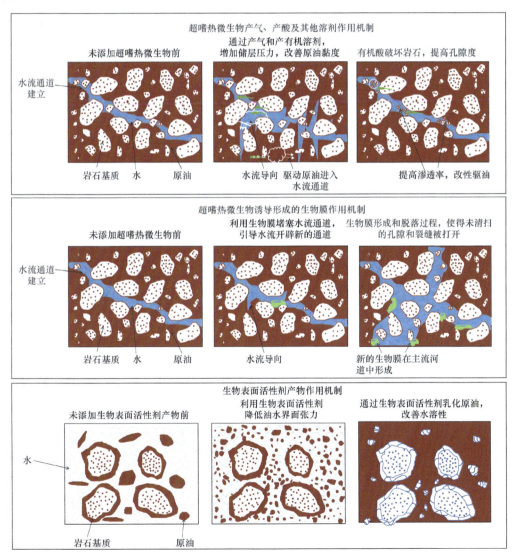

图 9.10　超嗜热微生物强化采油机制（Niu et al.，2020；Wood，2019）

Fig. 9.10　Hyperthermophilic microbial enhanced oil recovery mechanism

　　超嗜热微生物具有在油层中快速生长繁殖的能力，它们能够与胞外聚合物等结合形成生物膜。利用这一机制，可以选择性封堵储层中高渗透区域的孔隙以减少原油渗漏，从而提高扫油效率（Niu et al.，2020；Wood，2019）。超嗜热微生物产生的生物表面活性剂具有与化学表面活性剂类似的活性和乳化性能，可以通过降低油水界面张力、改变润湿性和乳化原油等 3 种方式驱动孔隙中的原油发生移动（De Almeida et al.，2016）。

二、具有有机污染修复潜力的超嗜热微生物

　　目前，大量具有有机污染物降解能力的超嗜热微生物被分离和鉴定（表 9.3）。这些微生物主要来自 *Pyrococcus*、*Ferroglobus*、*Geoglobus*、*Thermococcus* 和 *Sulfolobus* 等 5个属，其中 *Pyrococcus* 属的菌株能在 95℃下降解氰化物；*Thermus* 属可以在 70℃的高温下降解碳氢化合物，也已被用作有机污染场地热脱附后的生物修复过程。

表 9.3　具有有机污染物降解能力的超嗜热微生物

Table 9.3　Species of known（hyper）thermophilic microorganisms to degrade organic pollutants

菌种	有机物污染物类型	降解温度/℃	参考文献
Sulfolobus solfataricus	苯酚	80	Christen et al.，2011
Thermococcus onnurineus	二甲基亚砜	80	Choi et al.，2016
Ferroglobus placidus	苯甲酸盐、苯酚、苯、羟基苯甲酸盐、苯甲醛、羟基苯甲醛、苯丙烯酸、长链脂肪酸	85	Kashefi et al.，2001；Holmes et al.，2012；Schmid et al.，2015
Pyrococcus sp.	氰化物	95	Dennett and Blamey，2016
Thermus aquaticus	苯、甲苯、乙苯、二甲苯、多环芳烃	70	Ghosal et al.，2016
Thermus sp.	苯、甲苯、乙苯、二甲苯、多环芳烃	60	Feitkenhauer et al.，2003
Thermus brockii	脂肪烃、多环芳烃	60～70	Feitkenhauer et al.，2003
Geobacillus thermoleovorans	长链烷烃	60	Marchant et al.，2006
Bacillus thermoleovorans	长链烷烃	70	Kato et al.，2001
Bacillus megaterium	长链烷烃	70	Rajkumari et al.，2019
Geoglobus acetivorans	芳香化合物、长链烷烃、脂肪酸	80	Mardanov et al.，2015
Geobacillus sp.	脂肪烃、萘	70	Zhang et al.，2012
Geobacillus stearothermophilus	长链烷烃、多环芳烃	73	Rajkumari et al.，2019
Geoglobus ahangari	芳香族化合物、长链脂肪酸	80	Kashefi et al.，2002
Pyrococcus furiosus	脂肪酸、芳香酸	90	van den Ban et al.，1999

　　适用于强化采油的超嗜热微生物大多分离于油井。Brown 采用 16S rRNA 高通量测序技术分析油井中微生物群落组成，发现超嗜热微生物为占主导的优势菌群，其中 *Thermococcus*、*Methanomicrobiales* 和 *Methanosarcinales* 被认为是油藏中的优势属（Brown，2010）。目前，已报道的具有强化采油功能的超嗜热微生物及其作用机制见表 9.4 所示。

表 9.4　适用于强化采油（生物驱油）的超嗜热微生物
Table 9.4　Species of known hyperthermophilic microorganisms with enhanced oil recovery

菌种	生长温度（最优）/℃	作用机制	参考文献
Clostridium sp.	80～100（96）	产表面活性剂	Arora et al.，2019；Harner et al.，2011
Clostridium bifermentans	70～80	产表面活性剂；产气	Preeti et al.，2014
Geobacillus pallidus	45～80	产表面活性剂；降解烷烃	Wenjie et al.，2012
Geobacillus toebii	45～70（60）	产表面活性剂	Fulazzaky et al.，2015
Geobacillus kaustophilus	45～75（65）	降解长链烷烃	付烈等，2011
Thermoanaerobacter sp.	60～100（70）	产气；产酸	Rathi et al.，2015
Methanothermobacter thermoautotrophicus	60～100（70）	产气；产酸；产表面活性剂	Rathi et al.，2015
Kosmotoga olearia	20～80（65）	产气；产酸	DiPippo et al.，2009
Geobacillus stearothermophilus	45～85（60～65）	产表面活性剂；降解长链烷烃和多环芳烃	Zhou et al.，2018
Thermotoga maritima	55～90（80）	产酸；产气；产胞外多聚物	Huber et al.，1986
Thermotoga petrophila	47～88（80）	产酸；产气；产表面活性剂	Takahata et al.，2001
Thermotoga neapolitana	48～86（85）	产酸；产气；产表面活性剂	Takahata et al.，2001
Thermotoga hypogea	56～90（70）	产酸；产气；产有机溶剂；产表面活性剂	Takahata et al.，2001
Thermotogae petrophila	55～85（75）	产酸；产气	Summers et al.，2020
Oceanotoga teriensis	25～70（55～58）	产酸；产气	Jayasinghearachchi and Lal，2011
Thermococcus sibiricus	40～88（78）	产酸；产气	Miroshnichenko et al.，2001
Thermococcus eurythermalis	50～100（85）	产酸；产气	Zhao et al.，2015

三、超嗜热微生物在有机污染修复中的应用

（一）超嗜热微生物在降解有机污染物中的应用

微生物修复是指利用微生物对污染物的降解、转化能力，实现土壤、水体等环境中污染去除的过程。超嗜热微生物由于具有极高的热稳定性和优良的有机物降解性能，已被应用于土壤中碳氢化合物和卤代烃的去除、高温工业废水中 COD 和芳香化合物的降解，以及有机固废中微塑料和有机污染物的削减等诸多有机污染修复过程中（图 9.11）。

在场地土壤有机污染物热脱附处理过程中，一些污染物在加热后不能被完全去除，而场地环境长时间处于高温状态。在这种情况下，超嗜热微生物的加入可以进一步降解残余有机污染物。因此，超嗜热微生物是实现热脱附后场地有机污染修复的理想菌种。原位热脱附技术与生物修复技术耦合的工艺也被称为土壤热强化生物修复技术（Moradi et al.，2018；Ding et al.，2019）。实际操作过程中，还应根据污染物类型和菌种代谢特征，注射营养物质，从而刺激超嗜热微生物生长和代谢，加快残留有机污染物的降解。

图 9.11 超嗜热微生物在有机污染修复过程中的应用

Fig. 9.11 Application of hyperthermophilic microorganisms for remediation of organic pollutants

例如，CES 公司在美国佛罗里达州进行土壤热修复试验（受热土壤平均温度为 80～120℃），结果发现土壤中至少有 44% 的污染物是通过微生物降解去除的（Dettmer，2002）。Taylor 等（1998）提出一种原位热强化生物降解土壤中石油类碳氢化合物和卤代有机溶剂的方法，即将 *Thermus aquaticus* 和 *Thermus* sp. 等混合菌的悬浮液与营养物质一起注射至加热后的土壤（40～80℃），在一段时间后，该土壤中大部分有机污染物被生物降解为水溶性产物和 CO_2。

发酵、印染等高温工业废水中各种有机污染物的去除也是超嗜热微生物的重要应用场景。例如，Christen 等（2011）在摇瓶实验中发现 *Sulfolobus solfataricus* 能在 80℃ 条件下快速降解浓度高达 750 mg/L 的苯酚；生物反应器扩大试验证实，苯酚能作为碳源被 *Sulfolobus solfataricus* 完全利用降解。此外，印染工业中的印洗和漂洗废水排出温度平均在 50～80℃，玉米淀粉工业中的黄浆废水排放温度也高达 70℃。这些高温废水中含有大量碳水化合物、蛋白质、脂肪、悬浮物等，是异养型超嗜热微生物的理想碳源和氮源（Alqaralleh et al.，2016）。于宏兵等（2005）在 70℃ 条件下长期驯化超高温厌氧污泥，用于处理黄浆废水取得了显著效果。

超嗜热微生物也被用于有机固废中微塑料和芳烃类有机物污染物的降解。例如，Chen 等（2020）研究超高温堆肥过程中有机污染物的降解规律，发现超高温堆肥处理明显加速了多环芳烃、邻苯二甲酸盐和多溴二苯醚的降解。在利用高温堆肥降解塑料的过程中，超嗜热微生物对微塑料的降解效率比一般嗜热微生物提高约 6 倍。

（二）超嗜热微生物在强化采油中的应用

超嗜热微生物具有极高的热稳定性，以及高效的产气、产酸和产生物表面活性剂等能力，能被用于提高油井采收效率。目前，超嗜热微生物强化采油工艺类型主要有土著微生物激活、外源微生物添加和外源超嗜热微生物代谢产物注射等（图 9.12）。

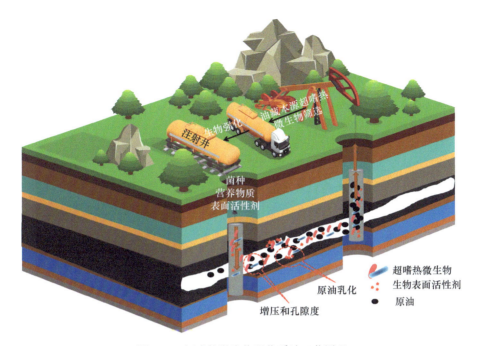

图 9.12　超嗜热微生物强化采油工艺原理

Fig. 9.12　The main application technology of enhanced oil recovery by hyperthermophilic microorganisms

油井土著微生物激活工艺是借鉴化学强化采油方法，通过添加营养物质到油井中刺激土著超嗜热微生物的生长代谢活性。例如，Hitzman 等（2004）将 4% 的糖蜜混合培养液注入油井中使得石油产量增加 3.5 m³/月。Soni 等（2009）开发了适用于激活高温油井中微生物菌群活性的 PEORMC 配方，应用后提升了土著微生物产气、产表面活性剂和胞外聚合物的性能，使石油采收率提高 2～4 倍。

外源微生物添加工艺是指将人工筛选的具有强化采油功能的超嗜热微生物菌群重新注入原油储层中进行生长代谢，以改善原油性质，提高采油效率。Fulazzaky 等（2015）将从 Handil 油井分离出的高产表面活性剂的 *Geobacillus toebii* R-32639 重新注入油井后，降低了原油黏性，提高了 14.3% 的原油采收率。2009 年，美国专利公开了一种包含 *Thermoanaerobacterium* sp.、*Thermotoga* sp. 和 *Thermococcus* sp. 等菌株的超嗜热厌氧菌剂，可在 70～90℃油井中发挥产气和产脂肪酸作用，显著提高石油采收率（U.S. Patent No. 7，484，560.）。此外，Arora 等（2014）开发了一种从 91～96℃枯竭油井中回收石油的微生物强化采油工艺。该工艺利用超嗜热细菌 *Clostridium* sp. N-4 作为外源添加微生物，通过产挥发性脂肪酸、有机酸、表面活性剂、胞外聚合物和 CO_2，降低原油黏度、增加储层压力，使原油采收率提高 26.7%。

在生物强化采油过程中，微生物代谢产物的应用也非常广泛。尤其是生物表面活性剂，可以乳化原油和减少油水界面张力，是一类理想的驱油剂。常见的生物表面活性剂一般是由中等嗜热或嗜温的芽孢杆菌、假单胞菌等产生的，而超嗜热微生物产生的表面活性剂应用相对较少。超嗜热细菌 *Clostridium* sp. N-4 所产的糖蛋白生物表面活性剂能在 37～101℃条件下保持活性（Arora et al.，2019）。Geetha 等（2018）研究指出，利用外源刺激能有效提高超嗜热微生物表面活性剂的产量，并可用于提高采油效率。

四、应用案例

（一）*Sulfolobus solfataricus* 98/2 处理含苯酚高温废水

1. 研究目的

苯酚是多种工业废水中较为典型的有机污染物。为了验证超嗜热古菌 *Sulfolobus solfataricus* 98/2 处理含苯酚高温废水的潜力，在间歇式生物反应器中接种该菌株进行放大培养试验，80℃下持续运行获得苯酚的降解规律（Christen et al.，2011）。

2. 材料与方法

反应装置为间歇式生物反应器，运行过程保持 O_2 浓度 10%，温度为 80℃，搅拌速率 300 r/min。每 4 h 取样检测苯酚浓度和 *Sulfolobus solfataricus* 98/2 生长情况。

3. 研究结果

在 80℃条件下，*Sulfolobus solfataricus* 98/2 能以苯酚作为唯一碳源进行生长代谢，并且随着反应器不断运行，该菌株的适应能力增强，苯酚降解速率加快，反应器中 275 mg/L 的苯酚在 14 h 内被完全降解（图 9.13）。动力学分析表明，苯酚的最大降解速率和 *Sulfolobus solfataricus* 98/2 最大生物量分别为 57.5 mg/（g·h）和 52.2 g/mol。

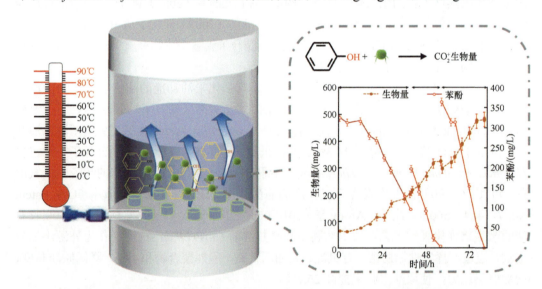

图 9.13　高温生物反应器中 *Sulfolobus solfataricus* 98/2 的生长和苯酚降解情况

Fig. 9.13　Growth of *Sulfolobus solfataricus* 98/2 and phenol degradation in the high temperature bioreactor

4. 主要结论

Sulfolobus solfataricus 98/2 被证实不仅可用于高效降解 80℃高温废水中的苯酚，还具有代谢多种芳香烃的潜力，是高温条件下实现有机污染修复的潜在功能菌株。此外，

CO_2产量、需氧量和氧化还原电位等在线监测指标，均为含苯酚高温废水工业化处理过程中的关键工艺参数。

（二）筛选超嗜热微生物从 91～96℃下的枯竭油层中回收原油

1. 研究目的

对于井温高于 90℃的枯竭油藏，由于缺乏合适的超嗜热微生物，MEOR 等工艺无法应用。因此，通过筛选一种生长温度高于 90℃、具有强化采油功能的超嗜热微生物，可开发出适用于高温、高压油藏环境的超嗜热微生物驱油工艺，提高枯竭油藏的原油回收效率（Arora et al.，2014）。

2. 材料与方法

在高于 90℃的温度下，利用蛋白胨-酵母提取物培养基富集油井样品中的超嗜热微生物菌群。采用 16S rRNA 测序等方法鉴定筛选出超嗜热微生物种属；用填砂模型和岩心驱油试验验证筛选菌株的强化采油效率，并对相关代谢产物进行检测分析。

3. 研究结果

经高温富集培养与筛选鉴定，获得具有强化采油功能的超嗜热细菌 *Clostridium* sp. NJS4。经鉴定，菌株 NJS4 为兼氧型，最适生长温度、pH 和盐度分别为 96℃、5～11 和 4%～7%（*m/V*）。在以葡萄糖为碳源、尿素为氮源的培养条件下，菌株 NJS4 生长最好且 CO_2 产量最高（表 9.5）。

表 9.5 超嗜热细菌 *Clostridium* sp. NJS4 的生长代谢特征
Table 9.5 Effects of nutrients and growth parameters on the *Clostridium* sp. NJS4

指标	特征
生长温度范围	85～107℃
最佳生长温度	96℃
pH 范围	5～11
盐度范围	1%～11%（*m/V*）
最佳盐度	4%～7%（*m/V*）
可利用碳源	葡萄糖、蔗糖、乳糖、淀粉、柠檬酸钠、乙酸钠等
最佳可利用碳源	蔗糖
可利用氮源	硫酸铵、尿素、硝酸钾、硝酸铵、二铵羟基正磷酸盐、氯化铵等
最佳可利用氮源	尿素
生长周期	14 d

在最优生长条件下，菌株 NJS4 的代谢产物主要包括生物表面活性剂、有机溶剂、胞外聚合物和 CO_2 等。利用菌株 NJS4 作为超嗜热采油微生物，添加蔗糖、乙酸钠、尿素和酵母提取物等营养液，在 96℃下进行填砂模型和岩心驱油试验，得到的原油采收率为 26.7%（对照组仅为 1%）。

4. 主要结论

获得了一株具有强化采油能力的超嗜热细菌 *Clostridium* sp. NJS4，最高生长温度为107℃，最优生长温度为 96℃，具有嗜盐、厌氧等特征，属于发酵型菌株。利用 *Clostridium* sp. NJS4 开发的超嗜热微生物驱油工艺，突破了先前 MEOR 工艺中 85℃温度限制，适用于从 91～96℃的高温枯竭油藏中回收原油。

参 考 文 献

付烈, 周稳, 王俊卿, 等. 2011. 嗜热石油降解菌 YBW1 的筛选、鉴定及性能研究[J]. 湖北工业大学学报, 26(2): 84-87.

刘丽君, 刘双江, 姜成英. 2016. 嗜热微生物及在高温生物冶金过程中的应用[J]. 微生物学通报, 43(5): 1101-1112.

杨海麟, 康文亮, 张玲, 等. 2010. 生物浸出工艺工业化进展(二)[J]. 现代矿业, 26(4): 6-10.

于宏兵, 黄涛, 吴睿, 等. 2005. 超高温两相厌氧反应器处理黄浆废水[J]. 中国给水排水, 21(3): 46-48.

曾伟民, 邱冠周. 2012. 黄铜矿生物浸出机制研究进展[J]. 金属矿山, (2): 94-98.

张在海. 2013. 超高温(含高温)嗜酸古细菌浸出商业应用[J]. 湿法冶金, 32(4): 226-229, 261.

Abhilash, Ghosh A, Pandey B D. 2015. Bioleaching of low grade granitic chalcopyrite ore by hyper-thermophiles: elucidation of kinetics-mechanism[J]. Metallurgical Research and Technology, 112(5): 506.

Alqaralleh R M, Kennedy K, Delatolla R, et al. 2016. Thermophilic and hyper-thermophilic co-digestion of waste activated sludge and fat, oil and grease: evaluating and modeling methane production[J]. Journal of Environmental Management, 183: 551-561.

Arora P, Kshirsagar P R, Rana D P, et al. 2019. Hyperthermophilic *Clostridium* sp. N-4 produced a glycoprotein biosurfactant that enhanced recovery of residual oil at 96℃ in lab studies[J]. Colloids and Surfaces B,Biointerfaces, 182: 110372.

Arora P, Ranade D R, Dhakephalkar P K. 2014. Development of a microbial process for the recovery of petroleum oil from depleted reservoirs at 91-96℃[J]. Bioresource Technology, 165: 274-278.

Bai Y N, Lu Y Z, Shen N, et al. 2018. Investigation of Cr(VI) reduction potential and mechanism by *Caldicellosiruptor saccharolyticus* under glucose fermentation condition[J]. Journal of Hazardous Materials, 344: 585-592.

Banwari L, Varaprasada R M R, Anil A, et al. 2009. A process for enhanced recovery of crude oil from oil wells using novel microblal consortium[P]. U.S. Patent No. 7,484,560.

Batty J D, Rorke G V. 2006. Development and commercial demonstration of the BioCOP™ thermophile process[J]. Hydrometallurgy, 83(1/2/3/4): 83-89.

Beeder J, Nilsen R K, Rosnes J T, et al. 1994. *Archaeoglobus fulgidus* isolated from hot north sea oil field waters[J]. Applied and Environmental Microbiology, 60(4): 1227-1231.

Bettstetter M, Peng X, Garrett R A, et al. 2003. AFV1, a novel virus infecting hyperthermophilic Archaea of the genus *acidianus*[J]. Virology, 315(1): 68-79.

Bonnefoy V, Holmes D S. 2012. Genomic insights into microbial iron oxidation and iron uptake strategies in extremely acidic environments[J]. Environmental Microbiology, 14(7): 1597-1611.

Brown L R. 2010. Microbial enhanced oil recovery (MEOR)[J]. Current Opinion in Microbiology, 13(3): 316-320.

Bruins M R, Kapil S, Oehme F W. 2000. Microbial resistance to metals in the environment[J]. Ecotoxicology and Environmental Safety, 45(3): 198-207.

Castro C, Urbieta M S, Plaza Cazón J, et al. 2019. Metal biorecovery and bioremediation: Whether or not thermophilic are better than mesophilic microorganisms[J]. Bioresource Technology, 279: 317-326.

Castro H F, Williams N H, Ogram A. 2000. Phylogeny of sulfate-reducing bacteria 1[J]. FEMS Microbiology Ecology, 31(1): 1-9.

Chen X H, Huang Y H, Lü H X, et al. 2022. Plant-scale hyperthermophilic composting of sewage sludge shifts bacterial community and promotes the removal of organic pollutants[J]. Bioresource Technology, 347: 126702.

Chen Z, Zhao W Q, Xing R Z, et al. 2020. Enhanced in situ biodegradation of microplastics in sewage sludge using hyperthermophilic composting technology[J]. Journal of Hazardous Materials, 384: 121271.

Chernyh N A, Gavrilov S N, Sorokin V V, et al. 2007. Characterization of technetium(Ⅶ) reduction by cell suspensions of thermophilic bacteria and Archaea[J]. Applied Microbiology and Biotechnology, 76(2): 467-472.

Choi A R, Kim M S, Kang S G, et al. 2016. Dimethyl sulfoxide reduction by a hyperhermophilic archaeon Thermococcus onnurineus NA1 via a cysteine-cystine redox shuttle[J]. Journal of Microbiology, 54(1): 31-38.

Christen P, Davidson S, Combet-Blanc Y, et al. 2011. Phenol biodegradation by the thermoacidophilic archaeon Sulfolobus solfataricus 98/2 in a fed-batch bioreactor[J]. Biodegradation, 22(3): 475-484.

De Almeida D G, Da Silva R C, Luna J M, et al. 2016. Biosurfactants: promising molecules for petroleum biotechnology advances[J]. Frontiers in Microbiology, 7: 1718.

Del Giudice I, Limauro D, Pedone E, et al. 2013. A novel arsenate reductase from the bacterium Thermus thermophilus HB27: its role in arsenic detoxification[J]. Biochimica et Biophysica Acta(BBA)-Proteins and Proteomics, 1834(10): 2071-2079.

Dennett G V, Blamey J M. 2016. A new thermophilic nitrilase from an Antarctic hyperthermophilic microorganism[J]. Frontiers in Bioengineering and Biotechnology, 4: 5.

Dettmer K. 2002. A discussion of the effects of thermal remediation treatments on microbial degradation processes[J]. National Network of Environmental Management Studies Fellow. Washington: U.S. Environmental Protection Agency.

d'Hugues P, Foucher S, Gallé-Cavalloni P, et al. 2002. Continuous bioleaching of chalcopyrite using a novel extremely thermophilic mixed culture[J]. International Journal of Mineral Processing, 66(1-4): 107-119.

Dhuldhaj U, Pandya U. 2021. Combinatorial study of heavy metal and microbe interactions and resistance mechanism consort to microbial system[J]. Geomicrobiology Journal, 38(2): 181-189.

Ding D, Song X, Wei C L, et al. 2019. A review on the sustainability of thermal treatment for contaminated soils[J]. Environmental Pollution, 253: 449-463.

Dinkla I J, Gericke M, Geurkink B K, et al. 2009. Acidianus brierleyi is the dominant thermoacidophile in a bioleaching community processing chalcopyrite containing concentrates at 70℃[J]. Advanced Materials Research, 71: 67-70.

Dipippo J L, Nesbø C L, Dahle H, et al. 2009. Kosmotoga olearia gen. nov., sp. Nov., a thermophilic, anaerobic heterotroph isolated from an oil production fluid[J]. International Journal of Systematic and Evolutionary Microbiology, 59(Pt 12): 2991-3000.

DiRuggiero J, Santangelo N, Nackerdien Z, et al. 1997. Repair of extensive ionizing-radiation DNA damage at 95℃ in the hyperthermophilic archaeon Pyrococcus furiosus[J]. Journal of Bacteriology, 179(14): 4643-4645.

Dopson M, Baker-Austin C, Koppineedi P R, et al. 2003. Growth in sulfidic mineral environments: metal resistance mechanisms in acidophilic micro-organisms[J]. Microbiology, 149(Pt 8): 1959-1970.

Elsgaard L, Isaksen M F, Jørgensen B B, et al. 1994. Microbial sulfate reduction in deep-sea sediments at the Guaymas Basin hydrothermal vent area: influence of temperature and substrates[J]. Geochimica et Cosmochimica Acta, 58(16): 3335-3343.

Feitkenhauer H, Müller R, Märkl H. 2003. Degradation of polycyclic aromatic hydrocarbons and long chain alkanes at 60~70℃ by Thermus and Bacillus spp.[J]. Biodegradation, 14(6): 367-372.

Fuchs T, Huber H, Burggraf S, et al. 1996. 16S rDNA-based phylogeny of the archaeal order Sulfolobales and reclassification of *Desulfurolobus* ambivalens as *Acidianus ambivalens* comb. nov[J]. Systematic and Applied Microbiology, 19(1): 56-60.

Fuchs T, Huber H, Teiner K, et al. 1995. *Metallosphaera prunae*, sp. Nov., a novel metal-mobilizing, thermoacidophilic *Archaeum*, isolated from a uranium mine in Germany[J]. Systematic and Applied Microbiology, 18(4): 560-566.

Fulazzaky M, Astuti D I, Ali Fulazzaky M. 2015. Laboratory simulation of microbial enhanced oil recovery using *Geobacillus toebii* R-32639 isolated from the Handil Reservoir[J]. RSC Advances, 5(5): 3908-3916.

Gallo G, Puopolo R, Limauro D, et al. 2018. Metal-tolerant thermophiles: from the analysis of resistance mechanisms to their biotechnological exploitation[J]. The Open Biochemistry Journal, 12(1): 149-160.

Gericke M, Neale J, van Staden P. 2009. A Mintek perspective of the past 25 years in minerals bioleaching[J]. Journal of the South African Institute of Mining and Metallurgy, 109(10): 567-585.

Ghosal D, Ghosh S, Dutta T K, et al. 2016. Current state of knowledge in microbial degradation of polycyclic aromatic hydrocarbons (PAHs): a review[J]. Frontiers in Microbiology, 7: 1369.

Giaveno M A, Urbieta M S, Ulloa J R, et al. 2013. Physiologic versatility and growth flexibility as the main characteristics of a novel thermoacidophilic *Acidianus* strain isolated from copahue geothermal area in *Argentina*[J]. Microbial Ecology, 65(2): 336-346.

Gihring T M, Banfield J F. 2001. Arsenite oxidation and arsenate respiration by a new *Thermus* isolate[J]. FEMS Microbiology Letters, 204(2): 335-340.

Goswami D, Kaur J, Surade S, et al. 2012. Heterologous production and functional and thermodynamic characterization of cation diffusion facilitator (CDF) transporters of mesophilic and hyperthermophilic origin[J]. Biological Chemistry, 393(7): 617-629.

Haja D K, Wu C H, Ponomarenko O, et al. 2020. Improving arsenic tolerance of *Pyrococcus furiosus* by heterologous expression of a respiratory arsenate reductase[J]. Applied and Environmental Microbiology, 86(21): e01720-e01728.

Harner N K, Richardson T L, Thompson K A, et al. 2011. Microbial processes in the Athabasca Oil Sands and their potential applications in microbial enhanced oil recovery[J]. Journal of Industrial Microbiology and Biotechnology, 38(11): 1761-1775.

Härtig C, Lohmayer R, Kolb S, et al. 2014. Chemolithotrophic growth of the aerobic hyperthermophilic bacterium *Thermocrinis ruber* OC 14/7/2 on monothioarsenate and arsenite[J]. FEMS Microbiology Ecology, 90(3): 747-760.

Harvey T J, Van Der Merwe W, Afewu K. 2002. The application of the GeoBiotics GEOCOAT® biooxidation technology for the treatment of sphalerite at Kumba resources' Rosh Pinah Mine[J]. Minerals Engineering, 15(11): 823-829.

He Z G, Zhong H F, Li Y Q. 2004. *Acidianus tengchongensis* sp. nov, a new species of acidothermophilic archaeon isolated from an acidothermal spring[J]. Current Microbiology, 48(2): 159-163.

Hitzman D O, Dennis M, Hitzman D C, 2004. Recent successes: MEOR using synergistic H_2S prevention and increased oil recovery systems[C]// SPE Improved Oil Recovery Conference?. SPE, 89453.[LinkOut]

Holmes D E, Risso C, Smith J A, et al. 2012. Genome-scale analysis of anaerobic benzoate and phenol metabolism in the hyperthermophilic archaeon *Ferroglobus placidus*[J]. The ISME Journal, 6(1): 146-157.

Huber G, Stetter K O. 1991. *Sulfolobus metallicus* sp. Nov., a novel strictly chemolithoautotrophic thermophilic archaeal species of metal-mobilizers[J]. Systematic and Applied Microbiology, 14(4): 372-378.

Huber R, Langworthy T A, König H, et al. 1986. *Thermotoga maritima* sp. nov. represents a new genus of unique extremely thermophilic eubacteria growing up to 90℃[J]. Archives of Microbiology, 144(4): 324-333.

Huber R, Sacher M, Vollmann A, et al. 2000. Respiration of arsenate and selenate by hyperthermophilic Archaea[J]. Systematic and Applied Microbiology, 23(3): 305-314.

Imlay J A. 2006. Iron-sulphur clusters and the problem with oxygen[J]. Molecular Microbiology, 59(4): 1073-1082.

Jan R L, Wu J, Chaw S M, et al. 1999. A novel species of thermoacidophilic archaeon, *Sulfolobus yangmingensis* sp. nov[J]. International Journal of Systematic Bacteriology, 49(Pt 4): 1809-1816.

Jayasinghearachchi H S, Lal B. 2011. *Oceanotoga teriensis* gen. nov., sp. nov., a thermophilic bacterium isolated from offshore oil-producing wells[J]. International Journal of Systematic and Evolutionary Microbiology, 61(Pt 3): 554-560.

Jolivet E, Corre E, L'Haridon S, et al. 2004. *Thermococcus marinus* sp. nov. and Thermococcus radiotolerans sp. nov, two hyperthermophilic Archaea from deep-sea hydrothermal vents that resist ionizing radiation[J]. Extremophiles, 8(3): 219-227.

Joshi G S, Banat I M, Joshi S J. 2018. Biosurfactants: production and potential applications in microbial enhanced oil recovery (MEOR)[J]. Biocatalysis and Agricultural Biotechnology, 14: 23-32.

Kashefi K, Lovley D R. 2000. Reduction of Fe(III), Mn(IV), and toxic metals at 100℃ by *Pyrobaculum islandicum*[J]. Applied and Environmental Microbiology, 66(3): 1050-1056.

Kashefi K, Tor J M, Holmes D E, et al. 2002. *Geoglobus ahangari* gen. nov., sp. nov., a novel hyperthermophilic archaeon capable of oxidizing organic acids and growing autotrophically on hydrogen with Fe(III) serving as the sole electron acceptor[J]. International Journal of Systematic and Evolutionary Microbiology, 52(Pt 3): 719-728.

Kashefi K, Tor J M, Nevin K P, et al. 2001. Reductive precipitation of gold by dissimilatory Fe(III)-reducing bacteria and Archaea[J]. Applied and Environmental Microbiology, 67(7): 3275-3279.

Kato T, Haruki M, Imanaka T, et al. 2001. Isolation and characterization of long-chain-alkane degrading *Bacillus thermoleovorans* from deep subterranean petroleum reservoirs[J]. Journal of Bioscience and Bioengineering, 91(1): 64-70.

Kozubal M, Macur R E, Korf S, et al. 2008. Isolation and distribution of a novel iron-oxidizing crenarchaeon from acidic geothermal springs in Yellowstone National Park[J]. Applied and Environmental Microbiology, 74(4): 942-949.

Kurosawa N, Sugai A, Fukuda I, et al. 1995. Characterization and identification of thermoacidophilic archaebacteria isolated in Japan[J]. The Journal of General and Applied Microbiology, 41(1): 43-52.

Lee J, Acar S, Doerr D L, et al. 2011. Comparative bioleaching and mineralogy of composited sulfide ores containing enargite, covellite and chalcocite by mesophilic and thermophilic microorganisms[J]. Hydrometallurgy, 105(3-4): 213-221.

Lee M, Hidaka T, Hagiwara W, et al. 2009. Comparative performance and microbial diversity of hyperthermophilic and thermophilic co-digestion of kitchen garbage and excess sludge[J]. Bioresource Technology, 100(2): 578-585.

Liu J, Li Q A, Sand W, et al. 2016. Influence of *Sulfobacillus thermosulfidooxidans* on initial attachment and pyrite leaching by thermoacidophilic archaeon *Acidianus* sp. DSM 29099[J]. Minerals, 6(3): 76.

Maezato Y, Johnson T, McCarthy S, et al. 2012. Metal resistance and lithoautotrophy in the extreme thermoacidophile *Metallosphaera sedula*[J]. Journal of Bacteriology, 194(24): 6856-6863.

Mandal A K, Argüello J M. 2003. Functional roles of metal binding domains of the *Archaeoglobus fulgidus* Cu(+)-ATPase *CopA*[J]. Biochemistry, 42(37): 11040-11047.

Mander G J, Pierik A J, Huber H, et al. 2004. Two distinct heterodisulfide reductase-like enzymes in the sulfate-reducing archaeon *Archaeoglobus profundus*[J]. European Journal of Biochemistry, 271(6): 1106-1116.

Marchant R, Sharkey F H, Banat I M, et al. 2006. The degradation of n-hexadecane in soil by thermophilic geobacilli[J]. FEMS Microbiology Ecology, 56(1): 44-54.

Mardanov A V, Slododkina G B, Slobodkin A I, et al. 2015. The *Geoglobus* acetivorans genome: Fe(III) reduction, acetate utilization, autotrophic growth, and degradation of aromatic compounds in a hyperthermophilic archaeon[J]. Applied and Environmental Microbiology, 81(3): 1003-1012.

Miroshnichenko M L, Hippe H, Stackebrandt E, et al. 2001. Isolation and characterization of *Thermococcus sibiricus* sp. nov. from a Western Siberia high-temperature oil reservoir[J]. Extremophiles, 5(2): 85-91.

Moradi A, Smits K M, Sharp J O. 2018. Coupled thermally-enhanced bioremediation and renewable energy storage system: conceptual framework and modeling investigation[J]. Water, 10(10): 1288.

Mukherjee A, Wheaton G H, Blum P H, et al. 2012. Uranium extremophily is an adaptive, rather than intrinsic, feature for extremely thermoacidophilic *Metallosphaera* species[J]. Proceedings of the National Academy of Sciences of the United States of America, 109(41): 16702-16707.

Muñoz J A, Blázquez M L, González F, et al. 2006. Electrochemical study of enargite bioleaching by mesophilic and thermophilic microorganisms[J]. Hydrometallurgy, 84(3-4): 175-186.

Nies D H. 2003. Efflux-mediated heavy metal resistance in prokaryotes[J]. FEMS Microbiology Reviews, 27(2-3): 313-339.

Niu J J, Liu Q, Lv J, et al. 2020. Review on microbial enhanced oil recovery: mechanisms, modeling and field trials[J]. Journal of Petroleum Science and Engineering, 192: 107350.

Norris, P R. 2017. Selection of thermophiles for base metal sulfide concentrate leaching, Part II: nickel-copper and nickel concentrates[J]. Minerals Engineering, 106: 13-17.

Olson G J, Brierley J A, Brierley C L. 2003. Bioleaching review part B: progress in bioleaching: applications of microbial processes by the minerals industries[J]. Applied Microbiology and Biotechnology, 63(3): 249-257.

Orange F, Disnar J R, Westall F, et al. 2011. Metal cation binding by the hyperthermophilic microorganism, Archaea *Methanocaldococcus Jannaschii*, and its effects on silicification[J]. Palaeontology, 54(5): 953-964.

Orell A, Navarro C A, Arancibia R, et al. 2010. Life in blue: copper resistance mechanisms of bacteria and Archaea used in industrial biomining of minerals[J]. Biotechnology Advances, 28(6): 839-848.

Plumb J J, Haddad C M, Gibson J A E, et al. 2007a. *Acidianus sulfidivorans* sp. Nov., an extremely acidophilic, thermophilic archaeon isolated from a solfatara on Lihir Island, Papua New Guinea, and emendation of the genus description[J]. International Journal of Systematic and Evolutionary Microbiology, 57(Pt 7): 1418-1423.

Plumb J J, Hawkes R B, Franzmann P D. 2007b. The microbiology of moderately thermophilic and transiently thermophilic ore heaps[M]//Rawlings D E, Johnson D B. Biomining. Berlin, Heidelberg: Springer: 217-235.

Rajkumari J, Bhuyan B, Das N, et al. 2019. Environmental applications of microbial extremophiles in the degradation of petroleum hydrocarbons in extreme environments[J]. Environmental Sustainability, 2(3): 311-328.

Ranawat P, Rawat S. 2017. Radiation resistance in thermophiles: mechanisms and applications[J]. World Journal of Microbiology Biotechnology, 33(6): 112.

Ranawat P, Rawat S. 2018. Metal-tolerant thermophiles: metals as electron donors and acceptors, toxicity, tolerance and industrial applications[J]. Environmental Science and Pollution Research, 25(5): 4105-4133.

Rastegar S O, Mousavi S M, Rezaei M, et al. 2014. Statistical evaluation and optimization of effective parameters in bioleaching of metals from molybdenite concentrate using *Acidianus brierleyi*[J]. Journal of Industrial and Engineering Chemistry, 20(5): 3096-3101.

Rathi R, Lavania M, Sawale M, et al. 2015. Stimulation of an indigenous thermophillic anaerobic bacterial consortium for enhanced oil recovery[J]. RSC Advances, 5(107): 88115-88124.

Rawlings D E, Johnson D B. 2007. The microbiology of biomining: development and optimization of mineral-oxidizing microbial consortia[J]. Microbiology, 153(Pt 2): 315-324.

Rettberg P, Eschweiler U, Strauch K, et al. 2002. Survival of microorganisms in space protected by meteorite material: results of the experiment 'EXOBIOLOGIE' of the *PERSEUS* mission[J]. Advances in Space Research, 30(6): 1539-1545.

Rohwerder T, Gehrke T, Kinzler K, et al. 2003. Bioleaching review part A: progress in bioleaching: fundamentals and mechanisms of bacterial metal sulfide oxidation[J]. Applied Microbiology and Biotechnology, 63(3): 239-248.

Satyanarayana T, Littlechild J, Kawarabayasi Y. 2013. Thermophilic Microbes in Environmental and Industrial Biotechnology[M]. Dordrecht: Springer Netherlands.

Schelert J, Dixit V, Hoang V, et al. 2004. Occurrence and characterization of mercury resistance in the hyperthermophilic archaeon Sulfolobus solfataricus by use of gene disruption[J]. Journal of Bacteriology,

186(2): 427-437.

Schippers A. 2007. Microorganisms involved in bioleaching and nucleic acid-based molecular methods for their identification and quantification[M]//Donati E R, Sand W. Microbial Processing of Metal Sulfides. Dordrecht: Springer Netherlands: 3-33.

Schmid G, René S B, Boll M. 2015. Enzymes of the benzoyl-coenzyme A degradation pathway in the hyperthermophilic archaeon *Ferroglobus placidus*[J]. Environmental Microbiology, 17(9): 3289-3300.

Schurig-Briccio L A, Gennis R B. 2012. Characterization of the PIB-type ATPases present in *Thermus thermophilus*[J]. Journal of Bacteriology, 194(15): 4107-4113.

Segerer A H, Trincone A, Gahrtz M, et al. 1991. *Stygiolobus azoricus* gen. nov., sp. nov. represents a novel genus of anaerobic, extremely thermoacidophilic archaebacteria of the order sulfolobales[J]. International Journal of Systematic Bacteriology, 41(4): 495-501.

Segerer A, Neuner A, Kristjansson J K, et al. 1986. *Acidianus infernus* gen. nov., sp. Nov., and Acidianus brierleyi comb. nov.: facultatively aerobic, extremely acidophilic thermophilic sulfur-metabolizing archaebacteria[J]. International Journal of Systematic Bacteriology, 36(4): 559-564.

Shah M P. 2020. Microbial Bioremediation and Biodegradation[M]. Singapore: Springer.

Slobodkin A I. 2005. Thermophilic microbial metal reduction[J]. Microbiology, 74(5): 501-514.

Slobodkina G B, Lebedinsky A V, Chernyh N A, et al. 2015. *Pyrobaculum ferrireducens* sp. Nov., a hyperthermophilic Fe(III)-, selenate-and arsenate-reducing crenarchaeon isolated from a hot spring[J]. International Journal of Systematic and Evolutionary Microbiology, 65(Pt 3): 851-856.

Soni B, Lal B, Babcock JA. 2009. Process for enhanced oil recovery using a microbial consortium[P]. U.S. Patent Application 12/166,705.

Strand K R, Sun C J, Li T, et al. 2010. Oxidative stress protection and the repair response to hydrogen peroxide in the hyperthermophilic archaeon *Pyrococcus furiosus* and in related species[J]. Archives of Microbiology, 192(6): 447-459.

Summers Z M, Belahbib H, Pradel N, et al. 2020. A novel *Thermotoga* strain TFO isolated from a Californian petroleum reservoir phylogenetically related to *Thermotoga petrophila* and *T. naphthophila*, two thermophilic anaerobic isolates from a Japanese Reservoir: Taxonomic and genomic considerations[J]. Systematic and Applied Microbiology, 43(6): 126132.

Takahata Y, Nishijima M, Hoaki T, et al. 2001. *Thermotoga petrophila* sp. nov. and *Thermotoga naphthophila* sp. Nov., two hyperthermophilic bacteria from the Kubiki oil reservoir in Niigata, Japan[J]. International Journal of Systematic and Evolutionary Microbiology, 51(5): 1901-1909.

Takatsugi K, Sasaki K, Hirajima T. 2011. Mechanism of the enhancement of bioleaching of copper from enargite by thermophilic iron-oxidizing Archaea with the concomitant precipitation of arsenic[J]. Hydrometallurgy, 109(1-2): 90-96.

Takayanagi S, Kawasaki H, Sugimori K, et al. 1996. *Sulfolobus hakonensis* sp. Nov., a novel species of acidothermophilic archaeon[J]. International Journal of Systematic Bacteriology, 46(2): 377-382.

Taylor R T, Jackson K J, Duba A G, et al. 1998. In situ thermally enhanced biodegradation of petroleum fuel hydrocarbons and halogenated organic solvents[P]. U.S. Patent No. 5,753,122. 19.

van den Ban E C D, Willemen H M, Wassink H, et al. 1999. Bioreduction of carboxylic acids by *Pyrococcus furiosus* in batch cultures[J]. Enzyme and Microbial Technology, 25(3-5): 251-257.

Webb K M, DiRuggiero J. 2012. Role of Mn^{2+} and compatible solutes in the radiation resistance of thermophilic bacteria and Archaea[J]. Archaea, 2012: 845756.

Wheaton G, Counts J, Mukherjee A, et al. 2015. The confluence of heavy metal biooxidation and heavy metal resistance: implications for bioleaching by extreme thermoacidophiles[J]. Minerals, 5(3): 397-451.

Wood D A. 2019. Microbial improved and enhanced oil recovery (MIEOR): Review of a set of technologies diversifying their applications[J]. Advances in Geo-Energy Research, 3(2): 122-140.

Xia W J, Yu L, Wang P, et al. 2012. Characterization of a thermophilic and halotolerant *Geobacillus pallidus* H9 and its application in microbial enhanced oil recovery (MEOR) [J]. Annals of Microbiology, 62(4): 1779-1789.

Xiang X Y, Dong X Z, Huang L. 2003. *Sulfolobus tengchongensis* sp. nov, a novel thermoacidophilic archaeon isolated from a hot spring in Tengchong, China[J]. Extremophiles, 7(6): 493-498.

Yoshida N, Nakasato M, Ohmura N, et al. 2006. *Acidianus manzaensis* sp. nov, a novel thermoacidophilic *Archaeon* growing autotrophically by the oxidation of H_2 with the reduction of Fe^{3+}[J]. Current Microbiology, 53(5): 406-411.

Youssef N, Elshahed M S, McInerney M J. 2009. Chapter 6 microbial processes in oil fields[M]//Laskin A I, et al. Advances in Applied Microbiology. Amsterdam: Elsevier: 141-251.

Zhang J, Zhang X, Liu J, et al. 2012. Isolation of a thermophilic bacterium, *Geobacillus* sp. SH-1, capable of degrading aliphatic hydrocarbons and naphthalene simultaneously, and identification of its naphthalene degrading pathway[J]. Bioresource Technology, 124: 83-89.

Zhao W S, Zeng X P, Xiao X. 2015. *Thermococcus eurythermalis* sp. Nov., a conditional piezophilic, hyperthermophilic archaeon with a wide temperature range for growth, isolated from an oil-immersed chimney in the Guaymas Basin[J]. International Journal of Systematic and Evolutionary Microbiology, 65(Pt 1): 30-35.

Zhou J F, Gao P K, Dai X H, et al. 2018. Heavy hydrocarbon degradation of crude oil by a novel thermophilic *Geobacillus stearothermophilus* strain A-2[J]. International Biodeterioration and Biodegradation, 126: 224-230.

Zhu W, Xia J l, Yang Y, et al. 2011. Sulfur oxidation activities of pure and mixed thermophiles and sulfur speciation in bioleaching of chalcopyrite[J]. Bioresource Technology, 102(4): 3877-3882.